俄 国 史 译 丛 · 历 史 与 文 化

Серия переводов книг по истории России

Россия

Классическая традиция и искусство Возрождения

文艺复兴时期的
古典传统和艺术

〔俄〕伊·伊·杜奇科夫/著

И И Тучков

于小琴/译

社会科学文献出版社
SOCIAL SCIENCES ACADEMIC PRESS (CHINA)

本书根据莫斯科大学出版社 1992 年版本译出

本书为国家社科基金项目"俄罗斯城市化问题研究"（项目编号：15BSS036）、黑龙江大学杰出青年基金项目"社会现代化视阈下俄罗斯城市化多维分析"（项目编号：JC2015105）阶段性成果

俄国史译丛编委会

著者简介

伊·伊·杜奇科夫，1956 年 9 月 13 日出生于苏联莫斯科市。苏联和俄罗斯艺术史学家，莫斯科大学历史系主任（自 2015 年），莫斯科大学艺术通史教研室主任（自 2007 年），艺术学博士，教授。专业方向为意大利文艺复兴史、欧洲古典艺术史。主要著作有《16 世纪意大利别墅壁画的艺术特点》（1981 年）、《外国艺术史》、《文艺复兴时期罗马别墅是图像和修辞的形象体系》（2007）等。

译者简介

于小琴，1974 年 2 月 10 日出生于黑龙江省哈尔滨市，就职于黑龙江大学俄罗斯语言与文化中心，副研究员，博士。主要研究方向为俄罗斯社会与文化，承担 2015 年国家社科基金"俄罗斯城市化问题"，教育部社科项目"社会现代化视角下俄罗斯的城市化"等多项课题，著有《俄罗斯人口问题研究》《俄罗斯城市化问题研究》，完成相关论文 30 余篇。

总　序

　　我们之所以组织翻译这套"俄国史译丛",一是由于我们长期从事俄国史研究,深感国内俄国史方面的研究严重滞后,远远满足不了国内学界的需要,而且国内学者翻译俄罗斯史学家的相关著述过少,不利于我们了解、吸纳和借鉴俄罗斯学者有代表性的成果。有选择地翻译数十册俄国史方面的著作,既是我们深入学习和理解俄国史的过程,还是鞭策我们不断进取的过程,培养人才和锻炼队伍的过程,也是为国内俄国史研究添砖加瓦的过程。

　　二是由于吉林大学俄国史研究团队(以下简称我们团队)与俄罗斯史学家的交往十分密切,团队成员都有赴俄进修或攻读学位的机会,每年都有多人次赴俄参加学术会议,每年请 2~3 位俄罗斯史学家来校讲学。我们与莫斯科大学历史系、俄罗斯科学院俄国史研究所、世界史所、俄罗斯科学院圣彼得堡历史所、俄罗斯科学院乌拉尔分院历史与考古所等单位学术联系频繁,有能力、有机会与俄学者交流译书之事,能最大限度地得到俄同行的理解和支持。以前我们翻译鲍里斯·尼古拉耶维奇·米罗诺夫的著作时就得到了其真诚帮助,此次又得到了莫大历史系的大力支持,而这是我们顺利无偿取得系列书的外文版权的重要条件。舍此,"俄国史译丛"

工作无从谈起。

三是由于我们团队得到了吉林大学校长李元元、党委书记杨振斌、学校职能部门和东北亚研究院的鼎力支持和帮助。2015 年 5 月 5 日李元元校长访问莫大期间，与莫大校长萨多夫尼奇（B. A. Садовничий）院士，俄罗斯科学院院士、莫大历史系主任卡尔波夫教授，莫大历史系副主任鲍罗德金教授等就加强两校学术合作与交流达成重要共识，李元元校长明确表示吉林大学将大力扶植俄国史研究，为我方翻译莫大学者的著作提供充足的经费支持。萨多夫尼奇校长非常欣赏吉林大学的举措，责成莫大历史系全力配合我方的相关工作。吉林大学主管文科科研的副校长吴振武教授，社科处霍志刚处长非常重视我们团队与莫大历史系的合作，2015 年尽管经费很紧张，还是为我们提供了一定的科研经费。2016 年又为我们提供了一定经费。这一经费支持将持续若干年。

我们团队所在的东北亚研究院建院伊始，就尽一切可能扶持我们团队的发展。现任院长于潇教授上任以来 3 年时间里，一直关怀、鼓励和帮助我们团队，一直鼓励我们不仅立足国内，而且要不断与俄罗斯同行开展各种合作与交流，不断扩大我们团队在国内外的影响。在 2015 年我们团队与莫大历史系新一轮合作中，于潇院长积极帮助我们协调校内有关职能部门，与我们一起起草吉林大学东北亚研究院与莫斯科大学历史系合作方案（2015～2020 年），获得了学校的支持。2015 年 11 月 16 日，于潇院长与来访的莫大历史系主任卡尔波夫院士签署了《吉林大学东北亚研究院与莫斯科大学历史系合作方案（2015～2020 年）》，两校学术合作与交流进入了新阶段，其中，我们团队拟 4 年内翻译莫大学者 30 种左右学术著作的工作正式启动。学校职能部门和东北亚研究院的大力支持是我们团队翻译出版"俄国史译丛"的根本保障。于潇院长为我们团队补充人员和提供一定的经费使我们更有信心完成上述任务。

2016年7月5日，吉林大学党委书记杨振斌教授率团参加在莫斯科大学举办的中俄大学校长峰会，于潇院长和张广翔等随团参加，会议期间，杨振斌书记与莫大校长萨多夫尼奇院士签署了吉林大学与莫大共建历史学中心的协议。会后莫大历史系学术委员会主任卡尔波夫院士，莫大历史系主任杜奇科夫（И. И. Тучков）教授（2015年11月底任莫大历史系主任），莫大历史系副主任鲍罗德金教授陪同杨振斌书记一行拜访了莫大校长萨多夫尼奇院士，双方围绕共建历史学中心进行了深入的探讨，有力地助推了我们团队翻译莫大历史系学者学术著作一事。

四是由于我们团队同莫大历史系长期的学术联系。我们团队与莫大历史系交往渊源很深，李春隆教授、崔志宏副教授于莫大历史系攻读了副博士学位，张广翔教授、雷丽平教授和杨翠红教授在莫大历史系进修，其中张广翔教授三度在该系进修。与该系鲍维金教授、费多罗夫教授、卡尔波夫院士、米洛夫院士、库库什金院士、鲍罗德金教授、谢伦斯卡雅教授、伊兹梅斯杰耶娃教授、戈里科夫教授、科什曼教授等结下了深厚的友谊。莫大历史系为我们团队的成长倾注了大量的心血。卡尔波夫院士、米洛夫院士、鲍罗德金教授、谢伦斯卡雅教授、伊兹梅斯杰耶娃教授、科什曼教授和戈尔斯科娃副教授前来我校讲授俄国史专题，开拓了我们团队及俄国史方向硕士生和博士生的视野。卡尔波夫院士、米洛夫院士和鲍罗德金教授被我校聘为名誉教授，他们经常为我们团队的发展献计献策。莫大历史系的学者还经常向我们馈赠俄国史方面的著作。正是由于双方有这样的合作基础，在选择翻译的书目方面，很容易沟通。尤其是双方商定拟翻译的 30 种左右的莫大历史系学者著作，需要无偿转让版权，在这方面，莫大历史系从系主任到所涉及的作者，克服一切困难帮助我们解决关键问题。

五是由于我们团队有一支年富力强的队伍，既懂俄语，又有俄国史方面的基础，进取心强，甘于坐冷板凳。学校层面和学院层面一直重视俄国史研究团队的建设，一直注意及时吸纳新生力量，使我们团队人员年龄结构合理，后备有人，有效避免了俄国史研究队伍青黄不接、后继无人的问题。我们在培养后备人才方面颇有心得，严格要求俄国史方向硕士生和博士生，以阅读和翻译俄国史专业书籍为必修课，硕士学位论文和博士学位论文必须以使用俄文文献为主，研究生从一入学就加强这方面的训练，效果很好：培养了一批俄语非常好，专业基础扎实，后劲足，崭露头角的好苗子。我们在组织力量翻译米罗诺夫所著的《俄国社会史》《帝俄时代生活史》方面，以及在中文刊物上发表的 70 多篇俄罗斯学者论文的译文，都为我们承担"俄国史译丛"的翻译工作积累了宝贵的经验，锻炼了队伍。

译者队伍长期共事，彼此熟悉，容易合作，便于商量和沟通。我们深知高质量地翻译这些著作绝非易事，需要认真再认真，反复斟酌，不得有半点的马虎和粗心大意。我们翻译的这些俄国史著作，既有俄国经济史、社会史、城市史、政治史，还有文化史和史学理论，以专题研究为主，覆盖的问题方方面面，有很多我们不懂的问题，需要潜心翻译。我们的翻译团队将定期碰头，利用群体的智慧解决共同面对的问题，单个人所无法解决的问题，以及人名、地名、术语统一的问题。更为重要的是，译者将分别与相关作者直接联系，经常就各自遇到的问题用电子邮件向作者请教，我们还将根据翻译进度，有计划地邀请部分作者来我校共商译书过程中遇到的各种问题，尽可能地减少遗憾。

我们翻译的"俄国史译丛"能够顺利进行，离不开吉林大学校领导、社科处和国际合作与交流处、东北亚研究院领导的坚定支持和可靠后援；莫大历史系上下共襄此举，化解了很多合作路上的难题，将此举视为我们共同的事业；社会科学文献出版社的恽薇、高雁等相关人员将此举视为我们共同的任务，尽可能地替我们着想，我们之间的合作将更为愉快、更有成效。我们唯有竭尽全力将"俄国史译丛"视为学术生命，像爱护眼睛一样呵护它、珍惜它，这项工作才有可能做好，才无愧于各方的信任和期待，才能为中国的俄国史研究的进步添砖加瓦。

上述所言与诸位译者共勉。

吉林大学东北亚研究院

张广翔

2016 年 7 月 22 日

目　录

前　言…………………………………………………………… 001

第一章　文艺复兴别墅的古典起源 ……………………………… 010

第二章　文艺复兴别墅装饰的形成
　　　　——15 世纪佛罗伦萨别墅的纪念像（壁画）……… 105

第三章　16 世纪初罗马别墅装饰和古典传统 ………………… 161

结　论 …………………………………………………………… 219

参考文献 ………………………………………………………… 221

前　言

　　文艺复兴别墅是文艺复兴文化重要而又典型的现象。这一概念本身不只包含建筑艺术以及农业经济等内容，还有更深刻的含义。文艺复兴别墅是一个复杂的有机体，承载着不断变化的生活。我们知道别墅不仅是几幢房屋、几座建筑或几处活动场所，它还是一个统一整体，别墅与土地所有权紧密联系，它是土地主人的私有财产，能为主人提供收入，具有娱乐、休息和享乐用途。建造别墅主要用于娱乐，这一用途赋予郊外别墅以令人难忘而又独特的外观。外部特点包括独特的建筑外观、巧妙的私人花园设计、别具一格的书房及周围景观、相匹配的艺术收藏，所有这一切都充满了宁静与和谐，尤其是室内壁画和花园雕像给人一种难忘的印象。无论是小型农村别墅，还是豪华郊外宫殿，都充满了主人的生活气息，体现了主人的社会地位，与大自然季节更迭形成一派和谐景象。

　　文艺复兴别墅的独特之处在于它具有一系列内外部特点，其外观上的典型性恰好属于文艺复兴时期的典型标志。尽管有人认为西欧中世纪别墅与郊外别墅有很大差别，当时人们并不了解郊外别墅的固有传统，他们只是基于休闲或相应用途而修建并装修别墅，这种观点的成立需要一定条件，文艺复兴别墅是文艺复兴文化从产生到成熟的结果。文艺复兴别墅是文艺复兴文化发展到一定阶段的产物，它出现在 15 世纪后 25 年，因此我们可以确定文艺复兴文化的真实存在。文艺复兴文化体现在它所特有的建筑形式中，根据这一形象载体，我们能够确定它的存在。

文艺复兴别墅被视作文艺复兴时期特有的发明创造，出现这一现象的内因在于该时期的历史文化特点。意大利城市发展代表着文艺复兴时期社会史和精神文明史上的重大历史事件，城市高度发达，但多数城市没有忘记传统历史记忆，城市在文艺复兴沃土中孕育成长。文艺复兴时期城市生活以及城市特点带有某种确定性和完成性，这恰好对立于中世纪城市，中世纪城市没有明确的时间界限。尽管城乡间有坚固的农奴制阻碍，但城市快速发展，城市生活更加复杂化，同时城市也充满了各种社会矛盾和生活矛盾。总之，一切问题归结为城市化，城市化使人们对传统农业生活和淳朴过去更加眷恋。这种乡愁一经产生，很快便走向繁盛。因此，乡村生活理想一经形成，一旦具备别墅形成的必要条件和直接需求，别墅便应运而生。我们如果从城市居民利益和生活需求来看，城市居民同时又是乡村主人，他们具有另外一种社会地位，能够按新方式来理解和评价大自然，同时他们又意识到自己终将脱离乡村均衡、统一的生活，因而城市居民出现这种全方位追求或者这种更常见的追求，即要求部分恢复被破坏的统一体，尽管这是一种幻想，但却结出了真实的果实，文艺复兴别墅就属于这种果实，别墅是城市文明的标志。①

文艺复兴别墅的出现令人对该时期文化产生这样的疑问：古典

---

① 从文艺复兴时期起，我们开始在欧洲史中提到城市文明，阿诺德·汤因比提出要在世界史背景下研究城市文明，雅·布克哈特提出把文艺复兴的文化观发展成城市文化，这奠定了文艺复兴在历史研究和文化研究中的基础地位。

遗产对文艺复兴别墅有哪些作用？如果不存在文艺复兴别墅，没有古典文化艺术以及古典建筑的复兴，我们就不可能最终理解文艺复兴别墅以及文艺复兴别墅壁画装饰的艺术特点。这些特点似乎在有意证明，我们有必要比较古典别墅和文艺复兴别墅这两种不同文化下的历史现象。

纯粹的文艺复兴作品产生后，具有独特外观的意大利别墅最终形成。受古典传统影响，文艺复兴别墅具有独特风格。古典传统在很大程度上决定了别墅的地理位置、建筑格局和壁画装饰，以及人们怎样理解窗外景色、阳台以及对花园散步的意义。别墅的古典特点表明，建造者们思考了城市生活和农村别墅生活的差异，他们主要针对农村别墅生活进行了思考，把别墅当作一种具体休闲方式来看待。别墅体现出主人热爱劳动并看重农业劳动的情感，这也是别墅艺术及古典研究中体现出来的特点。因而，理解农村别墅壁画装饰有必要考虑古典世界的美好。

文艺复兴时代有一种极为普遍的观点（别墅是一个典型现象）。这种观点认为，描写别墅生活、塑造别墅美好形象能让古典作家富有魅力，因而作家们希望找到别墅原型，对别墅形象进行研究、想象和对比，最终重现它的形象，尽管这种愿望有时未被参与者完全意识到。别墅形象来自人们对各种古典别墅的文学描写，这些描写大多是由一些简短而又相互矛盾的描述或评论构成，这些描述确定了别墅在罗马人日常活动、精神生活以及艺术活动中的重要地位，从中体现出别墅在古代文化遗产中的重要性。别墅形象被不断加以完善和丰富，在文艺复兴时代，人们利用各种绘画、纪念币、考古发现使这一形象更加丰富。各种类型的文艺复兴别墅体现出保留下来的古典主义框架。尽管文学作品赋予别墅形象以实际的内容，但这一形象并不完整，如果把别墅形象比作一幅精致的图画，那么别墅形象更像一幅剪影或一个轮廓，而不是一幅描绘详尽的图画。别墅产生于想象，最初是来源于纯假设和抽象，远离考古发现和文学描写，一些研究者支持用学术计量法来理解古典遗产，就像阿尔贝蒂或帕拉第奥那样再现了相似、模糊的郊外古典别墅外观，从视觉上证实了文字描写的内容，复原了文艺复兴时期别墅的典型形象——小普林尼别墅。复原别墅的重要意义不在于是否忠于史实和考古发现，而在于当时的人们热切希望重塑别墅形象，这反映了文艺复兴时代的要求以及人们对古代历史的态度。现实不存在和对文本不理解并未使别墅形象丧失吸引力，文艺复兴别墅及壁画大师们的创造力使别墅主人的愿望变得更加清晰，修建别墅的吸引力在于古典别墅具有未完成性和不确定性，人们可以向其中填充不同内容，丰富古典别墅的观念，使其与具有丰富创造思想的意大利现实相符，最终达到文艺复兴别墅的艺术水平。郊外别墅历史漫长，具有很强的生命力，尽管文艺复兴时代郊外别墅的形象来自古典原型，但它并没有变成一个简单、折中的模型。

我们需要铭记文艺复兴时代古典遗产的特点。画家、人文学家、别墅主人在建造别墅之前，他们眼前的景象并不是保存完整的建筑群，不像罗马别墅建筑群中的雕塑、壁画那样形象完整，而是一些孤零零的废墟、残缺的碑文和没有底座的雕像，墙上壁画装饰斑驳脱离，眼前是一幅令人忧伤的画面，甚至连遗迹都没有保留下来，令人不可避免地联想起古典别墅外观。尽管保留下来的这些古典别墅类型和古典别墅废墟非常重要，但这并不是建造文艺复兴郊外别墅的主要动力。应该说，文艺复兴时期的历史学家和文学家、收藏者和爱好者、建造别墅的土地主人以及建筑师、画家们开始了一种有目的的尝试，他们探索古代别墅，认真研究现存废墟，重新挖掘，证明罗马别墅遗迹与文学作品中西塞罗或卢库勒斯、马塞纳斯或昆克提尼乌斯塑造的著名别墅形象相吻合，这些别墅遗址位于现在的弗拉斯卡蒂和蒂沃利。人们的不断探索和考古给出了别墅结构设计和主要部分，揭示了可能有一些主要装饰的建筑遗迹，但对古典别墅建筑形式和壁画装饰基本没有提及。我们有更多根据做出判断，位于蒂沃利的阿德里安大帝别墅实际上建于 16 世纪。然而，皮罗·利戈里奥指出，尽管这座别墅规模宏大，很有代表性，但不能将其归为文艺复兴郊外别墅的类型。

文学艺术主要体现了文艺复兴别墅的形象。文学艺术作品体现了别墅的概念、形象及标准。古典文学作品确定了郊外别墅的特点和类型，给我们提供了郊外别墅的综合信息，对此我们略作赘述，文艺复兴时期古典别墅形象首要来源在于建筑师们认真研读了希腊人和罗马人的文学作品。

文艺复兴别墅的理想形象最初源于古典作家的抽象描写。彼特拉克和薄伽丘、阿尔贝蒂、科西莫·美第奇对别墅的喜爱确定了别墅的真实存在。别墅最早在现实生活中的产生深受中世纪观念和艺术形式的影响，这体现了先前传统的惯性。在佛罗伦萨郊外的美第奇别墅或萨尔维亚蒂别墅展示了 14 世纪托斯卡纳城堡类型别墅，当然还存在其他类型的别墅，从现代观点来看先前经验仍在发挥作用。文艺复兴时期，那些文字优美的作品充满了古典主义魅力，别墅主人对类似城堡别墅或普通农业庄园充满向往，别墅主人和别墅建造者对古典主义怀有深深崇拜。谈到别墅的传统性，有必要考虑日常生活习俗，如人们是否按古典规范度过农闲时光，以及当代人和别墅主人如何理解别墅形象。文学描写中出现过很多人文主义者的别墅例证，反映了中世纪别墅的外观长期受到古典主义影响。文艺复兴时期人们认为这类别墅具有古代罗马别墅的完美，但这类别墅及装饰是逐渐形成的，并不是一蹴而就的。

文学作品更容易再现过时的生活方式——文艺复兴时代的郊外别墅最早体现了这一古典特点。别墅所体现的田园模式自动再现了古代乡村的生活范式，对别墅购买者、建造者以及壁画大师们产生影响，为别墅外观及古典装饰风格奠定了基础。因此，展现卡托、阿波黎纳里斯、大西庇阿、利昂提奥斯对别墅的态度以及展现文艺复兴时代如何体现这些古典特点的方式极其重要。

此外，别墅是一个非常直观、鲜明的文化附属物，它形成并存在于各个阶段。这一高级文化产品作为一种社会现象和文化历史现象与文学作品有机结合在一起，别墅主人、建造者、装饰者以及设计者把别墅当成从事学术研究、享受快乐宁静以及感官快乐的地方，并以拥有别墅为荣。

文艺复兴别墅的壁画装饰与建筑风格一体，这取决于意大利社会对郊外别墅所持观念，别墅以古典模型为基础，具有典型性和人文主义色彩。如果我们关注尚未具有文艺复兴特点的传统别墅，就会发现传统别墅的壁画有着另外的形式和内容，这样就会更容易理解这一影响的意义。中世纪别墅的室内装饰基本是新装饰，至15世纪中期，文艺复兴别墅将意大利特有纪念像作为室内装饰。文艺复兴别墅具有古典特点，壁画装饰与建筑特点相匹配，这构成了演变的本质，体现了古典传统对文艺复兴别墅壁画的重要影响。

意大利郊外别墅的理论和实践原则是壁画装饰与别墅用途必须相符。阿尔贝蒂提出社会用途决定建筑特点的思想以及建筑要分等级性的理念，他认为，建筑物及其壁画装饰必须与其建造目的相一致（208，Ⅰ，143～144，149，171～173，307，308）①，他写道："为了总体把握这类壁画装饰的特点，应该说，除了在应有的地方进行装饰，装饰还要与建筑风格相一致。"（208，Ⅰ，201）在《建筑十书》中阿尔贝蒂在另一处继续写道："如果把公共建筑装饰搬到个人建筑上，或相反，把个人装饰搬到公共建筑上，都是不恰当的。"（208，Ⅰ，330）个人住所的装饰要简朴，其原因很容易理解（208，Ⅰ，307）。阿尔贝蒂关于个人房屋装饰的总体原则可以完全套用到别墅上来，但他专门谈了农村别墅的装饰，因为农村别墅的用途是让人放松和享受快乐，壁画装饰中要有描绘农耕的情景，我们在这里能看到优美的风景和宁静的港湾，还有捕鱼、狩猎、洗澡、田间戏要以及季节变化的场景（208，1，309，314～315）。作者并不苛责随意装饰的毛病，甚至不觉得这种做法有什么不妥（208，1，308）。他让读者确信，装饰要与建筑特点相符是别墅装饰原则，遵守这一点即遵守了装饰原则。阿尔贝蒂脱离了古典主义作家的观念，概括了时代要求，形成了这个时代统一装饰的观念。最有说服力的证据就是前文提到人们普遍希望装饰别墅。阿尔贝蒂指出，别墅装饰不只是遵循古典精神，还发展了别墅装饰的观念，他引用了奥古斯都时代老普林尼对风景画室装饰的著名论述做例证（自然史，XXXV，116）。赞同这种观点的人并非只有阿尔贝蒂，还有赛巴斯蒂亚诺。赛巴斯蒂亚诺指出，郊外别墅的室内装饰采用了富于幻想色彩的壁画，描绘了建筑风景，融入了周围环

---

① 这里与后文给出的注释仅为文献列出的部分论著（数量有限），第1个阿拉伯数字表示序号，第2个阿拉伯数字或罗马数字表示卷号或出版号，第3个表示页码。其中，如果给出了几个作者的注释，则它们相互用分号分开，古代作家的引用按传统体系标出书号、章号和段号。

境，这是别墅特有的内容，也是别墅的本质特点。

这一特点在许多郊外别墅的装饰中多次体现。别墅从出现到繁荣实质上体现了个人生活超越社会生活的法则。诚然，在很大程度上，我们能够遇到与农村别墅的风格不一致的装饰，似乎农村别墅中的所有装饰都应属于让人安静休息的类型，但贵族的城市宫殿或公共建筑可能是个例外，别墅装饰取决于别墅主人的意愿。我们所见到的别墅主要是带有个人风格的世俗装饰，尽管我们还不能完全肯定形成了这种壁画装饰类型。此前意大利纪念像证实了这类装饰在非别墅房屋中被广泛使用。应特别指出，农业建筑的室内装饰主要是固有的世俗装饰，无论是早期城堡，还是后期的郊外别墅，装饰特点都与其主人的自由生活、建筑的特定用途以及建筑形式相吻合。别墅装饰与其他建筑装饰的区别是别墅装饰具有独特的古典主义面貌，壁画装饰以古典文学和神话起源为基础。由于题材独特，别墅装饰与室外风景异常相似。在别墅创造的宁静氛围中，我们可以经常见到各种轻佻故事情节和轻松的爱情故事，这很容易用享乐主义以及多神教观念来解释，郊外别墅的主人以及他们的生活带有明显的古典主义痕迹。

意大利文艺复兴别墅及壁画具有鲜明的古典主义面貌，这一特点不是马上产生的，而是经过了较长时间的发展，具有不均衡性，并且经常偏离主题，在各个城市有不同特点，壁画装饰的出现时间也不吻合，这些因素直观地体现出别墅壁画的个体性。因此，我们关注文艺复兴时期文化中心的郊外别墅，它们存在个体差异的同时还明确体现了当时的生活、建筑特点和壁画的装饰特点。另外，它们的外观具有共同特点，当然，我们指的是佛罗伦萨和罗马的别墅。威尼斯别墅的装饰和别墅本身一样，具有鲜明特性，这种类型不在本书研究范围内，并且威尼斯别墅的艺术特点与其生活总过程紧密相关，与 16 世纪政治、思想和社会经济领域发生的激进变革有关，这一题目需要做专门论述。在文艺复兴的早期阶段和繁荣阶段，我们研究古典传统对郊外别墅及其室内壁画装饰的影响对分析佛罗伦萨和罗马近郊别墅的装饰具有重要意义。

第一章

文艺复兴别墅的古典起源

文艺复兴时期许多文化现象产生受古典文学的影响。书面研究在古典传统研究中占主导地位。因此，我们很容易理解当时人们对古代文字的崇拜和恭敬。实质上，书面文字是完整记录多神教历史的唯一方式，文艺复兴时期的人们对古典主义起源感兴趣也是如此。并且，希腊文学与罗马文学相比，保存完整度更高，我们更容易见到。

古典文献对文艺复兴别墅有重大影响，我们很难再找到像农村别墅这样形象完整、特点鲜明的具体景观了。如果每条文献提供给我们的通常是不完整的信息，那么总体上，有关别墅所有综合信息构成了一幅有血有肉、色彩斑斓的统一画面，画面背后则是文艺复兴时代人们所熟悉的、生动而又亲切的郊外别墅居民的可爱形象。

在内容完整度方面，描写别墅的古典文献有很大差异，这些文献内容和体裁各异，出版时间各不相同。罗马作家塑造的别墅形象具有多面性，别墅在发展过程中经历了一些变化。无论是在罗马共和国时期，还是在罗马帝国末期，他们塑造的别墅形象都与古代别墅的演变、当时的社会经济面貌、一定历史阶段的罗马国家与社会思想的变化紧密联系。从中我们可以看出，人们对农村别墅的态度发生了必然变化，可以简单归纳为从完全不接受到由衷赞美。的确，别墅是用于休息的豪华住宅，但不能将其简单理解成家庭住宅。别墅现象引起了我们的注意，别墅作为特殊文学命题曾出现在罗马文学中，不要忽视罗马文学中别墅形象的变化。这一成熟的文学形象有着让我们无法忽视的自身传统。小普林尼在描写自己的别墅以及好朋友的别墅时，像对待其他命题一样，凭着自己的热爱、经验、描写技巧以及对周围世界的兴趣去创作，他不断阅读西塞罗的作品，尤其钟爱西塞罗的书信体散文作品。塞内卡的作品也体现了别墅形象，在塞内卡令人难忘的别墅描写中，我们可以看出作家对别墅的态度以及人们从道德层面对别墅的评价。除了西塞罗和塞内卡，老卡托和萨鲁斯特也评述了豪华郊外别墅和早期古典传统。

在古典文学传统作品中，我们经常会见到描写别墅的片段，不少作家研究了有关别墅问题，涉及我们研究范畴的内容可大体分为两大类。郊外别墅属于第一类，具有代表性，具体涉及问题包括别墅的建筑朝向、窗外景色、喷泉设置、壁画装饰等。这些都属于细节描写，不属于综合信息，给出的各种印象并不统一。第二类则给出一个或几个别墅的具体形象，通常我们能够从中获得总体印象，这类文献来源数量不多。小普林尼是这类描写大师，他的描写刻画了个人别墅的外观，为我们提供了十分宝贵的资料，这类别墅的重要意义可与西塞罗的郊外别墅形象相提并论。除了小普林尼，这方面的作家还有塞内卡和高卢诗人圣希多尼乌斯·阿波黎纳里斯。

圣希多尼乌斯·阿波黎纳里斯有关别墅以及别墅内欢乐场面的描写植根于罗马生活，反映了罗马人对农村生活的钟爱，他们基于热爱，甚至创造了一种建筑艺术体诗。建筑艺术体诗的传统特点是不仅具有固有体裁和修辞，而且在其框架下展现了别墅的文学形象。我们应该知道，别墅对文艺复兴时期的艺术作品有重大意义。具体来说，文学作品通过义字描写再现了别墅的建筑外观，这些描写直接指导了艺术实践。古典文本不是描写古典别墅的具体类型或记录别墅的装饰流程，而是描绘某个固定下来的古典别墅形象。一些描写中包括古典别墅的精粹以及独创性。有很多别墅的独特性无法言传，这影响并吸引了文艺复兴时代古典别墅的崇拜者们，这些追随者对别墅的总体印象进行创造性的利用，部分再现了郊外别墅主人的生活方式。

古典主义范式对古罗马以及后来几个世纪有十分重要的吸引力，随着时间流逝，古典魅力并未减弱反而增强了。因而，问题产生了：农业劳动的目的何在？严格来说，别墅是为了农业劳动而产生的现象。别墅首先给人们带来了经济利益（瓦罗，论农业，Ⅰ，2，12；Ⅰ，4，5）。土地劳动者经过了几个时代的繁重劳动使意大利变成了一个繁盛的花园。综合同代人的观点，瓦罗的观点值得肯定，并且他的观点在未来也将具有吸引力（2，3~6）。农业劳动的好处在于在劳动者中造就了最忠实的奴仆和最顽强的士兵（老卡托，农业，导言 1~3；西塞罗，为罗斯基乌斯辩护，XVⅢ，50；西塞罗，论义务，Ⅰ，IXⅢ，151；Ⅱ，Ⅶ，23；瓦罗，Ⅲ，1，4~5；朱维纳尔，讽刺诗集，XⅣ，70~75；科鲁梅拉，论农业，Ⅰ，序言，5~10）。尽管如此，对我们来说，考证别墅主人对土地的态度更加重要。由于农业劳动可以带来收益，土地给它的常住居民以及新主人带来固定收益，有时城市人口具有土地所有权，土地给他们带来无法衡量的快乐（西塞罗，论老年，XV，51~55；瓦罗，Ⅰ，59，1~3；维吉尔，农事诗，Ⅱ，458~540；

贺拉斯，歌集，2；提布卢斯，挽歌，Ⅰ，1，5~10；小普林尼，书信集，Ⅱ，4，3；Ⅱ，17，3，15，26，28）。这份满足与快乐是建造别墅的主要动力，在这一因素促使下，城市自由人口离开城市，建造农村别墅，并对其进行相应的装饰，用于休息玩乐。因而，古典主义对农业劳动的热情成为建造别墅的必要因素，这些因素加入文艺复兴的熔炉中，使佛罗伦萨、罗马和威尼斯的别墅生活充满了诗意和古典主义魅力。

无论是小型宅院，还是豪华郊外宫殿，都体现了罗马人在自己土地上辛勤劳动精神。罗马人首先是农业庄园主人，另外，别墅是故乡的体现，这一点很重要。遵循先前的普遍观念，土地被理解成家乡老宅，除非在非正常责任感驱使下，比如为了履行审判官职责及服兵役等，人们才会住在别墅以外的地方。因此，按照这种考虑，我们可以理解，罗马城内住宅仅是一个临时住宅，别墅才是真正的家园。罗马帝国时期体现了人们对别墅的这种态度，罗马社会追求别墅生活还在于传统力量，在罗马贵族别墅的大厅里，陈列着大量祖先肖像，这体现了罗马人对祖先的崇拜。罗马人一直铭记自己伟大祖国的起源，罗马从一个很小的农业村落发展成台伯河畔的罗马帝国。伟大祖国的缔造者们过着简单朴素的生活，在田野中从事繁重的农业劳动，这些故事被称道并广为流传。当然，与西塞罗、阿西尼乌斯·波利奥、马塞纳斯同时代的人很难再回到别墅生活中去（奥维德，岁时记，Ⅰ，225~226）。辛西内塔斯受到人们赞美，却很少有人仿效他，当然也不可能。罗马人从未停止过赞美故居以及歌颂与别墅相关的怀乡情愫。西塞罗在《论法律》中深情诉说道："说实话，这里才是我真正的故乡，也是我兄弟的故乡，我们在这里出生，作为古代民族后裔；这里是我们的避难所，我们的民族在这里起源，这里保留了许多祖先回忆……你目睹的这所庄园，在我们父辈劳动下建成，后来父亲身体衰弱了，他几乎毕生都在从事文学创作，正是在这个地方，我祖父生前居住的地方，这个庄园过去不大……但这是我出生的地方。"（Ⅱ，1，3；奥索尼厄斯，农宅；希默里斯，ⅩⅧ，为纪念自己小而简陋的房子而演讲）童年回忆大多与别墅密切相关，带有童话和幻想色彩（贺拉斯，歌集，Ⅲ，4，5～20）。同样，对卡图卢斯来说，回别墅意味着回到父亲的故居（ⅩⅩⅪ）。朱韦纳尔和奥索尼厄斯也持同样观点（讽刺诗集，Ⅲ，223～231），别墅与主人一同成长，在主人打理下变得生机勃勃（赛内卡，书信集，ⅩⅡ，1）。因此，在生命尽头别墅主人这样说："我对房屋应尽到责任：无论看向哪里——一切都表明，我在老去。"（赛内卡，书信集，6，ⅩⅡ，4）

每个真正罗马人珍贵的家庭故事都与别墅所在地有关。某个贵族为某个地方忠诚而战的故事为座落在这里的别墅增添了独特魅力。罗马卡帕尼亚恰好是维吉尔在《埃涅伊德》中描写的地方，这里的郊外遍布别墅。其中，玛丽亚和西塞罗的别墅就位于这里。别墅具有特殊魅力的原因在于它所处的地理位置，罗马的起源是罗马人崇拜祖先的圣地，如果有人对历史圣地亵渎或不敬，当时的民间观念认为，这个人就一定会受到惩罚。克洛迪乌斯把自己的别墅建在意大利城市阿尔巴龙吉，为建房砍下圣树，最后受到了应有的惩罚（西塞罗，为米罗辩护，ⅩⅩⅩⅥ，85～86）。歌德具有极强的古典文化洞察力，在古典文学和罗马别墅的吸引下，他去意大利旅行期间考证了古典别墅史料的真实性（277，177～178）。

别墅的壁画装饰中只部分地体现了这种态度。据保存下来的纪念像以及文学作品判断，在文艺复兴别墅的壁画装饰中思考了忠于故乡的题材，如罗马别墅和兰特别墅的壁画中体现了对故乡忠诚的内容。

　　古罗马文学为文艺复兴时代保留下来很多别墅记载，这些别墅记载可大致分为农村别墅和郊外别墅两大类型。这种分类在古代就有，一直延续到文艺复兴时期。农村别墅就是带有花园和农用地的郊外庄园，包括宅基地以及能给主人带来收益的杂用房，这也是建造此类别墅的主要用途。郊外别墅是带花园或公园的郊外宅院，专用于别墅主人休闲、享受和娱乐。别墅主人也可以在这里从事农业活动或与之相关的消遣游乐，这些都为郊外别墅增添了不少魅力。别墅最好建在距城市不远的地方，主人可以用不多时间来到这里，用不着脱离城市事务和自身职责，还可以在别墅里获得期盼已久的休息时光。这一时期，别墅地点的选择倍受人们关注，别墅与周围地形的关系也受到人们的认真考量。

　　对农村别墅的描写具有广泛文学传统，这主要体现在卡托、瓦罗、科鲁梅拉的有关农业的论述中以及老普林尼的《自然史》等作品中，欧洲文学中，赫西俄德的《工作与时日》以及色诺芬的《治家格言》就是这样耳熟能详的作品。尽管这些作品没有直接描写普通乡村庄园，但记叙了多姿多彩的农业生活。农村别墅形象与罗马人以善为本的道德规范相一致，这是别墅长期受到赞美的原因。很多作品集中描写了乡村庄园经营有方、建筑结构合理以及正确的经营理念等方面内容，这是文艺复兴理论家与实践者感兴趣的内容，一些特殊的建筑，如威尼斯别墅，尤其引人关注。阿尔贝蒂和菲拉雷特在关于建筑的论述中不止一次提到这些作品及作者，阿尔贝蒂经常从中整段加以引用。乔治·莫拉尼及其他人文主义作家和出版商多次出版古典著作《论农业》以及维吉尔、马尔提阿利斯和普劳图斯的作品，基于这些作品，莫拉尼还建造了自己的农业庄园。罗马的彭波尼奥·勒托别墅就是这样建立的，这栋别墅是根据卡托、瓦罗和科鲁梅拉所描绘的别墅原型修建的。

罗马史中真正的郊外别墅比古典农村别墅出现得晚，在早期文化传统中，罗马军人和政治活动家普布利乌斯·科尼利亚·大西庇阿就是这样的典型例证，他的别墅建在卡帕尼亚（泰特斯·李维，历史，XXXVIII，51，I；52，7；53，8），大西庇阿的别墅有别于后期的贵族城堡式郊外别墅，西塞罗和瓦列里·马克西姆专门指出过这一点（西塞罗，书信集，XXXVI；瓦列里·马克西姆，II，10，2）。当时还没有形成专用于节日休闲的郊外别墅建筑类型，史料证实，别墅生活尽管也有一系列新内容，但极为传统。除了大西庇阿的别墅，还有一些其他名人的早期别墅，这类别墅类似堡垒，见到的人将其称为"坚固的避难所"（狄奥尼修斯·摩索拉斯，V，XXII，1；VIII；XXVI，5）。这些别墅的总体特点是建筑外观和内部装饰极其简陋，普劳图斯带着不悦的笔触写到这一点，而后期的道德家们却赞美别墅的简陋，号召仿效这一特点。大西庇阿别墅的简陋令参观者惊讶，尽管大西庇阿本人非常喜欢舒适、奢华的生活（西塞罗，书信集，LXXXVI；普鲁塔克·老卡托，3～4）。老卡托的别墅、西塞罗的祖父在阿尔皮努姆的别墅及教廷在萨比诺的别墅都以风格简约而著称（西塞罗，论法律，II，3）。在早期阶段，文艺复兴别墅尚未具有独特外观，继承了城堡类型的建筑特点，这些描述恰好吸引了别墅建造者。

文学传统普遍认可农村别墅各种被称颂的优点，别墅成为罗马文明的基础，社会上逐渐形成一系列与之相适应的郊外别墅价值观念，体现在卡托、西塞罗、小普林尼对别墅的态度上，他们的态度一直在发生变化。在罗马传统世界观中，等级观念必然要得到道德上的支持（虽然没有鼓励形成等级制度的道德规范，但也不存在禁令）。修建豪华的郊外别墅越来越普遍，没有什么能中止人们的这一追求，大家希望建造外观美丽和设施完善的避难所，这一重大意义让我们知道罗马社会如何从精神层面看待郊外别墅的。要知道，在所有古典文献中别墅生活是基于休闲目的的，积极的公民社会对立于空虚、无所事事生活，这一道德标准一直存续到罗马国家灭亡，这与别墅形象有关，尽管这种对立与现实生活无疑相反，西塞罗无奈地证实了他对别墅生活的热切态度，他希望别墅有更好的装饰，可以经常在别墅里度过闲暇时光。因为真正的罗马人、真正的罗马共和国公民无权放下国家责任，沉迷于休闲、学术、艺术中。提到马尔库斯·加图（老加图），他是罗马共和国具有高尚品质的典范，西塞罗强调，加图在生命的最后一刻依然坚守在自己岗位上，而不是在安静和休闲中度过自己的最后时光，尽管他有这样的权利（论国家，I，I，1）。

评价罗马人对休闲的理解时，我们有必要考虑城市公民生活与农村休闲生活的差异，理解这一差别十分重要。我们一提到城市公民生活几乎会立刻想到积极公民活动，而农村生活则大多与休闲有关。二者间存在着显著的城乡对立，贺拉斯把这种对立明确表述为"商业化都市"与"休闲式乡村"。如休闲、文学创作、各类休息乃至节日庆祝——这些都是农村生活和别墅生活的衍生品。

罗马人只有在生命尽头才能完全投身于别墅休闲，因为那时候他们已经完成了对祖国的主要责任。"但这种休闲对心灵而言弥足珍贵，似乎已经结束了情欲、虚荣、竞争、敌对等各类激情驱使下的活动，享受独处，与自己待在一起！如果心灵确实能够在学习和研究中汲取营养，那么没有什么比拥有悠闲的老年生活更令人感到愉悦的了！"（西塞罗，论老年，XVI，49～50；同见XVI，55；
XVII，60；论国家，I，IV，7；论法律，II，3；萨鲁斯特，喀提
林阴谋，4，1～3；贺拉斯，书信集，I，1；小普林尼，书信集，
III，7，6；奥鲁斯·盖留斯，阁楼夜读杂记，XIII，24）。这种思
想能够在罗马共和国对高尚之人的有关理解中得到证实。古代文明
衰落时，瓦伦丁尼安的儿子——格拉蒂安结束了军旅生涯后（他
在罗马不列颠指挥军队），回到别墅享受安宁生活（阿米亚诺斯·
马尔，XXX，7，3）。拉丁诗人奥索尼厄斯在自己的庇护人死后，
在生命的最后时光才有可能抛开国家公务，在加龙河边的别墅中度
过宁静时光，思考自己漫长的一生。因此，维特鲁威痛苦地承认，
闲暇一直是有限制的（V，前言，3），允许有其他可能以及合理
"浪费时间"的理由。西塞罗在《论国家》一书中写道，当有人见
到小西庇阿在自己别墅中休息，目击者很惊讶，因为"当时国家
处于动荡中"，而小西庇阿却待在别墅里，这是别墅主人对时代精
神的另一种方式应对，因为小西庇阿待在别墅里多半是为了免于事
务打扰，而非停止思考（I，IX，14）。在乡村过平静生活的公民
并没有忘记国家尊严（小普林尼，II，11，1）。在祖国危难、个
人前途渺茫的情况下，充分休息能冲淡这些愤懑情绪。西塞罗写
道："我把自己封闭起来，是为了适应当前的条件。"他自己证实，
在内战最激烈的时候，他正在图斯库伦的别墅里钻研学术（书信
集，CDXXVII）。在恺撒和庞培发生冲突时，西塞罗在福尔米亚的别
墅中思考了《论国家》的创作（书信集，CCCXLI，7），而马克·
安东尼·尼欧在政治形势紧张、危机四伏的时候，自称正在自己熟
人的别墅里（西塞罗，II谩骂，XVII，42；塔西佗，历史，III，
36）。这种对待闲暇的态度被奉为楷模。在罗马共和国末期，尤其

是在罗马帝国时期，号召离开别墅越来越成为一个空洞的宣言。萨鲁斯特描写了小卡托的愤怒话语，这些描写可以证明（喀提林阴谋，52，5），为了祖国荣誉发起离开别墅的号召已不能奏效，实际上，我们可以预见罗马社会中的场景，"坐在大理石别墅里讨论战役"（朱韦纳尔，讽刺诗集，Ⅳ，112）。卡里古拉的话再次证实了已形成的局面（苏埃托尼乌斯·卡里古拉，45，3）。罗马帝国的历史文化环境促进了别墅休闲理想的形成，这种理想也就是我们最后所了解的郊外别墅形象。

诗人们的创作以及他们对罗马精神和道德的新观点孕育了社会对别墅和休闲的新标准。卡图卢斯的诗素来具有战斗性，他的诗不仅有意冲击了罗马国家制度，还冲击了公民服务国家的传统高尚观。其诗歌表达了对世界新的个性化理解，诗歌主人公把自己的个性、内我放到首要位置，形成了对别墅的新观念，别墅被视为度过闲暇时光的最佳场所。卡图卢斯的诗将古典形式与西塞罗、贺拉斯的作品形象结合在一起，在他的作品中体现出来。别墅形象体现了人们希望从既定生活框框和国家道德中摆脱出来，寻找一个理想处所，以完全实现失去的休闲理想。郊外别墅恰好是满足这一理想的最佳去处，因此，我们很容易理解卡图卢斯诗中的别墅形象，他描写了人们怎样对待郊外别墅生活的故事，刻画了相互对立的两种生活：城市沉闷生活与农村美好生活，尤其突出了农村生活的节日快乐和爱的喜悦。卡图卢斯充满诗意地憧憬了即将到来的非政治化的帝国时代，赞美了别墅的现实性以及别墅的文学经典形象，详细刻画了别墅作为避难所的形象。

古典别墅的概念中有消极生活的含义，这一概念不仅包含了别墅中度过的快乐时光和感性上的快乐，还有劳动享受、学术研究、哲学思考、朋友小聚、写作、阅读、雕塑与壁画收集、艺术作品创作以及阅读书籍等内容。

在别墅进行农作不只是为了获得经济收入，在很大程度上是为了享受干农活带来的乐趣。比如，别墅里有大棚、牲口圈、鸟舍、鱼池以及造型独特的果蔬廊，在此能够欣赏到各类水果和蔬菜造型，别墅里也有餐厅，有些别墅甚至被视作各类壁画展览馆（瓦罗，Ⅰ，59，2；Ⅲ，3，8；Ⅲ，3，10；Ⅲ，5，9～12；Ⅲ，7；Ⅲ，12；Ⅲ，13；Ⅲ，17，2～4，9；普鲁塔克·卢库勒斯，39；奥鲁斯·格留斯，阁楼夜读杂记，Ⅱ，20）。小普林尼多次强调，在庄园（郊外别墅）不需要从事过多的农业劳动，主要是为了不占去主人太多时间，让主人在学术研究之余能够充分休息。小普林尼在书信中描写了人文主义者的别墅，他的描写也证实了这种观点（书信集，Ⅰ，24；Ⅰ，3，2～3；Ⅶ，30，2～3；Ⅸ，15；Ⅸ，16；Ⅸ，36，6）。

我们在古典文献中经常见到号召别墅主人亲自参加农业劳动的情节，这被理解成文艺复兴传统（彭波尼·奥勒托和科西莫·美第奇）。波斯国王小赛勒斯亲自参与别墅规划，在萨尔达别墅种花（西塞罗，论老年，ⅩⅦ，59）。佩加蒙的统治者阿塔三世亲自在花园中种果树，西庇阿在坎帕尼亚别墅亲自种树（赛内卡，书信集，ⅩⅩⅩⅥ，5）。贺拉斯喜欢在萨宾山别墅里劳动，提布尔也不反对劳动（抒情诗，Ⅰ，1；达菲尼斯和克洛伊长诗，Ⅱ，3）。泰奥弗拉斯在自己花园中劳动（提奥奇尼斯，Ⅴ，2，39）。人尽皆知的例子是戴克里先大帝务农，辛西内塔斯也在别墅里从事农业劳动。

当然，除了可以在别墅里开展农业劳动，别墅还有接待访客的职能，访客大多是文学家和学者（小普林尼，书信集，Ⅰ，22，11）。限于篇幅，我们有必要强调在郊外别墅的休息通常是在文学创作活动间隙进行。别墅不能只关注农业活动，仅注注经济作用突出不了别墅生活的特点，也无法为主人带来任何乐趣。当然，"我不是说，聪明人不应考虑自己的财产增值，相反我们应该多关心财产增值，但建造别墅的主要目的不是为了占有财富，而是为了获得更好的生活"（高卢诗人圣希多尼乌斯·阿波黎纳里斯，书信集，Ⅷ，8）。西塞罗、赛内卡和小普林尼把在别墅的时间用来从事哲学研究，这成为别墅生活的特点（西塞罗，书信集，XXII；贺拉斯，书信集，Ⅰ，1）。贺拉斯在别墅里沉迷于阅读荷马史诗，但他不只读荷马的著作，他还是一位哲学先贤，被哲学理论所吸引（书信集，Ⅰ，2），他还利用在别墅的空闲时间来研究宗教问题（西塞罗，答占卜师，Ⅳ，18～19）。但对诗人来说最有吸引力的事是写诗、从事文学研究、撰写历史著作（贺拉斯，歌集，Ⅰ，326；Ⅲ，3；萨鲁斯特，喀提林阴谋，4，1～4）。要知道，神灵庇佑别墅创作，"善良的农神赐给诗人维吉尔对温柔的感知力"（贺拉斯，讽刺诗集，Ⅰ.10，44～45）。因而，诗人们需要在别墅里创作，在大自然的怀抱中，在森林神灵的包围里（贺拉斯，歌集，Ⅰ，17；卢西恩，论房子，4～5；赫西奥德，神谱，22，23，29），在郊区的山丘上、丛林中、草原上总会遇到各类神，这一点赋予农村生活以独特魅力，能促进作家多产（奥维德，岁时记，Ⅳ，751～762；贺拉斯，歌集，Ⅰ，17；Ⅲ，18；Ⅲ，22）。我们知道，在农村更容易遇见神灵（佩特罗尼乌斯·萨蒂利孔，17）。直到多神教结束，农村居民还担心晚上遇到牧羊神、大力神或森林神。

不阅读就无法创作，因而创作总伴随着阅读（贺拉斯，讽刺诗集，Ⅱ，3，1～16）。读书、写作、散步是在别墅的主要活动（贺拉斯，书札，1，4；歌集，1，22；小普林尼，Ⅰ，3；Ⅰ，6；

Ⅲ，15，1），作品题材可以是严肃的题目，也可以是关于爱情的内容。这决定了郊外别墅里应该有主人喜欢的藏书（西塞罗，书信集，Ⅲ；Ⅵ，4；Ⅷ，3；ⅩⅩⅦ，12；ⅩⅩⅪ，1；小普林尼，Ⅱ，17），以及符合农业生活规律及别墅生活特点的作品（瓦罗，Ⅲ，1，9~10）。别墅里的图书馆是作家们安度余生的避难所（西塞罗，书信集，Ⅵ，4）。可以说，别墅里的财富堪比克拉苏宝库，别墅主人拥有能获得收入的房屋和草地，别墅现象在社会价值观体系中获得普遍认可（西塞罗，书信集，Ⅸ，3）。在很大程度上，由于别墅图书馆藏书丰富，因而罗马别墅也被视作脑力休息的地方以及拥有很高精神追求的地方。

社会上普遍认为，别墅创作一般伴随着孤独（西塞罗，书信集，DXC，1；贺拉斯，讽刺诗集，Ⅰ，6，104~105；歌集，Ⅲ，4；书信集，Ⅰ，7）。别墅里的宁静能够治愈国家动乱带给个人的创伤，从而别墅生活可以促进文学和哲学创作（西塞罗，书信集，6；Ⅱ，17，21~24）。可以说，西塞罗的朋友和熟人以及后期小普林尼的友人都受别墅生活的吸引，他们追求在学术之余共同休息，愿意与小普林尼共同思考哲学问题（书信集，Ⅹ，Ⅱ，2；ⅩⅢ，3）。因此，别墅常用于志同道合的朋友为了共同利益在一起思考或休息。莱洛评价了自己与西庇阿、西塞罗的关系，这些评论验证了他对友谊和至交的看法，他指出："我们住在同一所房子里，在一个桌子上吃饭，我们共同远足，一起旅行，一起在农村生活。"（论友谊，ⅩⅩⅦ，103）真正的友谊会激发创作灵感（小普林尼，Ⅱ，15，5）。如果没有友谊，则我们无法忍受农村的宁静（贺拉斯，合唱，1，5~9；讽刺诗集，Ⅰ，3）。马格努斯·奥索尼乌斯像西塞罗和小普林尼那样，在别墅里招待自己的朋友们（书信集，ⅩⅦ，ⅩⅩⅪ；阿基里斯·塔蒂，留基伯和克里托弗式，Ⅰ，Ⅱ）。

主人和朋友们在别墅里就哲学问题展开讨论，西塞罗拟定具体题目，类似描写对理解郊外别墅有重要的意义。多年后波伊提乌也同意这一观点，他同时总结了这一重要的古典传统。古典文献对理解郊外别墅形象有重要意义，尤其是对话体作品对理解别墅形象意义重大，这类文学作品包括《论演说家》、《论法律》、《论国家》、《学者学说》、《托斯卡纳争议》、《论农业》等。这些古典作品对于了解古典历史以及文艺复兴文化、别墅含义有难以估量的价值（瓦罗，Ⅲ，1，9～10）。

古典作家常提到作家、诗人以及他们的生活方式，这些信息与别墅休闲关系密切。古典文学范式或大文豪的生活经历影响着别墅的建造，对文艺复兴的追随者们产生着重要影响，从彼特拉克、首批人文主义者到保罗·乔维奥，再到威尼斯别墅的主人们，西塞罗和瓦罗清晰地描写了他们自己的郊外别墅形象，提布鲁斯（贺拉斯，书信，Ⅰ，4）、贺拉斯以及马提阿里斯（警句，Ⅸ，18；Ⅵ，43；Ⅸ，97；Ⅻ，31；Ⅰ，55）满怀热情地描写了郊外别墅。罗马建造文艺复兴别墅时直接参照了这些描写。小普林尼描写了别墅中的独特类型（书信集，Ⅰ，24；ⅩⅦ，10；ⅩⅨ，12），而辩论家阿提库斯拥有豪华别墅，他的描写更加体现了郊外别墅的古典传统（奥鲁斯·格留斯，阁楼夜读杂记，Ⅰ，1，2；Ⅸ，2；ⅩⅢ，24；ⅩⅧ，10；ⅩⅨ，12）。奥索尼厄斯和高卢诗人圣希多尼乌斯·阿波黎纳里斯住在自己的别墅里，对别墅生活的描写则更加详尽。

别墅休闲并不总是枯燥乏味的，而是常常带有享乐主义特点，别墅主人经常举办各种活动，如球类活动或滑稽游戏，当然，还有一顿丰盛的乡村午餐（贺拉斯，讽刺诗集，Ⅰ，5，45～85；诗人圣希多尼乌斯·阿波黎纳里斯，共同称颂，436~441，487~506）。阅读完古典文学作品后，一般要将其摆上祭桌（贺拉斯，讽刺诗集，Ⅱ，6，60~77；小普林尼，书信集，Ⅰ，15；Ⅲ，12）。午餐准备充分，精心制作，尽管很简单，但原料都产自别墅，还有自酿葡萄酒（贺拉斯，歌集，Ⅰ，20；Ⅲ，29；朱韦纳尔，讽刺诗集，Ⅺ，56~208）。葡萄酒是别墅生活必需品，"在树下喝着葡萄酒"（贺拉斯，歌集，Ⅰ，7，12~20，27，19~36，38；Ⅱ，3，11，19；Ⅲ，21；Ⅳ，12；卡图卢斯，ⅩⅩⅥ）。我们知道，学会偶而忘记哲人的智慧是一种释放的快乐（贺拉斯，歌集，Ⅳ，12）。

尽情享乐是别墅生活的典型特点，这体现了别墅生活的独特性，并且这些特点在别墅壁画中得到了直接体现。苏拉时期人们对此有过评论（萨鲁斯特，朱古达战争，95，3），后来罗马社会震惊于卢库勒斯、庞培、克拉苏别墅的豪华生活、奢侈放纵以及公开淫乱现象。提比略隐居别墅是希望掩盖自己的残酷性情及通奸行为（苏埃托尼乌斯·泰伯利亚，42~45；塔西佗，编年史，Ⅳ，57，67）。而后，他的继承人尼禄被皮索别墅吸引，皮索庄园不仅外观典雅精致，在别墅里还可以享受狂欢与盛宴（塔西佗，编年史，ⅩⅤ，52）。很多例子证明了古典别墅的享乐特点，有必要特别指出的是，别墅生活与纵欲有关，卡图卢斯和贺拉斯的诗歌以及佩特罗尼乌斯的作品（萨蒂利孔，127）都证实了这一点（贺拉斯，歌集，Ⅰ，17）。因此，在意大利锡拉库萨的水上别墅里为敬奉维纳斯神设置了专门的豪华餐厅（阿特纳奥斯，欢宴的智者，Ⅴ，41）。但我们应该知道别墅生活把享乐与脑力活动结合在一起，郊外别墅主人的休闲时间大多是从事创作，在别墅内公开淫乱的行为受世人谴责（西塞罗，Ⅱ，反腓利比克之辩，ⅩⅬ，103~106；为罗斯基乌斯辩护，XLVI，134；卢西恩，论房子，4）。

　　总体上，空虚是别墅生活固有特点，西塞罗承认，别墅生活是平静的，甚至有些无聊（书信集，Ⅲ，XIXIX，3）。西塞罗谈到自己别墅时候，反复使用的几个词是"休息"、"享受"、"快乐"、"高兴"（书信集，Ⅳ，2；Ⅵ，3；CCCCLXXV，2；DXXXVIII，5）。卡图卢斯完全同意西塞罗的观点，小普林尼坦率地说："我在别墅里的时间分为工作和休息两部分：两者都是休闲的产物。"（书信集，Ⅱ，2，2）他对别墅生活做了详尽的描写，这也证实了上面所述观点（贺拉斯，讽刺诗集，Ⅰ，6，100～131；小普林尼，Ⅰ，9；Ⅲ，1～10；Ⅲ，5，8～16；Ⅸ，36；Ⅸ，40）。

　　我们可以理解为什么罗马共和国时期郊外别墅生活被认为有悖于积极的公民立场。罗马帝国时期的政治体系推动了别墅生活观念广泛传播，但有时人们对别墅的消极态度仍在发挥作用，表现在别墅丧失了古典社会的活跃性。但别墅的存在植根于先前的道德规范中，尽管产生这些道德观的条件已发生改变，但出于惯性这些观念仍在发挥作用。在罗马共和国灭亡前的10年中，国务活动家、道德家们激烈声讨建造郊外别墅的习惯，一直批判到罗马帝国时期。谴责传统不能终止历史进程，并且经常会走向反面，批判反而促进了别墅发展，引起人们产生相反的动机，去寻找郊外别墅的优点（这很容易做到）。郊外别墅反对者的愤怒声讨以及别墅支持者对别墅外观的描写为后来人们探索别墅形象提供了很多借鉴。

　　郊外别墅的生活过度奢华，罗马贵族拥有大量别墅。这成为当时罗马社会的普遍现象，社会上掀起反对奢侈和反对道德沦丧的热潮（12，Ⅰ，423～424），社会要求评论家们公开、鲜明地批判别墅现象（萨鲁斯特，喀提林阴谋，12，2～3；13，Ⅰ；20，11～

12）。贺拉斯描写自己的乌斯蒂卡别墅简单到质朴的程度，诗人谴责了城市宫殿的类似豪华别墅。一些豪华别墅建在填平的海边，在道德格言盛行时代，得到了诗意化的呈现（歌集，Ⅱ，18，17～32；Ⅲ，1，33～40；Ⅲ，24，3～8；书信集，Ⅰ，1，82～86；佩特罗尼乌斯·萨蒂利孔，120）。卢库勒斯、大普林尼、普鲁塔克等人的别墅都受到过批判（小普林尼，自然史，Ⅳ，54；普鲁塔克·卢库勒斯，39；维勒伊乌斯·帕特库鲁斯，罗马史，Ⅱ，XXXⅡ，4）。西塞罗迫于社会压力甚至拆除了自己过于奢侈的别墅（论私宅，XLVⅡ，124；论法律，Ⅲ，XⅢ，30～31）。塔西佗也无法描绘郊外别墅的宏大规模以及别墅装饰的豪华程度。塔西佗和马提阿里斯都认为，奢华别墅没有太多积极作用，不能期待从娱乐型别墅和供游乐的花园中吸收精神给养（塔西佗，编年史，Ⅱ，52～54）。修建宏大郊外别墅本身含有某种恶意，意味着违背契约、背叛祖先、道德败坏、国力削弱、贬损邻里、破产等。塔西佗从坚韧不拔的理想精神出发，总结了卡托、萨鲁斯特、西塞罗和贺拉斯的观点，谴责了小塞内卡对别墅的豪华装饰，形象描绘了古典郊外别墅的外观以及别墅周围的风景（寄给露西拉的信，XXXIX，21；XC，7，15；XXX，25；奥鲁斯·格留斯，阁楼夜读杂记，Ⅱ，2；XⅢ，24；马提阿里斯，警句，XⅡ，50）。我们有必要思考一下道德家们的另一种观点，他们认为豪华别墅不被社会所接受是因为郊外别墅的过度奢华打破了大自然和谐之美，超出了合理范围，破坏了大自然的和谐（萨鲁斯特，喀提林阴谋，1，13；贺拉斯，歌集，Ⅱ，15，18，19；Ⅲ，1，25；书信集，Ⅰ，1，84；老塞内卡，争议，IX；苏埃托尼乌斯·卡利古拉，2～3，37；阿特纳奥斯，欢宴的智者，Ⅴ，41～42）。

西塞罗的别墅生活与他的国务活动相比处于次要地位，西塞罗把对别墅生活的描写放到信末几段，他处理完重要事务后再关注别墅事务。在罗马共和国时代，国务活动家的追求与关于农村别墅的理想十分接近。时代特点决定了农村别墅的形象和西塞罗个人创作乃至生活实践中衍生出的郊外别墅理想，在别墅形象塑造中，西塞罗的功绩在于他将自身的保守标准与赞美农村别墅的传统结合在一起。实际上，西塞罗在文学遗产中首次再现了郊外别墅形象，他在重建自己别墅的过程中把握了这一形象，他善于论战的天赋使这一理想带有普适性。

别墅在西塞罗的生活中并不占主要地位（这一点体现在他的作品中），尽管他对郊外别墅有一定兴趣。西塞罗拥有大量别墅，他将其称作"意大利发源地"，他在作品中经常提到别墅形象，这给彼特拉克留下很深的印象，西塞罗在书信中非常详尽地讲述了自己朋友的别墅（普鲁塔克，西塞罗，7）。西塞罗的著名别墅坐落在图斯坎纳、福尔米亚、庞贝、普特奥利郊区，当然，他的祖传别墅是在阿尔皮努姆（论土地法，Ⅲ，8；书信集，Ⅰ，2；Ⅸ，3；ⅩⅧ，Ⅱ；CVI，4；CXXII，7；CXLV；CCCIXIII，CCCCXCIX；1；CMXVI；DCXXVIII；DCXXXX，1；DLII；DXCII，2；DCLXVI，3；DCXLIX；DCX；老普林尼，自然史，XXXI，2；普鲁塔克，西塞罗，7，8，47）。西塞罗最大的别墅位于库曼和普特奥利，他把这些别墅称作"自己的王国"（书信集，DCCXXII，1）。

西塞罗的别墅以选址成功而闻名，他在建造别墅时考虑了别墅与周围地形相一致的特点，令郊外别墅具有一系列新特点（书信集，CXXXIV，1；CLII，1；CCXIX，1；CCXXXIV；XXIX，2；论法律，Ⅱ，1~3）。西塞罗经常描写自己别墅周围的风景，强调别墅的独特性和优缺点。西塞罗的别墅有很大的精神价值，别墅主人和自己的好友在这里共同探讨学术问题，收集雕塑，挑选藏书，一起欣赏大自然的美景，共同读书和创作以及展开哲学交谈。别墅主人具有绝对权威，这使得别墅形象及别墅生活方式成为文艺复兴时期的重要标志。

自公元 2 世纪起，罗马城市化趋势越来越明显。大量罗马贵族进入城市，正是从这一时期起，人们开始建造主要用于休闲目的的郊外别墅（卡托，种地，前言；维吉尔，农事诗，Ⅱ，458～540；科鲁梅拉，论农业，Ⅰ，前言，17）。在奥古斯都大帝执政时期，罗马历史分为两个阶段，阶段划分标志是别墅生活出现了更发达的形式，即出现了郊外别墅。在政局危机平息后，罗马贵族开始享受和平生活的幸福和快乐。新的政治形势使人们更加盼望回归个人生活、回到别墅休闲以及当下的种种快乐与美好中去。

贺拉斯的经历也是具有说服力的例证。贺拉斯诗歌的主题之一集中在其艺术思想上，他的诗歌秉承中庸之道思想（歌集，Ⅰ，10；Ⅱ，10，16；讽刺诗集，Ⅰ，1，106～107）。别墅地位也体现在这一观念中。在贺拉斯的抒情诗中，诗人的别墅生活体现了他的个人生活特点（歌集，Ⅰ，17；Ⅱ，10，16，18，32～40；Ⅲ，1，16～48）。按照这一标准，诗人能够获得他所重视的独立感，他被隔离在一个小而简陋的房子里，免受时代迫害和动乱影响。贺拉斯同时发展了西塞罗的思想，他把别墅视作避难所，别墅让诗人实现了自己的理想生活（讽刺诗集，Ⅱ，6，1～5，16～19；歌集，Ⅰ，9，13～24；Ⅱ，3；Ⅱ，11；Ⅲ，29；日历体，13）。

贺拉斯的别墅生活颇具戏剧性。贺拉斯祖传别墅在内战期间被没收，贺拉斯的命运与维吉尔相似，维吉尔失去了自己在曼托瓦的别墅，贺拉斯的萨宾别墅被赠给了诗人梅塞纳斯（讽刺诗集，Ⅰ，9；书信集，Ⅰ，7；Ⅱ，2，49；合唱，Ⅰ，23～34；苏埃托尼乌斯，论诗人；贺拉斯，7），萨宾别墅位于卡纳莱托山脚下（比卢克莱修山别墅更加古老）。贺拉斯的许多诗歌再现了别墅形象。歌德把贺拉斯的诗歌比作有生命的篇章，其中对别墅形象进行了具体刻画，他的别墅形象吸引了文艺复兴的追随者们。文艺复兴时期的考古发现从地理学上明确了别墅的外观和地点，当贺拉斯首次提及乌斯蒂卡别墅时就指出了它的简陋和质朴（讽刺诗集，Ⅱ，3，5～10）。而后贺拉斯不断提到别墅的简陋，有意将这类别墅与罗马贵族的豪华别墅对立起来（歌集，Ⅰ，12，41～44；Ⅰ，20；Ⅰ，31；Ⅰ，38；Ⅱ，10，5～8；Ⅱ，15，10～20；Ⅱ，16，33～40；Ⅱ，18；Ⅲ，1，41～48；Ⅲ，16；合唱，Ⅰ，23～34；朱韦纳尔，讽刺诗，Ⅺ，77～119）。诗人获得形同废墟的乌斯蒂卡别墅后花了很长时间对其进行修葺整理（讽刺诗集，Ⅱ，3，307）。别墅内有各类活动场所（书信集，Ⅰ，14），可从事各类休闲活动，欣赏大自然是主要的休闲（讽刺诗集，Ⅱ，6；歌集，Ⅰ）。贺拉斯在别墅里度过休闲的主要方式是长时间散步，在散步中捕捉灵感描写农村生活，欣赏台伯河的美景，感受森林和瀑布的美（歌集，Ⅰ，7，13；Ⅳ，3，10）。别墅周围既有风景秀美的原始大自然，也有人类改造过的田园美景（歌集，Ⅰ，17，17），累了诗人就在树荫下休息，观看农民劳作（歌集，Ⅱ，3，9）。不富裕的庄园主人从这种慢节奏的生活中体会快乐和满足，诗人把自己也归为这一阶层。大自然并不总是风平浪静，有时也会给人带来不安（歌集，Ⅰ，17，7；Ⅲ，18，15），类似彼特拉克式忧郁那样（书信集，Ⅰ，8）。当然，贺拉斯在别墅休息主要是为了创作，萨宾山对他有强烈的吸引力，使他能够免于罗马剑拔弩张的生活（书信集，Ⅰ，7），免受他人排挤（讽刺诗集，Ⅱ，6）。随着时间流逝，罗马生活对贺拉斯的吸引力变得越来越小，相反，萨宾山的宁静对他的吸引力却越来越大，在别墅里他可以免受罗马喧闹生活的烦扰，能够实现他中庸之道的人生法则。贺拉斯和他诗中的主角找到了平静和自由的个性之所（书信集，Ⅰ，16；Ⅰ，17）。

农村崇拜是需要我们特别关注的一类特殊现象。农村崇拜产生于奥古斯都时代，对罗马传统以及文艺复兴有着重要影响。维吉尔一生都属于典型的中等富农阶层，这决定了他的世界观、他的行为方式以及他对农村生活的态度（农事诗，Ⅱ，485~486）。维吉尔对别墅生活的理解受他所隶属的地主阶层利益所决定，他很少去城里，他不喜欢城市，他感觉待在城市里不自信。相反，农村生活更吸引他。维吉尔的社会阶层有别于贺拉斯，尽管贺拉斯也声称喜欢农村生活，愿意在别墅里休息，但贺拉斯仍是一个典型的城市市民。维吉尔对农村生活的态度更朴实，似乎他出自农村（塞内卡，给露西拉的信，LXXXVI，15）。维吉尔和贺拉斯对别墅的描写有很大不同，贺拉斯描写了小型别墅生活（书信集，Ⅰ，10；Ⅰ，14；讽刺诗集，Ⅱ，6；合唱，2），体现了文艺复兴别墅主人对别墅的态度。在很大程度上，维吉尔塑造的别墅形象接近于农村别墅形象。贺拉斯的别墅理想属于郊外别墅，文艺复兴时代把这种农村别墅理解成外观简陋的别墅。

农村崇拜隐藏在古罗马世界观中，最初农村生活对立于城市生活。罗马帝国时期城乡对立很尖锐，在古典社会的精神领域，文化冲突很明显。西塞罗描写了这种城乡对立，比较了别墅的寂静与城市的喧闹（书信集，DLXIV，1）。从城乡关系的对立、并存中，我们能够发现罗马历史的发展。城乡关系也体现在其他概念体系中，罗马史学家、道德家、文学家们认识到了这一点，并形成了他们关于城乡关系的后期思想。同时我们理解城乡对立以及了解当时人们对别墅的态度能更好地认识和理解别墅形象。这其中蕴含着城市人口对大自然和别墅的理解，以及他们希望感受简单有趣的乡村生活的愿望。这赋予了别墅作为一种建筑类型和社会类型存在的可能性，使别墅生活诗意化，对别墅作为"一方乐土"的概念形成提供了可能。

城乡对立源自希腊哲学思想，同时以罗马道德原则以及传统格言为前提，如罗马著名格言"罗马人以农业为荣"等蕴含了罗马的道德观念。罗马文学中的农村生活中含有重男轻女思想，尽管有些农村思想并不美好，但受到当时那个时代人们的推崇，或当时人们只是为了抽出时间，避开城市喧嚣，来农村度过闲暇时光。别墅生活部分验证了正统主义观念，人们认为别墅是逃避不良道德的唯一可能去处。随着罗马帝国的局势发生变化，人们对别墅的态度变得更加复杂，因为罗马生活危机四伏，隐藏着宫廷动乱的危险，别墅生活的快乐使人们摆脱了这一潜在担忧。尽管别墅生活远离喧嚣，宁静幽远，但罗马事务还是干扰着别墅的这份宁静，构成了别墅生活的典型特点，为我们理解古典别墅形象打下了生动的印记。

像我们先前指出的那样，西塞罗对别墅的态度存在二元性，当他在阿尔皮努姆和福尔米亚别墅度假时，他不能平静地享受休闲时光，而是经常想到罗马事务。当他一回到罗马，别墅事务又需要他来处理，他又一心想回到别墅（书信集，CXLV，4）。卢克莱修认为，在城市里我们想着别墅，而一旦我们回到久违的农村，我们又想着重回城市（物性论，Ⅲ，1053～1070）。贺拉斯重复了这一论点，"在罗马时，农村之美令你赞叹不已：去了农村，罗马的地位又高若星辰"（讽刺诗集，Ⅱ，7，28～29；书信集，Ⅰ，14，14～15），马尔提阿利斯（铭辞，Ⅻ，序言）和小普林尼都表达过类似观点（书信集，Ⅶ，30，2～3；Ⅱ，11，25；塔西佗，编年史，Ⅳ，41）。

　　大部分有关城乡对比的论述都列举了城市生活的大量缺陷，城市生活的弊端在于为一些琐碎事务而需要耗费大量时间。罗马生活与乡村自由生活对立，罗马生活没有创造式休闲，生活更无聊，在罗马人的观念中，甚至还将乡村生活与道德高尚联系在一起（西塞罗，保护神秘感，XXVII，75；维吉尔．农事诗，Ⅱ，485～518；卡图卢斯，XXXI；贺拉斯，讽刺诗集，Ⅰ，6；Ⅰ，9；信札，Ⅰ，14；歌集，Ⅲ，29；马尔提阿利斯，铭辞，Ⅰ，55；X，96；朱韦纳尔，讽刺诗集，Ⅲ；小普林尼，书信集，Ⅰ，14，5；塔西佗，与演讲家对话，9，12，13；阿甫佐尼，书信集，Ⅵ；诗人圣希多尼乌斯·阿波黎纳里斯，书信集，Ⅱ，12，3；Ⅳ，8，1）。贺拉斯对农村生活的态度非常明确（讽刺诗集，Ⅱ，6），小普林尼支持贺拉斯的观点，他高度概括和总结了别墅生活，对文艺复兴别墅生活方式的描写更加广泛（书信集，Ⅰ，9；Ⅱ，8）。

　　这里我们应指出，意大利文艺复兴伴随着以古典文明为基础的发达的城市文化，城市文明的发展带来了城乡对立，彼特拉克、薄伽丘、阿尔贝蒂等16世纪思想家都阐述了这种思想。在很大程度上，这种想法产生受意大利的国情影响，很大程度上也在于人们愿意继承古典别墅生活模式，因而他们愿意详细而又清晰地阐述古典别墅的特点及别墅生活的特点。

　　随着罗马帝国权力的巩固与强化，古典郊外别墅产生了一个很重要的特点，卡图卢斯部分描写了这一特点，西塞罗对古典郊外别墅的这一特点做了重点描写。在恺撒执政期间，别墅成为躲避暴君专政的唯一避难所（书信集，CCCCLXXXVII）。当然，远离罗马文明在很大程度上不可能实现，肉体无法逃避，这就要求精神上寻找一块净土，以躲避镇压，保留古典上的自我。罗马文化本质上与城市生活相对立，城市生活体现了积极向上、社会进步以及国家发展的概念，而乡村的概念则体现了私有关系、个体关系、对休闲态度，体现了反国家的本质，人们选择别墅作为避难所，远离以罗马大帝为代表的国家专制权力，这一过程具有不可逆性。

西塞罗认为，在别墅隐居能够帮助人们战胜不幸、难过和不快情绪，在这里人们不仅能逃避社会动乱，而且能治愈个人痛苦（西塞罗，书信集，DL，2；DL，Ⅰ，3；DLⅡ）。有这样一个著名例子，莱尔提斯通过在花园耕种缓解了失子之痛（荷马，奥德赛，XXIV，226；西塞罗，论国家，Ⅱ，17；托斯卡纳争议，1，3）。在罗马共和国和罗马帝国灭亡的悲惨局势下，别墅是人文主义者潜心创作的唯一安静所在，政治动乱期间别墅为他们提供了安适生活（西塞罗，书信集，CCCV；CCCVIII，1；CCCIX，3；CCCXIV，4；CCCXV，1；CCCXVI，2；CCCXXV，3；CCCXXX，3；CCCXXXIX，3；CCCCLXXXIX，5；CCCCLXXX，4；CCCCXCII，4；斯塔提乌斯·席尔瓦，Ⅲ，5；朱韦纳尔，讽刺诗集，Ⅲ，1～8；小普林尼，书信集，Ⅰ，1）。别墅是一个政治避难所，赛尔维利乌斯·瓦提亚在卢克莱修湖畔修建了一座别墅，别墅位于巴伊亚附近，是为了躲避令人担惊受怕的生活而修建的，瓦提亚后来在别墅终老。瓦提亚的行为成为自觉反抗厄斯统治的典范，后来成为反抗的代名词（赛内卡，给露西拉的信，Ⅳ）。类似行为是对反抗精神的诗意化表达——宁可在野兽身边度过一生，也好过在怪物身边生活（西塞罗，保护神秘感，LII，150），后者寓指罗马社会。奥维德描写卡斯基松希望避开宙斯发怒，于是选择在安静的农村居住（变形记，Ⅰ，232）。奥维德的隐喻中有大量这样的例子，大西庇阿在政治失意后，退居到自己的别墅中，他的别墅位于库曼以北的地方（李维，历史，XXXVIII，53）。放弃权力后的苏拉去了库曼别墅，在别墅里打猎、钓鱼、撰写回忆录。庞培由于害怕来自米罗的危险，不敢在城市的房屋中过夜，而是隐藏在郊外别墅里（阿斯科纳，西塞罗为提图斯·安妮·米洛罗辩护，讲演序言，16）。公元前43年禁令实施期间，瓦罗藏到朋友别墅里（阿皮安，内战，Ⅳ，47）。厄斯在奥古斯都统治时期，感到生命受到威胁，去了罗兹别墅（苏埃托尼乌斯，厄斯，10~13；塔西佗，编年史，Ⅰ，4）。实际上这是对厄斯的一种驱逐。后来，厄斯成为大帝后寻找自己临危时的避难所，找到了加勒比岛上的别墅（苏埃托尼乌斯，厄斯，10~13；塔西佗，编年史，Ⅰ，4）。克劳在厄斯时期被驱逐，被迫住在别墅里（苏埃托尼乌斯，克劳，5）。罗马共和国时期多数别墅位于罗马郊区。卡利古拉和尼禄时期，郊外别墅的数量又增加了很多。在赛内卡悲剧般的一生中，他经常提及这种恬静的农村别墅生活。在多米提安时期，人们把别墅作为避难所来理解（小普林尼，书信集，Ⅰ，12，3~10）。小普林尼拜访受迫害的忒密多鲁斯时（可能是斯图亚学派），后者正在别墅里潜心研究哲学（书信集，Ⅲ，11，1~4）。克劳迪斯是唯一没有失势的参议员，因而他有幸生还，他老年大部分时间是在自己别墅中度过的（狄更·卡修斯，罗马史，73）。

专制统治会产生政治反对派，早在奥古斯都统治末期，罗马就已经出现反对派了，在公元1世纪初，专制统治达到顶峰。反对派的活动能力不断丧失，其活动常带有潜在的消极色彩，体现在反对派们一直向往远离社会活动，把自己的空闲时间用于学术研究和节日庆祝上。罗马时期大规模建造别墅还有其他方面的重要因素，远离城市到别墅去体现了一种积极的公民立场，这种行为不应被单纯视作回归个人生活，而是体现了与现有制度不妥协的态度，应理解成对帝制的疏远和敌对（塔西佗，编年史，XVI，22）。我们回忆起赛尔维利乌斯·瓦提亚，自然想到了卢修斯的例子，在提比略大帝执政时期的参议会上，卢修斯抨击了社会事务管理的黑暗，揭露了法庭受贿、演讲家狂妄自大的现实，他声称将远离罗马，去遥远的农村居住（塔西佗，编年史，II，34；IV，21），卢修斯觉得自己有责任回到别墅去（编年史，IV，21）。西塞罗去世前，他希望在诉讼中洗去故意违法的嫌疑，于是，他请求尼禄大帝允许他回到遥远的领地上去（编年史，XIV，58），供他选择的别墅有很多（编年史，XIV，53）。幸运脱身的还有西柳斯。这绝不是西柳斯运气好，而是他所处的时代更有利："由于暮年，他离开罗马，住在卡帕里尼别墅，再没有离开，直到新大帝继位。"时代歌颂了恺撒，执政时期当权者没有迫害他们，时代也歌颂了那些敢于这样做的人（小普林尼，恺撒，III，7，6～7）。

从塔西佗捍卫别墅的立场我们可以理解罗马人对郊外别墅的态度，从中我们看出，历史学家自己也拥有一个不大的别墅，他在那里完成自己的创作，度过闲暇时光。小普林尼多次提到自己对别墅生活的热爱。塔西佗的描写不像西塞罗或小普林尼那样，他没有详细描写别墅的外观、方位以及地形选择，也没有详细描写别墅的内部装饰（尼禄的黄金屋顶除外），但这丝毫没有减弱他所塑造的古典郊外别墅形象的重要性。基于塔西佗的描写我们可以形成罗马帝国时期别墅生活的总体印象，想象出厄斯和尼禄别墅的外观。尽管这明显是个例，但塔西佗作品中对别墅的描写很容易得到文艺复兴时代历史学家和追随者们的理解和认同。

至公元1世纪末，在人们心中，别墅最终成为平静而又舒适的避难所，在别墅里，别墅主人远离罗马帝国的动荡生活。小普林尼发展和完善了这些观点，在小普林尼书信体作品中，古代别墅形象具有不朽的价值。小普林尼在自己的别墅生活中，利用休息时间做善事、钻研学术，小普林尼研究者们拉近了小普林尼与人文学家间的关系。小普林尼的个性十分鲜明地体现在他的书信体作品里，他对别墅的描写确定了文艺复兴别墅的外观以及别墅生活方式。尽管这样比较存在有悖于历史史实的地方，但其中也包含合理成分，因为无人质疑小普林尼对文艺复兴时期郊外别墅的重大影响。在很大程度上，阿尔贝蒂所描写的别墅外观、地点、布局、装饰特点与罗马名著《书信集》中的观点相符（208，1，159～173，309～311；Ⅱ，257，447）。大约在1460年，维琴察的人文学家巴托洛梅奥在一封书信体作品中对此做了详细描述，他以小普林尼对其劳伦斯别墅的描写为原型建了一栋别墅。1454年，安德烈亚·德尔·卡斯塔尼奥设计的梵蒂冈希腊图书馆的装饰也受到阿尔贝蒂思想的影响，图书馆基于小普林尼作品《书信集》及文艺复兴人文学家关于古典别墅的理解而建成。1462年末，科西莫·美第奇在给马尔西利奥·费奇诺的一封著名信件中有这样一个故事情节，佛罗伦萨当权者邀请著名文学家到自己卡雷奇的别墅中去，说了这样一段话："我（科西莫·美第奇）去卡雷奇别墅，不是为了侍弄花草，而是为了陶冶自己的心灵。"（574，73）科西莫·美第奇有很多著名表述，在转述小普林尼写给朱莉娅纳森信中原话时，也谈到了别墅事务（书信集，Ⅳ，6）。在拉丁文长诗《农民》中，安吉洛·

波利齐亚诺描写了美第奇在菲耶索莱别墅的情形，信末尾签署了日期以及马尔西利奥·费奇诺的名字和地址，他以更大篇幅描写了该别墅。诗歌文本、信的片段令人想起小普林尼写给巴亚多米吉亚的信件中的语体和内容，信中描写了亚平宁山脚下的伊特鲁里亚别墅（十分重要），正好位于美第奇别墅所在的地方（书信集，Ⅴ，6）。在别墅描写中，美第奇把波利齐亚诺别墅作为美好、理想的遁世之地，这座别墅坐落在山坡上，轻风吹拂，从大厅中能直接看到外面的景色，这些特点可明显追溯到先前的古典别墅，具体来说，小普林尼别墅是古典别墅的典型代表。可以确定，小普林尼所描写的菲耶索莱别墅折射了伊特鲁里亚的光荣历史，这栋别墅在一定程度上仿制了罗马文豪的突厥别墅（596，598）。如果考虑伊特鲁里亚文化遗产对文艺复兴佛罗伦萨文化的重要影响，那么这种假设更具可能性。后来人们对小普林尼的兴趣没有减弱。布拉曼特在建造教宗诺森八世观景台别墅时，参照了其他古典建筑文献及文学史料，主要利用了从古典别墅废墟中获得的信息以及小普林尼对自己郊外别墅的描写。除了上述提及的布拉曼特作品以及罗马别墅，16世纪人们建造别墅时还参照了小普林尼的别墅，我们可以想起保罗·乔维奥对他祖传别墅的描写，他的祖传别墅位于科莫湖边，按小普林尼书信体作品中的别墅形象建造而成（267，418）。

　　小普林尼的别墅建筑构思缜密、形象完整，提供了郊外别墅的整体轮廓和模型。别墅生活宁静，别墅主人置身于大自然的怀抱中，远离时代喧嚣，潜心于学术研究，与朋友交谈，进行文学创作（书信集，Ⅰ，3；Ⅰ，22，8；Ⅵ，6；Ⅶ，30；30）。建造别墅或购买现成别墅需要认真考虑各种因素。先前人们对别墅就持类似态度，小普林尼建造别墅时有自己的标准。别墅应选在自然条件优越、风景秀丽的地方，好地点令别墅主人心情愉悦。小普林尼多次描写自己的别墅、朋友的别墅以及亲属的别墅（书信集，Ⅰ，4；Ⅰ，9；Ⅱ；Ⅳ，6；Ⅸ，7；Ⅸ，40），其中有两封书信我们有必要特别指出，这两封信分别描写了劳伦别墅和伊特鲁里亚别墅，因为这两栋别墅对文艺复兴时代意义重大（书信集，Ⅱ，17；Ⅴ，6）。

在罗马文学史料的基础上，我们可以按以下方式展现古代别墅的外观。根据古典建筑理论和实践以及根据古代人们的生活经验，建造任何建筑的首要条件是要选择大家公认的交通方便、地形有利的地方。别墅要占据有利地形，这一点十分必要，选址决定了别墅的特点和用途。城市、居民点和具体建筑物（别墅）的地点选择受人的自然属性决定并经过医学检测并确定下来（维特鲁威，Ⅰ，Ⅳ，4~12）。如果由于某种原因建筑物处于不利位置，建筑师要利用自己的知识、技能以及医学上的成就，尽可能减少气候对人的不利影响（维特鲁威，Ⅰ，1，10；瓦罗，Ⅰ，4，3~5）。古罗马时期人们在建造别墅时充分认识到了这一点，提出建造别墅或购买别墅时必须认真选择好地点，这是建筑理论特有的规律，这一思想贯穿所有农业著作，在艺术文献中也常被提及。罗马9月和10月的空气被认为对人体有害，通常在这段时间里人们要在别墅中度过，这与文艺复兴时期罗马的别墅生活习惯相吻合（苏埃托尼乌斯，奥古斯都，35，3）。维特鲁威非常重视有利的地点和健康的水源，这些因素对别墅建造选址非常重要（维特鲁威，Ⅵ，Ⅰ，1~2，12；Ⅵ，Ⅱ，4；Ⅵ，Ⅱ，4；瓦罗，Ⅰ，2，8；Ⅰ，4，3~5）。

如果别墅建在有利位置，人们在别墅中就能够通过窗户看到外面的美丽风景（西塞罗，论法律，Ⅱ，1，2~3；小普林尼，Ⅱ，17，1~2）。农村别墅和郊外别墅的修建原则中都有类似要求（卡

托，Ⅰ；瓦罗，1，6；科鲁梅拉，Ⅰ，2，3~5；帕拉丁，论农业，
Ⅰ，8）。别墅的位置选择要经过认真思考（瓦罗，Ⅰ，12，1~4；
科鲁梅拉，Ⅰ，4，9~10；Ⅰ，5，4~8）。人们通常喜欢把别墅
建在山上或小丘上以便能从远处看到别墅，并且在室内可以看到外
面各种美丽的风景；或把别墅建在海边、岛上或湖畔，突出别墅的
遁世感（苏埃托尼乌斯，厄斯，40；瓦罗，Ⅲ，2，17；西塞罗，
为米洛辩护，XXVⅡ，74~75；论责任，Ⅲ，XIV，58~60；朱韦纳
尔，讽刺诗集，XIV，86~95；小普林尼，书信集，IX，7，1~2；
郎古斯、达弗尼斯和克洛伊，Ⅰ，1；文摘，Ⅷ，Ⅲ，23）。别墅
所在的位置应是天然风景秀丽的地方，不应将别墅地点选在自然和
谐受破坏的地方，文中着重阐述了这一观点，谴责了过度奢华以及
一些郊外别墅的地点选择不合逻辑。在别墅中人们能看到窗外的景
色，在郊外别墅的建筑思想中，窗户、门有非常大的作用，甚至超
过了它的实际作用。这一点在罗马城市和乡村房屋演变以及住房类
型发展中能够得到证实。维特鲁威描写农村别墅时非常关注窗户的
作用，这一点非常明显（维特鲁威，Ⅵ，Ⅵ，6~7）。为了观看窗
外的美丽风景，别墅建造者甚至不惜违法抢占邻里的土地（朱韦
纳尔，讽刺诗集，XIV，140~188；Ⅰ，75~76）。难怪在《文摘》
中作者通常预先提到与窗外景色有关的问题（文摘Ⅷ，Ⅱ，2；
Ⅷ，Ⅱ，3；Ⅷ，Ⅲ，Ⅶ，Ⅱ，6；Ⅷ，Ⅱ，11；Ⅷ，Ⅱ，16；Ⅷ，
Ⅱ，22；Ⅷ，Ⅲ，2）。我们在不同文献中多次提到通过别墅的窗
子看到外面的美丽风景这一点，这一点普遍受到人们重视或赞美
（西塞罗，书信集，XXIX，2；维特鲁威，Ⅵ，Ⅲ，10）。小普林尼
详尽地描述了他从别墅看到的森林、山峦、邻家房子，同样令他感
到愉悦的还有开阔的视线以及并排的别墅、靠近树林的花园（小

普林尼，Ⅱ，17，5，11～12，15，16，18，20～21，27；Ⅸ，7，2～4），就连在卧室里小普林尼也能欣赏到大自然的美丽景色，还可以在长时间散步中饱览景色。当然，散步不只是为了创作或交谈后的放松，也是为了真正了解周围的景色和地形。西塞罗、卡图卢斯、贺拉斯、维吉尔、小普林尼和利乌斯·马尔提亚利斯的别墅散步都是这样。尽管奥维德没有留下具体的别墅形象，但我们看到过他曾描写过类似的别墅风景。在古典郊外别墅，我们经常能看到风景画装饰，保存下来的雕像和文字描述也证实了这一点，这似乎补充了别墅周围的实际风景，通过这些想象效果，格外强化了古典别墅的特点。

但别墅远非仅靠自然美景吸引别墅主人，主人还会考虑管理是否方便以及能否从中得到经济利益（维特鲁威，Ⅰ，Ⅴ，1；瓦罗，Ⅰ，16；小普林尼，Ⅲ，19）。除了自然景色外，贺拉斯还考虑了别墅四周的人造景观（歌集，Ⅱ，15）。这些改造过的风景令人身心愉悦，原因在于人类劳动能带来满足感（瓦罗，Ⅰ，16，2，3～6）。精心建造的别墅比皇家的精美建筑更能打动人（瓦罗，Ⅰ，2，10）。任何一个罗马人都能从一幢构造坚固的别墅中很好地体会到这一点，当他们来到一座建造精美的别墅时，想观看的景观不是画廊，而是像到卢库勒斯别墅那样，参观蔬果仓库（文献参上），上述表述对于理解古代罗马人对大自然的钟爱，以及他们对别墅的态度很重要。他们认为经过人类耕种过的土地才是最美好的。维吉尔在他的作品《赞美意大利》中，在列举意大利风景时首先提到对土地的精耕细作（农事诗，Ⅱ，136～178）。精心耕作令土地更有魅力，令别墅更加美观和精致（瓦罗，Ⅰ，4，2；Ⅰ，7，1；科鲁梅拉，Ⅲ，21，3）。

通常，花园环绕是郊外别墅的重要特点。建造花园是为了让别墅主人高兴，凸显别墅的独特性。希腊文明广泛进入罗马文化为花园别墅的出现提供了前提。此前，花园实质上只是别墅行使经济职能的载体，但后来，瓦罗认为花园能够提供风景观赏和获取实际的经济利益（Ⅰ，23，4）。更早些时候，西庇阿·埃米里安和埃米里·保罗为了打发哲学研究之外的空闲时间，在自己的别墅里建了公园。西塞罗在国内土壤上最终确立了希腊哲学花园传统，又赋予了花园以罗马特点，体现在花园规划、设施建设、雕像布置以及生活方式的确立上（西塞罗，书信集，Ⅸ，3；Ⅵ，3；CXIV）。伊壁鸠鲁描写的哲学花园形象对维吉尔《农事诗》中的花园描写有很大影响（Ⅳ，125～149）。小普林尼在其书信体作品中精心描绘了自己的公园，继承了希腊文化传统，别墅具有了罗马本土特点（Ⅱ，17，14；Ⅴ，6，6～18，32～40）。按照罗马人的观念，别墅被花园环绕，花园用于主人进行文学创作和学术休闲的目的，主人可以在花园里与朋友们谈话和散步，去凝视周围的景观，去欣赏一朵花、一棵树，从乘凉中得到快乐。小普林尼反对纯天然环境，他认为自然环境应经过人工改造，应带有人类活动的明显痕迹。通过人类的劳动、智慧，建筑、雕像及壁画才会充满人文魅力。西塞罗、贺拉斯、马提阿里斯、小普林尼的公园都经过人工改造。可能也有例外，但极其罕见（科尼利厄斯·尼波斯，阿提库斯，13）。

通过装饰和想象，花园被赋予了神话色彩。有时独特生动的画面能强化这一色彩（瓦罗，Ⅲ，13）。人们建造公园时考虑了神话中的树、花，以及观者的理解和文学感受等因素（贺拉斯，歌集，Ⅲ，22）。古典公园的假山洞内，住着各种神灵（奥维德，变形记，Ⅲ，157～160；Ⅷ，561～563；朗格斯、达夫尼斯和赫洛亚，

Ⅰ，4；西塞罗，论法律，Ⅱ，7）。通常，别墅花园以及装饰象征着狄俄尼索斯神及其同伴，花园被理解成狄俄尼索斯神的王国。别墅花园中的树有很大的衬托作用，另外，别墅固有的风景装饰也起了很大作用，别墅主人非常重视它（大普林尼，自然史，XVII，1；卢西恩，论房子，5）。

按照古典观念，别墅应建在距主人的主要居住地不远的地方，尽管也有人持相反观点，但人们通常尽力遵守这一规则。郊外别墅主人非常看重交通的便利性。另外，经济收益对别墅主人也很重要（瓦罗，Ⅰ，16；科鲁梅拉，Ⅰ，18～20；Ⅰ，2，1；小普林尼，Ⅱ，17）。因此，别墅最好选择离城市不远的地方，太远会受到谴责（西塞罗，为罗斯基乌斯辩护，XLXVI，132，133；小普林尼，Ⅰ，24；塔西佗，编年史，Ⅳ，67；色诺芬，建房，2）。别墅能给人带来额外快乐，无论是观赏风景、观看有趣的生活场景，还是观察邻居的别墅（小普林尼，Ⅱ，17，2～3；普鲁塔克，西塞罗，7）。小普林尼经常在自己别墅和朋友的别墅中休息，按自己的生活习惯在别墅中度过休闲时光（贺拉斯，讽刺诗集，Ⅰ，5）。不要拒绝珍贵的古典文明所带来的快乐，哪怕是在文明末期（圣希多尼乌斯·阿波黎纳里斯，书信集，Ⅳ，8，Ⅰ；Ⅰ，5，2）。

古典作家非常关注别墅的方位，这主要出于一些实际考虑。当时社会上普遍认为应该按理论建造别墅，维特鲁威表示为建筑师编撰一部百科全书是他的一种职责（维特鲁威，Ⅰ，1）。学术理论应指导实践，帮助人们选择别墅用地、朝向以及对别墅做出合理规划，这由人的生理特点、生活环境、气候、气象等因素决定（维特鲁威，Ⅰ，Ⅳ，6；Ⅵ，Ⅰ，4；Ⅰ，Ⅳ，2；Ⅱ，10；Ⅰ，Ⅲ，2；Ⅵ，Ⅲ，10；Ⅰ，Ⅱ，7；Ⅵ，Ⅶ，3；Ⅵ，Ⅵ，1）。人们把别墅方位与生活便利、健康需要及考虑了各种风景因素结合到一起。在考虑四季及不同时间的气候特点的基础上，来设计别墅内的房间和活动场所（色诺芬，回忆苏格拉底，Ⅲ，8，9；卡托，建房，Ⅰ，3；瓦罗，Ⅰ，12；维特鲁威，Ⅰ，Ⅱ，7；Ⅵ，Ⅳ；卡图卢斯，XXⅥ；贺拉斯，歌集，Ⅱ，15，16；小普林尼，自然史，XⅧ，34；小普林尼，Ⅱ，17，6；科鲁梅拉，Ⅰ，5，5～8；Ⅰ，6，1～2；卢西恩，论房子，6；帕拉第奥，Ⅰ，8～9，12）。罗马诗人奥索尼厄斯的别墅位置和宽敞度设计最佳，全年温度适宜，没有酷暑和严寒（奥索尼厄斯，书信集，XXⅦ）。

在西塞罗、贺拉斯、小普林尼的作品中作者详细描写了古典别墅，介绍了别墅建筑、房间、用途、生活条件、生活方式等（西塞罗，为布波里·谢斯提辩护，XLⅢ，93；为罗斯基乌斯辩护，XLⅥ，132～133；朱韦纳尔，XⅣ，86～95；XⅣ，140～188；Ⅰ，24；X，224；马尔提阿利斯，Ⅲ，58；Ⅳ，64；Ⅸ，73；塔西佗，席尔瓦，Ⅱ，2；阿普列尤斯，变形记，V，1～3；卢西恩，论房子；奥索尼厄斯，摩泽尔河，283～348；圣希多尼乌斯·阿波黎纳里斯，Ⅰ，6，5；Ⅱ，2，3；Ⅳ，21，5；Ⅵ，21，尤其是关于庞蒂·莱昂提乌斯别墅的信）。有关古典别墅信息对文艺复兴时代更重要，夹杂在著作《论农业》中（卡托，3，1～2，4，14，15，18，19；瓦罗，Ⅰ，11；Ⅰ，13；Ⅲ，2；Ⅲ，4，2～3；Ⅲ，5；科鲁梅拉，Ⅰ，6；老普林尼，XⅧ，32，35）。修建别墅要考虑地点、建筑用途、具体房间及主人的社会地位（维特鲁威，Ⅵ，Ⅱ，1；Ⅰ，Ⅱ，9；Ⅰ，Ⅶ；Ⅲ，Ⅲ，Ⅱ）。按别墅大小、别墅用途以及主人的社会地位来确定房屋数量、房间规模及装饰（卡托，3；瓦罗，Ⅰ，Ⅱ；西塞罗，论责任，Ⅰ，XXXⅨ，138～140；维特鲁威，Ⅵ，Ⅴ，3；色诺芬，回忆苏格拉底，Ⅲ，8，8）。这一规则对老卡托及其同时代人是必须遵循的，但到了瓦罗时代，这种原则被打破，社会普遍更关注别墅及装饰的好坏（瓦罗，Ⅰ，13，5~7；Ⅱ，前言，2）。

别墅的设计多种多样（苏埃托尼乌斯，卡利古拉，37；阿特纳奥斯，欢宴的智者，Ⅴ，41~42；小普林尼，Ⅰ，3，1~2；奥鲁斯·格留斯，阁楼夜读杂记，Ⅰ，2；普鲁塔克，卢库勒斯，39）。在别墅设计上，我们可以看到别墅内有很多地下室、树荫遮蔽的门廊（西塞罗，为安妮·米罗辩护，XX，53）和禽舍。西塞罗想在图斯卡仑别墅里建一个庙，以便纪念早逝的爱女图利娅。屋大维·奥古斯都的祖父在韦莱特里的别墅变成了避难所，屋大维就出生在这里（苏埃托尼乌斯，奥古斯都，6）。弗朗托写道：“得知露西亚·维拉痊愈后，我急于去避难所，到神坛脚下，因为别墅在农村，我去了所有神圣的小树林，在神灵面前祈祷。”（致维拉的信，Ⅱ，6）因此，小普林尼十分关心自己庄园中破庙的修缮（小普林尼，Ⅸ，39）。无疑，别墅的主要装饰——柱廊和门廊，是小普林尼最喜欢待的地方（小普林尼，Ⅰ，3；Ⅴ，16）。戈迪安皇帝的别墅位于普兰内斯特大道旁，以天然秀美和浴室宽敞而闻名遐迩，这里有三条豪华走廊以及宏大门廊，用 200 根柱子做支撑，由最为罕见的昂贵大理石建造而成。

我们应专门关注一下维特鲁威作品中对别墅的描写，他的作品像小普林尼的作品一样对文艺复兴别墅有重要意义。古典作家对罗马贵族的郊外别墅和城市别墅没有明确划分（维特鲁威，Ⅵ，Ⅴ，3；瓦罗，Ⅲ，2，5~6；文摘，L，16，198）。因此，文献中所有对庄园的描写，包括房间、用途、与建筑设计有关的社会背景描述都被归为别墅描写（Ⅵ，Ⅰ～Ⅳ；Ⅵ，Ⅴ，1～3）。这些作品表达了一个观点："如果别墅里应建造一些精美设施的话，那么其建造质量应比城市的建造质量更高些，以便不影响农村的和谐美。"（Ⅵ，Ⅵ，5）维特鲁威在描述农村别墅时写道，他想按照卡托的观点，根据时代需求详细分析乡村建筑的规律，强调自身标准的过时（Ⅵ，Ⅵ，1～7）。维特鲁威对这一点格外关注，建造郊外别墅尚未成为罗马人的生活习惯。尽管如此，维特鲁威的思想影响了郊外别墅的建设，一直影响到古典时代结束（奥索尼厄斯，书信集，Ⅷ，6，10）。

罗马房屋和郊外别墅里的艺术品非常丰富，别墅里有各种珍品馆、博物馆和画廊，藏有各个时代的著名风景画和雕像以及各种风格和学派的展品，通常这些展品都是希腊大师们的作品。设计独特的家具摆放在走廊里、树荫中或阳光明媚的广场上，装点着农村别墅。

通常，纪念性浮雕与大理石外墙在别墅室内装饰中发挥重要作用。保存下来的纪念像和考古碎片对我们论述的内容不太重要，而文学作品则不然，为我们提供了更加直观的罗马贵族郊外别墅的宏大历史，这些对我们更为重要。

我们应该特别关注大菲洛斯特拉托斯的作品——《画记》，该作品的结构和叙述方式总能引起研究者们的激烈争鸣。一些人认为，大菲洛斯特拉托斯的作品更大程度上是一部集修辞技巧和文学传统为一体的典范作品。他们认为，这是作者杜撰出来的画室。还有另外一种我们认为更可信的观点，我们在看到大菲洛斯特拉托斯高超的艺术技能的同时，还要知道任何一件艺术作品都有可能存在必要的高超的虚构，哈特勒本试图明确大菲洛斯特拉托斯的主要原则，复原画廊里技艺高超的图画，其真实性有据可考，而后，大菲洛斯特拉托斯描绘了画廊路线。从这一点来看，大菲洛斯特拉托斯的作品可以被视作第一个艺术博物馆指南（479），而博物馆的真实性在古代并未引起怀疑（我们想起设计精美的意太利的艺术收藏品、维斯帕先世界论坛的装饰或阿提库斯、西塞罗、小普林尼及其朋友们的藏品）。阅读大菲洛斯特拉托斯的《画记》，我们了解到文艺复兴时代不仅经常大量引用神话、艺术体散文，而且还详细地指出了古代罗马的各种艺术收藏。

在整个罗马的漫长时间和广阔空间下，大家更关注别墅装饰的形成。著名罗马奠基者的别墅坐落在提洛岛上（公元前 2 世纪），在古典文明末期，高卢罗马别墅尽管简单，但也用壁画、镶嵌块、图画、雕像和罐子做装饰（圣希多尼乌斯·阿波黎纳里斯，书信集，Ⅰ，Ⅱ）。这是生活必需品，就如同图书馆和浴池是生活必需品一样，尽管地方风俗习惯发生着变化，有着不同，但郊外别墅的装饰却十分类似。

雕像与其他装饰一样，要符合农业建筑的用途（西塞罗，书信集，CMXXI，2；Ⅳ，2；Ⅵ，3；Ⅸ，3）。别墅主人及其亲属的艺术品位、艺术追求是这些原则的要素。大西庇阿、大卡托、西塞罗以及卢库勒斯的别墅装饰风格一致，但也存在各自的鲜明个性。维特鲁威指出（Ⅶ，Ⅳ，4），一个房间的壁画装饰必须有统一的风格（冬季饭厅的装饰就是这类装饰的典型例证）。后来，他提出房间要按其用途装饰（维特鲁威，Ⅶ，Ⅵ，1~4；瓦罗，论拉丁语，Ⅷ，29）。在此，维特鲁威使用非常形象的阿拉伯寓言或阿布德拉寓言阐述了这一观点（维特鲁威，Ⅶ，Ⅴ，5~7）。维特鲁威认为，就连装饰颜色都要由大厅、房间、走廊的位置决定（Ⅶ，Ⅸ，1~4）。因此，装饰别墅要由专门的艺术家（鲁里修斯，Ⅱ，

15，1；Ⅱ，15，2）来进行。精心设计的室内装饰与精心设计的建筑外观结合在一起，强化了修建别墅的目的和人们到别墅来的目的——脑力休息和节日庆祝（卢西恩，论房子，4，14）。另外，罗马别墅的各种设计图以及各类静物画体现了各类家神崇拜的场景；花园常被视为森林神住的地方，因此，花园里常设有罗马万神像以及相应的壁画装饰（84，32）。

在很大程度上，复原古典别墅装饰工作主要基于保存下来的雕像、系列壁画以及分散于各个博物馆但属于同一栋别墅的壁画残片来完成，来源于研究文艺复兴时代古典别墅装饰的文献极其少见。研究这些文物仅是为了研究别墅壁画与艺术收藏品间的差异，研究古典郊外别墅以及别墅生活风格加剧了这一区别。确实，要确定壁画类型是否符合别墅装饰风格很难。古典城市的房屋和农村别墅的装饰有可能相同，对郊外别墅的装饰通常会选择有限的题材和参照模型。出于各种原因，文艺复兴别墅主人、艺术家、壁画设计者及装饰大师在修建别墅时，心里想着古代别墅的特点及农村别墅的装饰理念（阿尔贝蒂）。

农村别墅最初没有任何装饰。老卡托对自己别墅的描写以及其他作家对自己别墅的描写证实了这一点。老卡托认为把别墅房间涂上白灰，建好最基本的卫生设施就可以了（卡托，128；维特鲁威，Ⅶ，Ⅰ；Ⅶ，Ⅲ）。老卡托对农村别墅的要求很简单，他的别墅异常肮脏，令人难以容忍，这一不雅和令人震惊的事实被记录在他的传记中（卡托，155，2；奥鲁斯·格留斯，阁楼夜读杂记，ⅩⅢ，24；普鲁塔克，老卡托，4）。这件事非常典型，无论是卡托，还是他的同代人及后世子孙，他们都试图用心保护祖先传统及道德，其中包括他们对别墅的态度。当时人们可以赞美别墅或把旧监察官对农村别墅的不友好态度视为一种纯粹主义，但有悖公认社会准则的实践是行不通的。卡托希望自己的别墅建得美观、漂亮。这也是在农村别墅发展最初阶段的基本要求，因为这能够反映出别墅主人精明能干、有先见之明的优秀品质。尽管文学作品中有很多对小型别墅的描写，但这类描写只强调了别墅的经济作用，没有强调其外观，实际上别墅的装饰也十分精美。对庞培别墅群的详细描写记录了这些内容（25，Ⅱ，564，注23；143）。这些别墅通常是朴素的乡间别墅，但几乎每栋别墅的装饰都很特别（145，201）。

如果普通农村别墅的主人花费时间、精力、金钱从装饰别墅中得到快乐，那么世俗的人们对豪华别墅的装饰更加关注，有很多资料记载了这方面的信息，这为后期古典别墅崇拜者们积累了丰富的古典文学史料。

老卡托写道，人们最初对马赛克、侧柏、象牙等现代室内装饰品带有谴责态度，后来别墅装饰豪华度提升，甚至连天花板都要用黄金来装饰（弗拉菲乌斯，Ⅱ，63）。人们认为，营造出的幻觉效果比大量花费金钱更重要，在古典审美中，人们对这种幻觉效果的评价很高。为了达到这种效果，文艺复兴别墅的装饰中也加入了这些元素。这也充分证明这种装饰符合社会发展规律。人们喜欢用马赛克砖和壁画来装饰农村别墅（瓦罗，Ⅲ，Ⅰ，10）。罗马贵族的城市房屋及他们郊外别墅的外墙用壁画来装饰（小普林尼，XXXV，27；XXXV，59）。小普林尼描写了画家法布拉对尼禄黄金屋的装饰。实际上，小普林尼只分析建筑外观，对这座在罗马中心的巨大别墅并未具体描绘其内部装饰特点（XXXV，119～120）。另外，圣希多尼乌斯·阿波黎纳里斯在谈到庞提乌斯的布尔格别墅时，详细描写了别墅壁画的主题，描写了米特拉达梯战争的场景，因为当时处于社会动荡，庞提乌斯本人并未使用壁画来装饰别墅（圣希多尼乌斯·阿波黎纳里斯，论庞提乌斯城堡书信体笔记，158～168）。然而，我们能从其他壁画中得到对这一观点的佐证。对别墅内墙装饰很容易受世人谴责（老普林尼，XXXV，118；色诺芬，关于苏格拉底的回忆，Ⅲ，8，10），瓦罗有意把豪华的私人别墅和简陋的大众别墅对立起来看待（Ⅲ，2，3～10）。

罗马作家描写了很多私人房屋的壁画，这些私人房屋的装饰可归为别墅装饰这一类型，因为人们通常对房屋装饰和别墅装饰缺少明确划分，所以我们可以将两者归为一类。在有关壁画的史料文献中，我们经常会遇到注释中有参见城市房屋和参见别墅的字样，并且古罗马文学中没有城市豪华房屋和农村别墅间的区别（西塞罗，为罗斯基乌斯辩护，XLVI，133；反对韦雷斯，论艺术对象，Ⅰ，1～2；Ⅱ，3；Ⅲ，7；论自己的房子，XXIII，60～62；XXXVIII，100；Ⅷ，147；书信集，CVXVI，3；奥维德，哀歌，Ⅱ，521～528；朱韦纳尔，XIV，305～309；佩特罗尼乌斯，浪漫叙事体诗，29；小普林尼，XXXV，116；卢西恩，论房子，9，21～31）。

后期阿尔贝蒂描绘了创造性使用这些文献的实例，其中记载了有关别墅装饰的内容（208，Ⅰ，314～315；Ⅱ，628～629），我们在以后的论述中还会回到这一题目上来。在古典文献中，我们提到了作家对古代宫殿、城市宫殿、乡村宫殿及其室内装饰的描写，如奥维德对光荣宫的描写（变形记，Ⅱ，1～18）。我们能想起阿普列尤斯描写的丘比特农村别墅，它坐落在美丽的大自然中，风景秀丽。这些描写为中世纪和文艺复兴诗人描写宫殿、城堡和带内部装饰的郊外别墅提供了参照。

罗马别墅的壁画装饰十分华丽，这方面也流传着各类故事。据说，罗马省经常传出大批艺术品被盗的消息，尤其是希腊藏品被盗的消息（提图斯·莱维夫，XXV，40；西塞罗，反对盖维尔，第一期，论死刑，XLVIII，126～127；论自己的房子，XLIII，III～112；庞培帝国思想，XIV，40；保护部百流，XLIII，94；论领事省，IV，6～8；萨鲁斯特，喀提林阴谋，12，3～5；维特鲁威，II，VIII，9；朱韦纳尔，讽刺诗集，VI，298；VIII，98～120；XI，100～116；卢西恩，宙克西斯和安提阿古，3）。当别墅主人受到搜捕或迫害时，别墅装饰一般会被洗劫一空。这类负面消息为我们的观点提供了直接证据，这说明罗马别墅中保存着丰富的艺术品（西塞罗，论房子，XXIV，62）。

别墅内设有画廊，收有各类展品，因而必须对其进行装饰（维特鲁威，VI，III，8；VI，IV，2；VI，VII，3）。在富人的别墅里，画廊装饰十分豪华，不亚于公共建筑的装饰（维特鲁威，VI，V，2）。我们先前提到过大菲洛斯特拉托斯的作品《画记》，有"绘画陈列馆"之称的卢库勒斯别墅在享有盛名的同时，也受到人们的批评，因为它过于奢华（瓦罗，I，2，10）。演说家霍尔登在装饰自己的图斯卡伦别墅时，把希腊艺术家凯地的壁画《淘金》作为一种特别装饰来看待，陈列在专门展柜中供人观赏（老普林尼，XXXV，130）。我们知道别墅主人买的是真品，并非赝品。

在罗马别墅的壁画装饰中，风景画题材非常普遍（维特鲁威，V，VI，19；VII，VI，1～2；大塞内卡，争议，IX；大普林尼，XXXV，116；卢西恩，论房子，9）。维特鲁威指出，风景画题材更加适中，更容易适合各类建筑（剧院、房屋、别墅）。同时维特鲁威再三强调，风景画装饰适合别墅，这由别墅的用途及别墅生活的特点决定。我们从保存下来的大量建筑风景画装饰、古典别墅室内装饰以及大量文献中都能够证实这一点。① 因此，先有阿尔贝蒂对壁画装饰的思想，而后是文艺复兴对别墅装饰的实践，两者都是基于古代成熟的建筑经验之上，并考虑了风景构图对郊外别墅装饰所起的特殊作用而形成。我们见过这样一个有趣细节：别墅装饰中经常会看到天堂树荫，树荫由真实的一棵树或几棵树来代表，就像李维对普利马波塔别墅②中的描写的那样（小普林尼，Ⅴ，6，22）。小普林尼对李维别墅的描写直接影响了梵蒂冈希腊图书馆的壁画装饰。

在别墅的壁画装饰中，除了风景画，还有一类就是关于祖先的肖像画。这类肖像画歌颂了祖先或古代及当代著名活动家，这类题材非常普遍。祖先崇拜是罗马人的典型特点，这一思想奠定了罗马的国家观和个人世界观（波里比阿，Ⅵ，53～54；老普林尼，XXXV，4～7）。城市房屋和别墅的风景画以及雕像最能直接体现主人对祖先的态度，因为罗马房屋中最常见的装饰就是在中庭设置祖先雕像或肖像（西塞罗，保护部百流，Ⅷ，19；贺拉斯，讽刺诗集，Ⅰ，6，Ⅰ；奥维德，哀歌，Ⅱ，521～522；塔西佗，编年史，Ⅱ，27；朱韦纳尔，讽刺诗集，129～130；Ⅵ，103；Ⅷ，1～20；马尔提阿利斯，铭辞，Ⅰ，55，5；Ⅱ，90，5）。

这些肖像画直接证明了别墅主人祖先家族的古老和显贵，歌颂

---

① 92，abb.54，55，61，208，213，214；91，fig.483，502～503，506，507，509，540，544，611；90，tav. CLXX Ⅰ；95，tav.48，49，112，113b，114a，114b；同上见，92，abb.47，48，51，56～60，64～68，70～73，74～77，79，186～197，203；94，abb.22～25，95，tav.115b。

② 罗马附近郊区第一门。

了他们身上所具有的英勇品质。人们通过继承或因重大功勋荣获国家赏赐而获得这些肖像或雕像。供奉祖先肖像主要是为了激发年轻人光宗耀祖、效仿祖先的志气（西塞罗，为列·姆·穆列纳辩护，XL，88；谩骂，XI，26；萨鲁斯特，朱古达战争，4，4~7；朱韦纳尔，讽刺诗集，Ⅷ，1~2，13~31；瓦列里·马克西姆，Ⅴ，8，3）。在罗马帝国时期，这种供奉祖先肖像的习惯很常见，画廊中的肖像大多是一些帝国统治者以及获得殊荣的国务活动家及同时代著名的罗马人（老普林尼，自然史，XXXV，8~9；小普林尼，Ⅰ，16，7~8；Ⅰ，17，3；马尔提阿利斯，Ⅸ，76；Ⅹ，32；XI，9）。还有一类同胞加冕像被保存下来，这些肖像直接体现了公民责任感（西塞罗，反对盖阿斯·费尔斯，论艺术品，XXXVI，81）。卡皮托别墅内的肖像画有布鲁特斯、卡修斯、卡托的半身像，人们出于崇拜将类似肖像画放在室内（塔西佗，编年史，Ⅰ，74；苏埃托尼乌斯，奥古斯都，7；厄斯，65；维特里乌斯，2，5）。我们需要特别指出，这些肖像画中经常有一些女性人物（西塞罗，为罗斯基乌斯辩护，L，147；为姆·茨·鲁弗斯辩护，XIV，33~35；书信集，CCLI，25；朱韦纳尔，讽刺诗集，Ⅰ，18）。

论述罗马房屋装饰的文献具体描写了这些肖像的位置（维特鲁威，Ⅵ，Ⅲ，6；苏埃托尼乌斯，卡利古拉，7），并且还证实了郊外别墅带有的装饰（小普林尼，Ⅲ，7；奥维德，哀歌，Ⅱ，521~528；老普林尼，自然史，XXXV，51）。

当然，在描写罗马房屋装饰的文献中以及在哲学家、诗人和作家的作品中，别墅作为学术休闲场所占有重要地位。在选择名人像过程中，公民理想和个人品位起重要作用。在布鲁克保存着德摩斯梯尼的青铜半身像，在阿提卡保存着亚里士多德的纪念像（西塞罗，论演讲者，110；书信集，CXXIV，1）。赫伦尼乌斯想用康涅利乌斯·尼波斯和哲学家泰特斯·凯蒂的肖像装饰自己别墅的图书馆（小普林尼，Ⅳ，28，1~2；小普林尼，Ⅳ，7，7~8），康涅利乌斯·尼波斯著有《古代著名活动家》著作。赛内卡对肖像画更加狂热，他说："为什么不该有古代国务活动家的壁画像呢……难道不应该庆祝他们的诞生吗？就像庆祝我们老师的诞辰那样，我们有必要尊重人类的导师。"（赛内卡，书信集，XIV，9）。马斯里奥·菲奇诺在自己别墅里点燃柏拉图雕像前的长明灯，或莱尼阿亚别墅主人在别墅里接待客人时，别墅内装饰着勇士像及勇士妻子们的像，这些肖像中包括但丁、彼特拉克和薄伽丘，这些例证描写证实了上述观点。

在16世纪或更早的时期，人们研究过蒂沃利阿德里安的别墅，别墅内有一个专门的哲学家肖像大厅，在蒂沃利别墅东南方向的朱莉娅·普拉卡·瓦拉别墅里，柱廊墙壁上设有希腊诗人的纪念像，至19世纪，我们才了解他们，而皮罗在16世纪就已研究了这些古典别墅遗迹（117，26，109~111；以及见：102；91，319~324，332，127，22，25，26，37，47~49；97，160~161；84，27；101，263~265，194，196，203；92，376~384）。

别墅装饰包括壁画以及有着神话色彩的爱情题材浮雕。壁画中有各类爱神，他们偏爱安静的乡村，这恰好符合别墅的特点，人们普遍把别墅当成节日狂欢和尽情欢乐的地方（老普林尼，XXXV，72）。普罗佩提乌斯抱怨罗马别墅内许多壁画有勾引年轻少女之嫌，这种抱怨并非偶然（普罗佩提乌斯，Ⅱ，6，27，34；大赛内卡，争议，Ⅴ，33）。奥维德在谈到罗马室内装饰时提到了两个主题，一个主题是歌颂男子的英勇品质，另一个主题是宣扬色情

（奥维德，哀歌，Ⅱ，521～528）。厄斯别墅再次证实了别墅装饰与别墅本质用途相符的原则，别墅壁画中的爱情题材与别墅用途相吻合（苏埃托尼乌斯，提比略，43～44；老普林尼，XXXV，76）。罗马人在别墅雕像设计上也遵循了这一原则。奥古斯都把格马尼库斯创作的丘比特雕像放在卧室，贺拉斯用维纳斯半身像装饰自己的别墅（苏埃托尼乌斯，卡利古拉，7；贺拉斯，歌集，Ⅳ，Ⅰ，17，28。这类题材在罗马壁画中随处可见：92，395～415，abb. 68，69，204，218；94，Ⅱ，abb. Ⅱ，188，taf. 36；100，66～67，fig. 50；40，41，198，199，112，Ⅱ，pl. 132a）。

古典别墅的主人特别关注别墅内的长廊、凉亭、假山洞、安静角落以及花园设计。西塞罗非常重视别墅所处的地理位置以及雕像装饰，在他给阿提卡的书信中，经常提到这一点（西塞罗，书信集，Ⅰ；Ⅱ，7；Ⅲ，Ⅳ，2；Ⅴ，2；Ⅵ，3；Ⅶ，3；Ⅷ，2；Ⅹ，5；XXⅡ，18）。罗马演说家经常在书信中提到别墅，并指出收信人，这一信息很重要。阿提卡非常理解西塞罗对农村别墅的狂热，据称，西塞罗在自己的别墅里收集了大量雕像，并且他还主动帮助自己的朋友弄到希腊名人的纪念像（苏埃托尼乌斯，奥古斯都，72，2～3）。

我们知道，西塞罗喜欢在别墅中休息，他收集雕像的目的也是为了更好地装饰别墅。西塞罗为了强调所塑造人物的特点，经常把雕像挪来挪去。为了装饰别墅里的某个房间，西塞罗会寻找现成雕像，或者按故事情节所描绘的外形定制符合别墅相应用途的雕像。带雕像装饰的别墅主要用于充分休息以及促进主人创作。置身于这些雕像中，西塞罗十分享受他的创作过程，别墅给了他灵感（西塞罗，书信集，Ⅵ，3）。没有比雕像装饰更能体现郊外别墅安静祥和的了（西塞罗，书信集，Ⅱ，7；CVXVI；Ⅸ，3）。西塞罗请求阿提卡为别墅购买雕像，西塞罗在信中写道："我请你按你的审美为我的别墅挑选适合的雕像，一定要想办法弄到……要知道只有在别墅里，我才能得到充分休息……"（书信集，Ⅱ，7；同上，CMXI；Ⅸ，3）。西塞罗对用雕像装饰别墅的过程充满热爱，西塞罗向阿提卡坦然承认，他说："要知道，我醉心于此事，你应该帮我，尽管我可能受到其他人的指责。"（书信集，Ⅳ，2）

罗马有很多雕像来自对下辖城市的劫掠，下辖地区的雕像被大量运往罗马，用来装饰罗马广场和城市公用建筑，以及被运往罗马贵族的郊外别墅（西塞罗，反对盖阿斯·费尔斯，论艺术品，Ⅲ，6；ⅩⅥ，36；Ⅶ，126；反对盖阿斯·费尔斯，论死刑，XLVIII，126～127）。马塞勒斯占领雪城后，公布了公共建筑内的所有战利品，马塞勒斯并未将其占为己有，他的行为受到同代人以及后代人的赞颂（西塞罗，反对盖阿斯·费尔斯，论艺术史，LIV，120～121）。小普林尼在仓库里有很多艺术品，在他买下一个大花园后，他立刻用雕像布置了这个花园（小普林尼，Ⅹ，18，11）。在阿德里安大帝的蒂沃利别墅里，我们发现了大量雕像，其数量庞大到足以代表古典别墅壁画的博大精深。马克·阿格里帕提出把所有壁画和雕像变成公共财产，而不是让这些艺术品流落到郊外别墅中，显然这种提议在当时的背景下不可能实现（小普林尼，XXXV，26）。

罗马郊外别墅或矗立在大自然中，被花园环绕或坐落在岸边、溪畔、小丘上，掩映在丛林中，外观优美别致，内部极尽奢华，其艺术藏品丰富到令主人、访客及后世崇拜者们震惊的程度（西塞罗，论法律，Ⅱ，1，2；Ⅲ，Ⅻ，30～31；卢西恩，内战诗，Ⅹ，

112～113；老普林尼，XVII，1；苏埃托尼乌斯，尼禄，31；普鲁塔克，莱克格斯，13；卢库勒斯，39；阿普列尤斯，金驴，Ⅴ，1～2；卢西恩，论房子，1～10；菲洛斯特拉托斯，阿波罗尼亚·泰安那传记，Ⅴ，22，1～2）。

古代人对郊外别墅外观与本质的看法影响着文艺复兴时期人们对别墅的态度，罗马文学作品中对别墅建筑描写体现了鲜明的古典元素，自15世纪70年代起，别墅带有与先前意大利城堡式别墅不同的特点。迄今，文艺复兴别墅丧失了先前的封闭性，基本失去了坚固堡垒这样的特点。文艺复兴时期的别墅向四面敞开，周边环境更加美丽（敞廊作用很大），别墅与郊区风景融为一体。郊外别墅的特点是对称、结构成熟、设计合理，广泛使用壁柱。如此巨大的变化最终成为真正的文艺复兴现象，这种变化决定了别墅的未来发展，主要体现在壁画装饰的演变上。

古典别墅从两方面影响着文艺复兴别墅的建筑结构和外观形式，较普遍的古典别墅类型是主楼每侧有两个塔，由敞廊连在一起，这一特点保留了中世纪传统，决定了早期文艺复兴别墅的特点。阿克曼指出，古典别墅因为从未消亡过，所以也就没有复兴这一说。尽管阿克曼的观点有些夸大其词，但在一定程度上是正确的。对中世纪古典别墅这种类型的继承推动了15世纪郊外别墅的发展，罗马别墅遗迹发现并不是推动郊外别墅发展的真正动力（550，17）。如果我们只看15世纪的史料，阿克曼的观点非常正确，但对15世纪以及16世纪的郊外别墅来说，这种继承并不是对古典别墅建筑类型的简单延续或重新思考，就像中世纪保留下来的纪念像对现代标准也同样适用一样，这是一种有意识、有针对性的文化运动。

从文艺复兴别墅实践以及文艺复兴别墅与古典别墅间的关系来

看，我们发现，文艺复兴时代人们对古典别墅怀有一种特殊的态度。一方面，文艺复兴别墅利用和发展了古典别墅的建筑类型、壁画主题、生活观念以及别墅形象，保留了文化传承，文艺复兴被看成一种已经熟悉和习惯了的事物；另一方面，人们有针对性地复兴古典观念和形式，经过几个世纪的提炼，人们将古典因素积极纳入到自身文化，通过古典元素来完成自身的迫切任务。这两种古代历史方法的交叉便产生和形成了文艺复兴别墅。

古代罗马人保留下来的郊外别墅似乎是文艺复兴别墅古典特点的最初决定因素。考虑文艺复兴时期各种建筑具有古典性，我们可以说建筑的古典风格不只体现在别墅上。根据文学传统、罗马人对农村别墅的有关书面记载、人们对古典别墅遗址的考古求证以及通过同时代的壁画和见证者所确定的线索，我们有可能最终得出别墅古典建筑平面图，就像罗马的马达马别墅、朱莉亚别墅以及巴巴罗别墅建筑图那样。我们不赞同阿克曼的上述看法，因为他否定了罗马别墅遗迹的重要意义（550，6）。至 15 世纪，基于考古实证人们已经具备了古典别墅建筑知识（546）。

文艺复兴别墅的广泛实践体现了整个时代人们对古典遗迹的特殊关注。人们对古典别墅感兴趣不只表现在迷恋古典雕像上。人们普遍渴望亲自观看或研究著名文学作品中的名人别墅，这些人包括西塞罗、贺拉斯、卢库勒斯、西庇阿或阿德里安大帝等。古典别墅主人的个人魅力、他们的英勇行为、所获得的荣誉乃至生活轶事都令人想效仿其行为，包括他们居住在郊外别墅的生活方式。来自洛迪的人文学家马费奥居住在米兰，他把自己住的别墅叫作"Pompyana"，意思是庞培别墅。我们很熟悉大西庇阿或克劳狄乌斯描写别墅的有关文学作品，这些作品不是一笔带过，而是详细描写了西塞罗、贺拉斯和小普林尼的别墅。我们在前文已讨论过这一内容，但无论是第一种情况还是第二种情况，考古是证实别墅形象的重要方式，人们先是对古代的著名别墅感兴趣，而后寻找别墅的位置，最终人们渴望恢复别墅的原貌。通过对比别墅的文学形象及周边考古发现，来获得生动而又丰富的古罗马郊外别墅的形象。

卢库勒斯的别墅经常受到罗马作家的关注，尤其是道德家们的关注，道德家们详细记载了这栋别墅（西塞罗，论法律，Ⅲ，ⅩⅢ，30～31；论责任，Ⅰ，ⅩⅩⅩⅨ，140；论自己的房子，ⅩLⅦ，12，4；为普布利乌斯辩护，ⅩLⅢ，93；瓦罗，论农业，Ⅰ，13，7；Ⅲ，17，9；萨鲁斯特，喀提林阴谋，13，Ⅰ；20，Ⅱ；贺拉斯，歌集，Ⅱ，15；Ⅱ，18，17～28；Ⅲ，1，33～40；Ⅲ，24，3～8；书信集，Ⅰ，1，82～86；老普林尼，自然史，Ⅸ，54；ⅩⅧ，32；苏埃托尼乌斯，厄斯，73；塔西佗，编年史，ⅩⅤ，1～3；布鲁塔克，基蒙和卢库勒斯，Ⅰ；卢库勒斯，39；维莱利乌斯，罗马史，Ⅱ，ⅩⅩⅩⅢ，4）。文艺复兴时期人们对别墅的兴趣体现在人们渴望通过古典文献来找到这些著名别墅的原型。15世纪末尼禄黄金屋顶的发现对文艺复兴文化尤其重要。先前尼禄在罗马中心建造了宏大的别墅，文学作品对此有广泛描写（苏埃托尼乌斯，尼禄，31，1～2，38，39；奥顿，7；塔西佗，编年史，ⅩⅤ，42；赛内卡，书信集，ⅩⅣ，2；老普林尼，ⅩⅩⅩⅢ，54；ⅩⅩⅩⅣ，84；ⅩⅩⅩⅤ，120；ⅩⅩⅩⅥ，37，Ⅲ）。塔西佗的作品是帕特里夏在其文章《论国家分配》中对黄金屋描写的重要依据。帕拉第奥在文章中提到了尼禄在巴伊亚的另一处别墅（210，1，71）。如果黄金屋的影响并未反映在建筑形式上，那么，这种影响非常明显地反映在别墅内部装饰上。尼禄的黄金屋装饰被发现后，立刻引起了罗马观景楼装饰的兴起。法尔内西纳别墅和马达马别墅的建筑和装饰都体现了怪诞兽像风格。黄金屋别墅被发现后，帕拉丁山上的法尔内塞庄园开始兴建赌场、门廊、神龛。塔西佗对此写道，尼禄在苏比亚科还有一处花园神龛（编年史，XIV，22），科隆纳家族距离这处遗迹最近，这处遗迹成为在杰纳扎诺最早的神龛建筑。塔西佗在对萨拉米海战的描写中反映了这种农村家族生活。

阿尔贝蒂借用了阿诺斯对蒂沃利阿德里安大帝的别墅的描写段落（阿德里安，26），传统上，著名帝王的别墅本身受文艺复兴爱好者的关注，这类别墅吸引他们追随前人生活，像前人那样在安适的大自然中散步。教皇庇乌专程到别墅休息，弗拉菲乌斯·布朗杜思和考古研究者们研究别墅，保罗、本巴、萨多莱托、西塞罗、罗马教皇挑选的圣十字教堂枢机主教、庇护主教保罗三世，还有伊波利托·埃斯特角主教都对别墅感兴趣，他们为研究阿德里安·皮罗·伊波利托的别墅做了很多工作，拉斐尔形成了18世纪别墅的详细规划图，马达马别墅明显受这种影响。可以说，蒂沃利的埃斯特别墅的建筑和装饰影响着阿德里安的蒂沃利别墅的装饰。

这些别墅群位于古典别墅追随者们崇拜的蒂沃利或巴伊亚，并且文艺复兴别墅主人有意在曾修建过古典别墅的地方建自己的别墅。通常，新别墅邻近或直接建在古代建筑的遗址上。诗人马尔提阿利斯这样描述道，像蒂沃利的埃斯特别墅以及贾尼科洛山的兰特别墅那样，这些别墅建在马夏尔别墅曾坐落过的地方（警句，IV，64）。在自然环境和社会环境等因素共同作用下，社会上盛行在具有历史传统的地方修建别墅，尽管存在时代和文化差异，原因分析也远不能穷尽，但同一个地点的魅力、从别墅向外观赏到的美丽风景以及接近古典别墅所能获取的直接体验（大家都知道这些别墅原来位于这里）补充了罗马作品的相关描写，为文艺复兴别墅的古典外观增添了无穷魅力。此外，人杰地灵的思维更加促进了这一现象的繁荣。约翰·埃弗里在著名日记中总是提到，现代罗马别墅位于古典郊外别墅曾经坐落过的地方，卢多维西别墅让他想起萨卢斯特花园（278，Ⅰ，234），阿尔多布兰别墅令人想起它旁边的西塞罗图斯库伦庄园。在描写中约翰·埃弗里愉悦地使用了西塞罗的描述（278，Ⅱ，393）。约翰·埃弗里在参观埃斯特别墅时，马上想到了阿德里安别墅，于是立即去了那里（278，Ⅱ，393~397）。后期，歌德在意大利旅行期间，参观了弗拉斯卡蒂别墅，专门指出了这栋别墅与罗马郊外别墅的关系，指出郊外别墅继承了古典别墅的特点（277，148）。

锡耶纳红衣主教不仅参观了阿德里安大帝的别墅，还观看了西塞罗在格鲁塔佛力塔的图斯库伦别墅。文艺复兴古典爱好者非常熟悉这个位于偏僻地带的古典别墅。菲拉雷特很了解这个地方并对此做了专门研究。阿拉贡的阿方索王子也是同样的古典传统爱好者，他在包围加埃塔时，不允许动用西塞罗别墅附近的石头做武器。因此，大家不仅熟悉古典别墅的地点，而且也很尊重古典雕像。文艺复兴大师的建筑图纸与古典别墅的遗迹恰好一致，在一定程度上，15 世纪文艺复兴时期人们重建古典别墅的现象已悄然兴起，16 世纪这一现象进入繁荣时期（516，57，fig.17，18；61~62；64~65；74~78；阿德里安在蒂沃利别墅，戈迪安三世的别墅，519，180，183，184，192；尼禄的黄金屋，蒂沃利别墅，戈迪安别墅；548，10；波佐利，551，693）。考古给古典别墅形象提供了不少线索，首先是设计布局方面，其次是具体装饰上。

古典纪念像是重建罗马古典别墅的另一重要来源。在这里出现一个问题，这个问题对理解古典文化遗产对文艺复兴的作用很关键。文艺复兴画家熟悉哪些古代纪念像？他们是否普遍了解这些雕像？以后我们会多次遇到这一问题。因而，有必要简单讨论一下该问题。当前多数研究人士倾向于文艺复兴时期人们广泛了解带有古典幻想主义色彩的纪念像，这些浮雕不只包括先前的怪诞兽像，还有更多内容。总结这一观点，按作家伯格斯特龙的推测，文艺复兴画家了解的古典壁画后来被毁，我们没有可比资料。现有古典壁画的主要来源只有18世纪庞贝、赫库兰尼姆、斯塔比亚出土的纪念像，而它们和文艺复兴时期壁画给人的总体印象不相符，但这些纪念像体现了外省的罗马艺术，文艺复兴画家恰好通过这些考古发现了解了这些信息，这些信息比我们现存的纪念像还要丰富。因此，我们可以通过复原罗马各地纪念像来为文艺复兴时期大师们寻找古典壁画原型，各地所发现的纪念像晚于文艺复兴很久。尽管古典壁画作品没被保存下来，但作品所在地仍令人感兴趣。

文艺复兴时期能够证明早期古典别墅知名度的实证首推带壁画的古典建筑遗迹了。伯格斯特龙通过研究雅克·安德鲁埃·迪塞尔索纪念像以及画家描绘的遗迹证实了古典壁画有很高知名度（531，24~27）。作家达科也使用了这种来源，并详细论述了这一问题（534；518，Ⅰ，fol. Ⅰ，r，2r，4v，7r，20r，29r，35v，43v，517；Ⅰ，fol. 10，10v；Ⅱ，64~70，70~72）。我们记得一些古典文学作品对壁画的描写。在匿名作家所著《罗马城描写》（1433）第六本第一章中，作者分析了艺术大师的壁画遗迹（613，735，30注），试图确立古典大师的创作原则。尽管阿尔贝蒂可能了解古典壁画，但他的《建筑十书》具有很强的理论性，并没有通过地形勘探或考古实证（208，Ⅰ，104~105，196~198，264~

265，268，269，314～316）。从而我们可以得出，在尼禄黄金屋顶被发现前，丰富而又完整的古典别墅形象已经形成，因而罗马风景画装饰影响着文艺复兴郊外别墅理想的最终形成。

农村别墅室内装饰采用风景画和罗马马赛克画，这是罗马风景画装饰的主要类型。非洲马赛克画更常见。非洲以其大峡谷和小型农村别墅而闻名，他们恰好用马赛克风景画来装饰房屋。这些马赛克再现了农村活动和别墅内的生活场景。

其中，图拉真浮雕中的农村别墅景观典型，尤其值得一提。文艺复兴时期的画家最熟悉壁柱和浮雕，正是古典别墅描写推动着文艺复兴别墅的建造，尤其在罗马，这种动机更鲜明。在布里诺勒的高卢罗马浮雕上描绘着风景映衬下的别墅，我们可以假设古典时期某处存在着与这种别墅类似的浮雕。考虑到雕像作品更易保存，并且雕像在文艺复兴时代更加盛行，因而有必要了解文艺复兴别墅内的雕像来源。

先前我们已分析了这一问题。在罗马圣天使城壁画中，观景楼别墅直观展示了古典别墅的形象。古典文学作品中经常提到观景楼建筑，这种题目很普遍，文艺复兴时期人们在别墅建造中广泛参考古典文献（老普林尼，XXXV，116～117；西塞罗，为普布利乌斯辩护，XLIII，93；维特鲁威，Ⅶ，5，2；菲洛斯特拉托斯，画记，Ⅰ，12；Ⅰ，13）。风景画和镶嵌画使别墅显得更独特，同时使别墅的外观更具代表性。可以说，这反映了别墅的典型特点，促进了这种建筑被文艺复兴时期的人们广泛接受，尤其是带门廊的双侧塔式别墅建筑在文艺复兴时期极为盛行。绘有别墅风景的壁画直观体现了别墅主人的工作和忙碌生活，能够清晰地再现出农村生活以及主人与别墅周围世界的联系。这丰富了文艺复兴时期人们对古典别墅的印象。

我们能见到（虽然确实少见）名人别墅的复原。瓦罗详细描写了供大众参观的名人别墅（Ⅲ，2，3～6；2，1，4～5）。通过普布利乌斯古钱币可确定别墅外观上的一个重要细节——别墅具有一个幽长而深远的拱形敞廊，这被确定为郊外别墅的典型特征之一。文艺复兴画家很了解这类主题。菲拉雷特在自己的著作中提到了尼禄的黄金屋顶，并指出了硬币上的图画。文艺复兴时期，古钱币收藏极为盛行，在多数情况下，古钱币上的绘画是建筑史保存的仅有渠道，后人可通过钱币上所绘的古代建筑纪念像来复原被毁建筑。我们还注意到了钱币上的别墅图画。这些图画与古典著作中的插图一样，真实而又生动地再现了古典别墅的总体外观——敞廊、外墙双侧的塔式建筑，这吸引了文艺复兴的古典爱好者们。

古典别墅形象明确地出现在上述古典文献中，在很大程度上，这些史料决定了文艺复兴时期郊外别墅的特点与复原后的形象。在古典别墅建筑理论和古典别墅形象体系的影响下，形成了文艺复兴别墅的形象以及相关的社会面貌、生活特点和风景画装饰。

我们暂且把文艺复兴别墅的建筑史以及文献中充分论述过的别墅类型放在一边，把精力集中在郊外别墅的形象以及别墅内的生活方式上，因为恰好是这些线索明确体现了古典别墅的形象，这一形象被文艺复兴时期的人们直接或间接拿来使用，这些线索也恰好决定了别墅装饰的总体特点。

在彼得罗·克雷森兹的《农益书》中（1305），我们看到别墅已经变成人们休息和娱乐的场所。该著作清晰地刻画了农村别墅的形象，建造别墅首先需要考虑朝向、所在地点以及庭院修建等因素，这些相关描述对阿尔贝蒂的影响很大，这不仅出于建筑实际需要，很大程度上还在于古典作品中的别墅形象。彼得罗·克雷森兹图书馆内典藏文献也证实了这一点。德尔·奥尔莫别墅位于博洛尼亚郊区，彼得罗·克雷森兹在这里度过晚年，别墅不仅满足了他的经济所需，也使他得到了精神上的满足。我们在这里能够见到所有好别墅应具备的一切条件，这里具有意大利庄园的典型乐趣，主人还能从别墅中获得经济收益。农村别墅经历了意大利历史上风暴般的政治洗礼而保存下来，从古典时代迄今，农村别墅经历了一系列变化，但这一类型一直延续到文艺复兴时代。古典别墅被具有新经验的古典作家进行改造，与先前的城堡式建筑一起屹立于文艺复兴别墅的发源地。

农业庄园也曾多次引起意大利农业问题理论家、庄园主人的关注，对此的相关描述也被保存下来，但庄园是另外一个研究题目，不是我们的研究重点。

我们看到彼特拉克首次详细地描写了学者、文豪和诗人的农村别墅，这与他所研究的隐居题目紧密相关，这一题目也让他的一生跌宕起伏。彼特拉克的遁世思想与中世纪僧侣的隐居愿望基本上相对立。彼特拉克认为，遁世对于智者来说是更能接受的生活方式，智慧的人可以从中获得各种乐趣，还能促进文学创作与古典研究。但这种隐居绝不像基督教的隐居那样回避现实矛盾，而是把自己与动荡生活隔离开，追求更加有利的条件，把精力集中到他所看重的学术休闲和文学写作中去，享受大自然以及古典文化带来的快乐。这正是人文主义者看待休闲的人生理想，这一理想排斥先前的古典主义，主要排斥了西塞罗的思想，并形成了文艺复兴思想。在早期人文主义者中，彼特拉克创造了隐居在旷野的遁世理想。古典作家的描写赋予了喜欢隐居的人物以威望，使其神圣化，先前的隐士包括耶稣和一些圣徒、印度教婆罗门和多神教的权威人士以及一些诗人、演讲家和哲学家（《论遁世生活》），在《论名胜古迹》这本书中，作者首次专门论述了一些古代著名活动家致力于休闲和遁世理想的状况。也许只有在大自然中他们才能真正实现复兴消极古典思想的愿望。彼特拉克在《反对敌人的谩骂》中写道："我走过茂盛的树林和僻静的山丘，寻找知识和荣誉。"（235，1，18）彼特拉克这样的表述并非偶然，当诗人得知去罗马加冕"桂花诗人"这一消息的时候，他正走在索尔戈河畔的草地上。小说《秘密》中的一些对话也十分引人关注，奥古斯丁对弗朗西斯科描绘了别墅生活的画面（228，98～99）。彼特拉克创造了人与大自然和谐相处的小型别墅，这种创造性的遁世理想满足了他真正的志趣，在很大程度上也决定了他的个人轨迹和行为选择。

别墅生活的必要条件之一是别墅周边要具有激发作家创造力的美景，别墅主人能够沐浴在大自然中，身心得到真正的放松，从中获得享受。自然之美打动彼特拉克，影响着他的思想，尤其当大自然对自己的生活、劳动及情感有直接影响时，大自然的美就显得更加重要。通常，人们对风景的理解与人们对美的认识有关，当人们目睹意大利的风景时，脑海里浮现的大量古典记忆能够加深他对美的理解。这是彼特拉克本人而后是薄伽丘以及其他人文主义者见到美景时所特有的理解，体现在文艺复兴时期的风景画中。彼特拉克通过古典主义棱镜看向意大利的著名景观以及自己别墅的周围，他的眼前总是浮现出一些神话、传奇、古罗马史上的光辉事迹以及与某地相关的罗马伟人的名字。

彼特拉克的城乡对立思想不同于古典传统，他的思想沿袭了薄伽丘、阿尔贝蒂的观点，采用了洛伦佐·美第奇和波利齐亚诺诗意化的表达形式，这些思想决定了文艺复兴的田园特点。这些田园思想与遁世思想一起加深了彼特拉克对别墅的理解，促进了后来兴起的文艺复兴以及欧洲兴建郊外别墅的风气。

城市沉闷的生活以及令人反感的氛围与农村隐居生活的种种美好相对立。这种隐居生活还有很多好处，因而，这决定了彼特拉克的生活方式。这种思想重现并非偶然，在 1351 年 5 月 4 日，在一封收信人是薄伽丘的信中，寄信人表达了自己充分理解和赞美田园生活的心情，他充分认同把别墅看成免于城市烦扰的休息场所（关于日常事务信件的书札，XI，6；I，1；X，4；XIII，6；XIII，7；同见 562，II，139）。彼特拉克确实持有一种少有的观点，这种看法以后没有提及。彼特拉克把城市生活看成中世纪野蛮文化的体现，他极端厌恶这种野蛮，而在自然怀抱中生活、隐居在别墅的生活可以让他完全投入真正的古典科学和人文研究中去。因而，彼特拉克选择居住在沃克吕兹别墅致力于研究，正是在别墅里彼特拉克完成了《论著名活动家》的写作，这也再次验证了别墅是文艺复兴新文化的产物。

现在我们面前的别墅形象已不只停留在文字描写上了，这一形象已出现在实践生活中，这已经不需要我们特别强调。别墅生活是彼特拉克个人生活的重要部分。1337 年彼特拉克回到阿维尼翁，罗马旅行后，他的处世态度以及对古典遗产的态度发生了重要改变，他在城郊购买了沃克吕兹小别墅，这座别墅位于索尔戈河边。诗人凭借对古典郊外别墅的印象，按古典标准对别墅进行装修，这其中蕴含了古典作家对自己生活和周围世界的理解。他把自己的郊外房屋按古典农村别墅进行设计，"只要你决心到卡托和法布里斯这儿来，就会看到一所房子，我和一条狗还有两个仆人住在这儿"（226，143）。这所房屋隐没在两处花园的绿荫下，一个花园被诗人献给巴克斯神，另一个花园被献给阿波罗神。花园旁边假山洞里流淌着索尔戈河水，别墅主人可以在这里身心放松地描写多神佑庇的文学佳作，灵感之神在别墅假山洞的阴凉中憩息。彼特拉克的著作开拓了以古典别墅理想为基础的漫长的文艺复兴别墅的历史画卷。

彼特拉克遵循古典主义文学模式，以西塞罗和赛内卡信件为参照描绘了自己的别墅，他的沃克吕兹别墅外观上以古典原型为基础，对各种古典遗产的崇拜和尊重促使他这样做。

彼特拉克作品中所体现的古典理想对文艺复兴别墅形象的嬗变有着重要影响，尽管文学描写具有很大影响，但别墅形象不只源自文学描写，更大程度上源自作者及其行为的影响力。彼特拉克对后世的影响首先在于他的个性及个人魅力上（埃·威尔金斯），他在郊外别墅的生活方式，以及他按古典模式装饰别墅的行为，都影响了后来文艺复兴别墅的居住者。

薄伽丘对农业别墅的描写有另外几种形象，薄伽丘对而后文艺复兴的贡献和影响不在于他本身的示范作用，而在于他所塑造的别墅文学形象以及他所描写的别墅生活方式。如果说彼特拉克在现实生活中的成功之处不仅在于他脱离了现实假想，还在于他在大自然的怀抱中实现了自己的学术梦想和文学休闲理想，给别墅披上了古典主义外衣的话，那么对薄伽丘来说，别墅之梦是无法企及的，薄伽丘经常渴望实现这一梦想，但始终无法达到他盼望已久的目标，对此他经常谈到自己的失望和痛苦。

薄伽丘在自己的作品中更加鲜明和生动地描写了别墅外观、别墅内的游乐活动、隐居的劳碌以及别墅周围的大自然景观。别墅形象形成于薄伽丘的早期小说《菲洛克洛》。作者在小说中描绘了那不勒斯·罗伯特的郊外花园和房子，里面养了很多禽类和兔子等家畜，花园里有很多假山洞，有专供小鹿栖息的山洞，在树木荫蔽下的喷泉、凉亭。别墅邻近维吉尔墓地，距城墙不远。对薄伽丘来说，这不只明确了别墅的实际地点，别墅之于薄伽丘就像别墅之于彼特拉克，这体现了别墅生活对于罗马诗人的重要意义。薄伽丘对别墅的描写反映了农村生活，赋予了他所追求的古典农村别墅以神圣化色彩。薄伽丘在描写郊外别墅时提到了维吉尔墓地，他不仅提到了古典别墅的特点，而且专门强调了现代别墅的历史继承性。薄伽丘的同时代人很清楚，在古代那不勒斯郊区遍布别墅，那里维吉尔坟墓广受居民崇拜。

薄伽丘描写了别墅花园，这里总是聚集着一群快乐的人，他们在这里交谈或娱乐，作者所追求的目标是别墅的真正主人——国王的女儿菲亚梅塔。薄伽丘同时展开了两方面的重要线索，这两点对理解文艺复兴别墅的特点有重要意义。首先，别墅被当作交谈以及会见选民的地方；其次，别墅是保护爱人、奉献爱的地方。

在薄伽丘的小说《爱情的幻觉》中，作者详尽地描写了别墅内的装饰，在这里我们可以见到著名的男子、自由艺术以及各类寓言式壁画，比如光荣凯旋、财富的胜利等。别墅的整体装饰具有传统特点，壁画人物的选择和题材诠释富于古典色彩。薄伽丘在描述别墅装饰时，追求装饰与别墅本身的风格相一致。作家在提到别墅壁画时，同时指出了壁画的传统性，这为后期文艺复兴别墅壁画的古典色彩做了铺垫。

作者从别墅的室内装饰转到艺术城堡的周边环境，他描绘了草地上裸体男孩丘比特神的奇妙形象，丘比特神置身于花和树中间，占据了别墅整个区域，当然它也会保佑别墅里的居民。作者直观地描绘了这一形象，在别墅其他地方也有一系列壁画，壁画故事来自古典神话——奥林匹斯神的爱情故事，包括天帝宙斯、酒神与欲望之神狄俄尼索斯、战神阿瑞斯的故事。薄伽丘认为，别墅是庇护爱人的地方，他在作品中对这一题材的描写也带有古典色彩。此外，有关命运的内容也是别墅内部装饰的重要主题，我们在这里能够看到先被命运之神垂青，而后被贬的雪城暴君狄奥尼修斯、亚历山大大帝、西庇阿和恺撒等著名人物。

薄伽丘描写了别墅周围的花园，这些描写对理解文艺复兴别墅的形象有重要意义。别墅故事中流传着这样的歌曲："喷泉是别墅生活不可缺少的特征，它设在草地中央，与阿穆尔神在一起。"薄伽丘对此也进行了详细的描写，他描写的爱神有沿着清澈小溪一边谈论着爱情故事，一边自由漫步的那不勒斯女神，还有托斯卡纳女神（562，Ⅰ，293～305；295，Ⅲ，73～74）。

薄伽丘在《十日谈》中对别墅的描写也引起了人们的关注。在故事前言中，作者讲述了3个花花公子和7个女士离开了瘟疫流行的佛罗伦萨，像周围其他人那样来到了郊外别墅。《十日谈》的主角们在可怕的瘟疫流行期间，置身于美丽的大自然中，呼吸着清新的空气，在风景优美的郊外宫殿中和周边大自然中度过一段美好的时光（214，Ⅰ，16～17，20，23～24，26）。

故事中的瘟疫描写对作品构思非常必要，在以后的文艺复兴短篇小说中，我们经常能见到这样的情节，就像别墅描写中的那样，这是小说的一个重要组成部分。别墅中的快乐生活与城市里瘟疫流行的悲惨画面截然不同，在这种情况下，《十日谈》故事中的主人公们自然远离城市，回归到本真的别墅中来。别墅除了有庇护逃亡者的作用，还是人文主义者实现自己社会理想的地方。别墅被描写成对立于瘟疫盛行的城市的地方，别墅还是使人忘记传统道德束缚的场所。别墅的和谐生活对立于垂死的城市生活。别墅被看成又一次世界洪水中的诺亚方舟。别墅生活的艺术形式悠扬而富于乐感，适度并有自己的节奏，这些描写强化了别墅的形象，强调了别墅作为一处被人遗忘的场所，能够使置身于此的人忘却世间所有烦恼、忙碌，得到充分休息。我们在这里见到了之前熟悉的城乡对立思想以及人们认真思考并诗意化的理想别墅形象。

两种不同的世界、文化和人类行为决定着《十日谈》的取景和构思的主要特点。这些特点体现在作者对农村别墅、自然风光以及每个反对派成员的描写上。恰好在第 2 个世界，即理想世界中，我们能够见到更具体的别墅形象、别墅花园以及别墅生活方式，如在小说《十日谈》中，在第 6 天结束后，作者对水坝谷进行了细致的描写（564，126～129，258；Ⅱ，43～45）。在《十日谈》中，作者描写每件事和每个现象都很直观和具体，令《十日谈》的乡村生活画面独具一格。别墅象征着抽象的理想世界，但小说对别墅描写充满了具体而又翔实的内容。

在小说的背景描述中，我们见到了作者对郊外别墅的描写。小说中一群主要人物聚集在别墅里。别墅庇护逃亡者的故事实际上只出现在小说前几页，小说展现了郊外别墅的典型实例，故事描写完全满足这类别墅的要求，古典化是这类别墅的典型特点，而后建造的郊外别墅满足了文艺复兴时期别墅的特点。别墅位于小丘之上，距离城市不远（两英里），人们从城市可以平静地步行到达别墅，周围是独立花园，这是早期文艺复兴别墅的典型实例，花园通向周边环境，但花园仍保留着传统内部院落的特点（214，Ⅰ，26，28～29）。

我们从作者对别墅的描写中可以理解薄伽丘对别墅的追求，这些描写在《十日谈》中从开始到结束的每一天都能见到。在第 3 天，小说人物进入到别墅场景中。小说对别墅、花园、周边美景以及访客们的娱乐都做了详细描述，花园里种满花草、豢养着动物。这些描写展现出充满魅力的文艺复兴别墅形象（214，Ⅰ，184～187）。这些描写对薄伽丘塑造的别墅形象意义重大，比如，作者先前对水坝谷和别墅的描写为别墅壁画装饰描写做了铺垫（214，Ⅱ，43～44）。

在小说《十日谈》中，我们很少见到风景描写，作者除了讲述别墅生活外，偶尔会描写风景。当薄伽丘描写风景时，他总喜欢展示给人们宜居的位置和地形；当作者单纯描写风景以及令人愉快的山川河流时，他愿意描写带有人类明显劳动过的景观（214，Ⅰ，97；Ⅱ，281）。薄伽丘塑造被人类改造过的风景时，体现了古代意大利人对大自然的态度。尽管薄伽丘的描写可能部分隐藏了城乡生活的对立观点，但他赋予了别墅生活不同寻常的人性及柔和、平静的气氛增强了别墅形象的田园牧歌色彩。

薄伽丘像彼特拉克那样，透过古典主义棱镜接受独特的大自然与人文景观。薄伽丘的其他一些作品有别于《十日谈》中所具有的风景底色，他的作品《论山林、江河湖海及小溪、沼泽》对此有明显体现。薄伽丘的作品展示出他的渊博学识，同时表明他更倾向于相信古代考古发现，而不是他本人的主观印象和先验主义。确实，薄伽丘在自己的作品中并不总是遵循自身主张的原则，但他的观点具有导向性。彼特拉克不只重视意大利地貌，还对其他地区风景有自己的重要原则，很多人文主义者持类似观点。意大利风景充满了先人预言，这些风景由于自身所具有的古典性而充满魅力。薄伽丘对郊外别墅也持同样态度，对此他有过直接表述。彼特拉克重建的别墅位于历史上罗马贵族曾住过的地方（在巴伊亚或那不勒斯海岸）。彼特拉克对沃克吕兹别墅的描写充满了古典主义联想。

与彼特拉克相比，薄伽丘对郊外别墅的描写缺少古典主义联想，并且他与彼特拉克所描写的古典别墅在外观上存在差异。

郊外别墅对客人富有吸引力的另一原因在于这里定期举办娱乐活动，小说集《十日谈》由多篇小说构成，小说描写并反映了别墅的早期形象。女士们和先生们为了编写各自的故事而聚集在别墅的花园里、草坪上、敞廊内、角落里、喷泉旁或湖畔，主人公们可以在别墅一隅偶遇，也可以在湍急的溪畔相会，这些描写表明了别墅的地理位置有利（214，Ⅰ，28～29，76，186～187，279，348；Ⅱ，48，113，256）。别墅主人经常借举办娱乐活动机会让人摆脱激烈的学术争论（214，Ⅰ，26～29，73～75，76，181～183，185～187，270～271，279，348，350～351；Ⅱ，5～6，43～46，47～48，109～111，113，200～201，202，254～255，256～257，346～347）。

从《十日谈》的故事场景中，我们可以确定，主人闲暇时在别墅内从事各种研究活动，同时我们也证实，别墅是人们享乐和举行节日庆祝的地方。从农业别墅的活动来看，由于别墅生活与它的用途相符，古代人在郊外别墅的活动复制了古典别墅的内容。

安东尼奥·德里·阿尔贝蒂的别墅生活践行着我们从薄伽丘作品中了解到的别墅生活原则。别墅主人邀请客人们到自己的郊外别墅中来，郊外别墅距佛罗伦萨不远，被阿尔贝蒂称作"第二天堂"。人们聚集在花园里、喷泉旁，一边听小鸟鸣叫，一边谈论着各种爱情故事和小说情节，人们弹奏乐器，演奏民歌，这些场景令他们不由自主地回想起奥菲斯、阿里昂、安菲西恩等古典人物。小丑的幽默表演让他们陶醉其中，流连忘返。尽管别墅主人和宾客们也关心罗马共和国的事务，为战事忧心忡忡，但他们不愿错过作乐机会，他们在观看少女歌舞的同时也心系国事。别墅附近山林水泽的女神、树精和各种古代神灵与他们近距离接触。乔瓦尼·蓬塔诺在长诗《夫妻之爱》中对别墅生活做了更加详尽的描写，在对花园和家庭的描写中更多表现了父子之乐以及简单农事的快乐。波利齐亚诺拥有一个小别墅，在他的叙事体诗和书信体作品中，同样描写了他所熟悉的美第奇别墅的家庭生活。菲伦佐拉在《爱的对话》中明显也遵照这些经典范例，详细讲述了别墅、谈话、散步以及令客人们着迷的各种娱乐活动。我们应特别指出的是他们的谈话内容主要围绕爱的问题。特罗·本博在《阿佐兰谈话》中描写了客人们在花园里、城堡中的谈话及度过休闲时间的方式。在穆拉诺别墅敞廊、露台以及公园里讲的故事、童话、谜语被作者记录并收集下来，题为《愉快的夜晚》。别墅来客中有年轻姑娘和受过良好教育的贵族男子，谈话与娱乐交替进行，娱乐可以是散步、跳圆圈舞、进餐、演滑稽剧等。威尼斯人文主义者阿尔维萨·科纳罗的作品主要描写了别墅的这种生活（247，Ⅱ，56～58；753）。

众所周知，农村的主要事务是农业耕作。彼特拉克、萨卢斯特、马内蒂描写了耕作的重要意义，以及别墅主人们的勤恳劳动所带来的快乐及忧虑。科西莫·美第奇和彭波尼在别墅从事农业劳动。利诺·瓜里尼在自己别墅里关注农民劳动，设网捕鸟。布拉奇·奥利尼以贺拉斯为榜样，在泰拉诺瓦德别墅里种香瓜，美第奇在波吉奥·阿卡伊阿诺的别墅里甚至为了割草、捉偷鸡的狐狸等一些事务而操心。

农业劳动对多数受过教育的文艺复兴别墅主人们来说是一种义务，布拉奇奥利尼作为别墅主人也不例外。从事农业劳动带有鲜明的古典色彩，别墅主人们的人文主义表述和具体行为也证实了这一点。卡托、瓦罗、科鲁梅拉、贺拉斯和小普林尼的作品在人们眼前描绘了一幅充满魅力的画面。其中，禽舍、鸽子窝是文艺复兴时期郊外别墅不可或缺的典型特征，如果只从用途来看，这些特点具有古典性。瓦罗对自身别墅的描写广为人知，并且人们对此评价非常广泛。自古以来，先是住在这里的居民从事捕鱼、打猎，而后是住在别墅里的居民从事渔猎活动，尽管这些活动有时会受到人们非议，但自古以来捕兽与捉鸟对别墅主人从未丧失过其固有的吸引力。科莫湖畔别墅主人保罗·乔维奥对猎捕娱乐的肯定也不容置疑。

众所周知，散步受到别墅研究者的格外关注，散步时间可以选在早晨，地点则可以选在花园里或别墅附近。有时人们还刻意去更远一些的水坝谷，别墅主人可以尽情享受别墅生活的各种快乐。古典别墅和文艺复兴别墅的居民们非常看重往返别墅的路，因而别墅所在位置、别墅到城市的距离以及道路与河流格外受到人们关注，即主人能够很快从别墅到达他常去的地方。通向别墅的路一般非常隐蔽，这一特点也集中体现了人们对别墅休闲的观念。路上赏心悦目的景色能很快消除人们辛苦劳作或旅行后的疲惫（208，Ⅰ，122，264）。阿尔贝蒂在《论家庭》中对别墅的描写与科鲁梅拉对别墅的要求有所不同（Ⅰ，5），阿尔贝蒂指出通往别墅的路必须要方便（208，Ⅱ，249）。皮埃罗·迪·帕蒂研究了早期文艺复兴人文主义者尼科洛的古典作品，皮埃罗从佛罗伦萨去自己特来比欧别墅的路上反复吟诵《埃涅伊德》和蒂托·李维的名句。皮埃罗·迪·帕蒂的行为不仅表明别墅主人兴趣广泛，还表明他有意要重复小普林尼的生活理念。小普林尼曾提出，要不吝时间从事文学创作，甚至在路上或在打猎途中也不能间断思考。

小说集《十日谈》描写了别墅生活。小说中的人物聚集在别墅里，贵族小姐和骑士们在别墅里度过休闲时光，作者详细而又完整地重塑了别墅形象。综合薄伽丘在文学作品中的所有依据，我们形成了郊外别墅的整体形象。彼特拉克塑造的别墅形象不同于薄伽丘，彼特拉克将别墅形象与古典传统联系起来，古典传统决定着别墅外观，但薄伽丘对别墅形象的古典特征涉及较少，尽管古典传统对薄伽丘的别墅形象也很重要，但他的别墅形象不具有那么鲜明的古典特征，薄伽丘追求的不仅是复原古典别墅，还要分析文学作品中的古典经验，再加上现代实践，这样才能创造出郊外别墅的理想形象，也许这些观点决定了他关于别墅的后期思想。

理解薄伽丘塑造的别墅形象对分析文艺复兴别墅的特点很重要。薄伽丘利用古典文献和部分中世纪传统，把别墅描写成娱乐的地方。迄今，欧洲文献中最终确定了别墅的作用是供人们取乐以及在郊外度过闲暇时光的地方。薄伽丘在自己的作品以及在自己别墅中的现实生活里，预先指出了别墅形象具有很强的精神属性（这一点属于典型古典因素）。

我们还要回到别墅的享乐用途上来，在人们对别墅的理解中，这一作用出现最早，说明也最详细。我们在之前已经说过，享受快乐是郊外别墅的主要用途。薄伽丘的描写恰好印证了这一点。别墅所处位置、居民的活动方式、居民对别墅生活的理解都渗透了人们追求快乐的愿望。人们对郊外别墅享乐特点的理解以及去别墅旅行途中所感到的快乐和轻松都在影响着别墅的建筑风格和内部装饰，爱情和美酒是别墅里必不可少的传统元素。乔瓦尼·安东尼奥关于别墅的观点很具代表性，他十分否定别墅生活，也许这是他对郊外别墅的娱乐性进行准确把握后得出的结论（208，Ⅱ，713）。乔瓦尼的观点在关于别墅的古典文学描写中体现得更加明确。此外，马尔西利奥·费奇诺把别墅描写成娱乐的地点也完全符合时代标准及环境要求（219，893）。

从人们对别墅的命名中，我们也能看出客人们在别墅里待得十分尽兴。文艺复兴时代的别墅主人们对别墅命名有自己的态度。阿尔贝蒂对别墅生活的描写非常有趣："柏拉图向我提出一个重要建议，他说，只要给别墅取一个大气的名字，那么这个地方就更加引人注意。"阿德里安大帝很喜欢给别墅命名，他给自己的蒂沃利别墅起了各种好听的名字，诸如"阅览室"、"瓷花瓶"、"书斋"、"乐感地带"等（208，Ⅰ，185）。维迪斯·波利奥是罗马著名骑士，他是奥古斯都的好朋友，维迪斯·波利奥在那不勒斯海湾附近有一所大别墅，名字为"忘忧"，他在那里养殖海鳗。14世纪亚历山大·兰贝托是阿尔贝蒂别墅的常客，他是别墅里出名的滑稽人物，他也拥有自己的别墅，别墅名字叫"忘忧"。我们能够想起维托里奥·费尔特雷的别墅名字叫"快乐小屋"，或被叫作"休息"，别墅通常叫这类名字。我们经常见到被叫作"天堂"的别墅，如安东尼奥·阿布鲁·阿尔贝蒂的别墅名字就叫作"天堂"，普拉托著名商人弗朗切斯科·达迪尼在郊外建造了自己的别墅，将其命名为"天堂住所"，人文主义者戈瓦里诺·戈瓦里尼把维罗纳郊区的别墅称作"天堂"，乌戈利诺·斐农努歌也把自己的别墅叫作"天堂别墅"。在小说《十日谈》中，作者对别墅的描写更具代表性，小说人物进入一栋新别墅时就一致声明，如果地上有天堂，那么所谓的天堂就是别墅（214，Ⅰ，186）。的确，早期文艺复兴时期的别墅与其天堂之名相吻合，并且这些名字被保留下来，只要你一想起俄罗斯城市郊外那些无数被叫作"快乐"、"天堂"、"趣味"的别墅，就足以证实这一观点了。

洛伦佐·瓦拉专门指出，农村的宁静与城市的喧闹相对立，别墅用于娱乐，贝克卡德利和尼科利赞同这一观点，因为别墅生活总是像过节一样。别墅居民经常唱歌、跳舞、听音乐，这是人们遵循古典传统的体现。贺拉斯表明，人们在别墅中跳圆圈舞是为了纪念爱神维纳斯，圆圈舞多为乡间舞蹈（歌集，Ⅰ，4，5～8，Ⅱ，19；Ⅳ，1，26）。跳这种舞蹈是文艺复兴别墅生活的重要内容，小说集《十日谈》一开始就出现了关于舞蹈的情节，对别墅舞蹈的描写是文艺复兴时期叙事小说的共同特点。跳舞伴随着唱歌或学术讨论，最后以跳舞结束。戏剧表演是别墅中轮流上演的节目，表演内容多为古典题材。别墅生活常带有戏剧性，因此，人们普遍认为别墅的节日庆祝对文艺复兴别墅的文化有重要影响。

郊外别墅的休闲活动总是伴随着各种滑稽玩笑、平局游戏以及各类有趣的故事，我们还记得亚历山大·兰贝托以及大多数文艺复兴时期短篇小说家所讲述的发生在别墅或大自然中的故事。"宝库"别墅和著名的"伽利略别墅"一样，长期以来是聚会及滑稽表演的必选之地。人们在这里举行表演比赛，别墅具有类似传统剧院的作用。滑稽表演营造了别墅生活开放、轻松的气氛，这一点吸引了别墅主人和客人们。薄伽丘格外强调郊外别墅的这一特点，他在《十日谈》中对这种自由生活的描写也证实了这一点（214，Ⅱ，349）。

薄伽丘的描写也间接证实了别墅内装饰的普遍特点，证实了别墅生活的快乐和放松。

别墅生活的享乐主义特点明显体现了文艺复兴时期人们的爱情观，早在薄伽丘时期，古典作家就已经指出："阿穆尔神（希腊神话中的爱神丘比特）远离严肃和严厉的人。"（论知名女子，21）古典文学描写体现了人们对别墅的这种传统态度以及农村休闲生活中的爱情特点，然而这并不只是受古典传统的影响。有关爱情花园的内容也体现在文艺复兴时期的文学、艺术和有关花园题材的作品中。作品中的主要内容之一是讨论以薄伽丘为首的 15 世纪人文主义者至 16 世纪人文学主义者的爱情，包括 16 世纪意大利宫廷沙龙以及菲伦佐拉的爱情谈话，对各种类型的爱情进行界定。

别墅与有关爱情题目有直观联系，这体现在具体的生活实践中。在安东尼奥·阿尔贝蒂的同期作品中，不少作者写到了天堂别墅的淫乱（584，135；论别墅生活淫乱特点，584，148）。在阿拉曼别墅和莱昂尼多·布鲁尼的别墅中，有关别墅主人的爱情闹剧并不少见。布拉乔利尼老年时在泰拉诺瓦别墅里的感情生活有生动描写。人们通常把爱情约会地安排在花园里、草坪上、树林里、别墅周围或别墅门廊里，瓜瓦达蒂的对此描写做了证实（217，299），别墅里经常举办相亲、订婚和婚礼活动（584，133～134）。

路易达波尔图在《一对神圣恋人的故事》中叙述了朱丽叶定亲的故事。朱丽叶去父亲的别墅里相亲（217，299）。朱丽叶和未婚夫诺德雷昂公爵的预期婚礼在朱丽叶父亲的别墅内举行，这栋别墅坐落在通往曼托瓦的路上，距维洛纳两英里（227，172）。

薄伽丘所描写的别墅确实简化了现实别墅的历史发展过程，安东尼奥·阿尔贝蒂对此做了直接回应。阿尔贝蒂别墅距离佛罗伦萨不远，在通往尼奥阿瑞波里（意大利公社）的路上，在圣尼科洛大门处。一位同期作家对此写道："这个地方很宽敞，建筑很漂亮，令人赏心悦目，别墅带有敞廊、凉棚、花园和其他一些娱乐设施，素有'第二天堂'的美誉。"同时期的弗拉·马泰奥重复了这些说法。对作家来说，别墅名字源自建筑物及花园的漂亮外观以及别墅内的华丽装饰，还有世俗人们在那里的放纵及狂欢（584，

134～135，329，188）。弗·萨凯蒂多次证实其所见过别墅的外观之美（221，175）。

安东尼奥·阿尔贝蒂在别墅里度过休闲时光，把精力集中到诗歌创作上，诗人巧妙地模仿彼特拉克和但丁，写下了《著名男子故事》及其他作品。阿尔贝蒂的谈话对象大多是著名的佛罗伦萨男子，这一特点赋予早期别墅休闲及后期人文主义者的别墅以独特的文学色彩和精神动力。别墅主人展开谈话的题目十分宽泛，从佛罗伦萨的现代政治到抽象的哲学建构，不一而足，别墅大厅和走廊只对受邀访客开放。

阿尔贝蒂别墅被视作脑力活动的场所以及主人约见客人的庇护所，别墅主人希望在这里好好休息，避开席卷城市的政治风暴。萨凯蒂和阿尔贝蒂关系亲近，在阿尔贝蒂写给萨凯蒂的一封信中，阿尔贝蒂认为，世界上除了懒惰和多变，对自身造成危害的还有对自己寄托了过高的期望。这就是阿尔贝蒂离开世俗社会的原因，当权者对他暴力驱逐，于是他将自己藏身于孤独的天堂，他在别墅里致力于文学创作，消磨时间，与不多的朋友交谈（584，166）。顺便补充一下，"天堂"和"炼狱"这两个词经常出现在别墅交谈或当代人谈论别墅的对话中。阿尔贝蒂继续着先前的传统观点，把别墅看成安静的所在，认为别墅与喧闹的城市生活相对立，同时阿尔贝蒂又赋予了别墅新的重要特点。至今别墅仍被视为政治避难所，这一观点被继续传承下去。

乔凡尼·达·普拉托给自己作品里的别墅取名为"阿尔贝蒂别墅"，他详细描写了别墅内的生活。大约在1389年5月，阿尔贝蒂在佛罗伦萨大街上遇到了萨卢塔蒂，他邀请首相本人和首相的朋友到别墅"第二天堂"来，因为别墅比城里更安静和令人愉悦，在别墅里可以讨论道德问题或哲学问题，还可以尽情放松自己。另外，在别墅里人们能感到快乐，别墅还非常舒适，这里具备应有的设施（584，50～52，182～186）。第二天早晨，阿尔贝蒂和兄弟们在别墅里迎接客人，而后在教堂做礼拜，主人和访客们聚在喷泉旁、树荫下交谈，小鸟在松柏树上鸣叫，动物在花园草坪上走来走去，一位受邀客人弹奏着乐器。主人为聚会准备了葡萄酒和各类野果。很快，一个贵妇在几个姑娘的簇拥下与几位青年出现了，他们开始跳舞，其他人在旁边欣赏。娱乐后，人们在喷泉旁以及装饰华丽的地方开始交谈。话题主要围绕爱展开：母亲对子女之爱、男女之爱。我们以后在谈到卡尔杜齐别墅的装饰时，还会回忆起这些内容。阿尔贝蒂别墅中有关爱的谈话似乎继续了普拉托作品中开始的描写，小说首先描绘了坐落在那里的爱普鲁斯宫和维纳斯宫，并详细分析了宫殿内的装饰以及在这里发生的爱情故事，很多古典文学作品都主要描写这一内容。同时，作者也对比了维纳斯宫与"第二天堂"的特点。

别墅聚会大多发生在五月份的节日期间，从古典时代起，别墅就带有狂欢、纵欲的特点。阿尔贝蒂别墅的娱乐活动明显带有这种色彩。难怪在小说集《十日谈》中，作者这样描写了五月份的场景：温柔的西风和清新的空气吸引了天上和地上的一切生命来享受爱，山丘和树木穿上了绿色新装，百花盛开，无数野兽奔向草坪，歌唱的小鸟掠过枝条，去寻找爱情。别墅客人们在思考哲学难题的同时也非常享受别墅里的这种生活，他们醉心于各类滑稽玩笑、小说编写以及其他各种可能的享乐中（584，31～40，53～67，145，148，164）。

显然，阿尔贝蒂别墅是 14 世纪末佛罗伦萨生活的真实写照，乔凡尼·达·普拉托所塑造的别墅形象与薄伽丘所塑造的别墅形象完全吻合，在薄伽丘笔下，别墅生活充满快乐，人文主义者在此展开谈话。

黑格尔把《十日谈》称为商人叙事体小说，别墅的总体形象最先体现在佛罗伦萨小说中。我们在小说里能遇到各种类型的别墅，部分别墅类型深受古典别墅形象的影响。古典范本恰好代表了文艺复兴时期郊外别墅的普遍形象，也许，我们分析这一形象对后文的别墅内的纪念像而言，意义不如贵族豪华别墅的作用那样大。

我们对《十日谈》进行分析后证实，从 14 世纪至 15 世纪初，多数高层商贾同时也是商人大家族。别墅观念在这些人中间很普遍，经济上的因素促使薄伽丘的别墅形象更加广泛。自 14 世纪起，意大利贵族十分关注购买土地。他们从贸易和高利贷中获取钱财从事土地流转，而后获得稳定的地租收益，这意味着土地所有权的稳定。佛罗伦萨著名商人的典型实例证实了这一历史，知名望族买下领地，获得郊外庄园，修建别墅，设计花园和公园，变换自己的道德品位与生活需求。贵族中更多人吸收了这种理想，这种美好而又宁静的休闲生活直接展现在贵族面前。从 14 世纪开始至 15 世纪末，尤其在 16 世纪，这种别墅理想成为贵族社会追求的总体目标。自 15 世纪末，文艺复兴别墅最终形成了一种独立现象。

人们对郊外别墅态度的变化最早可追溯到商业编年史的记载。从人们对郊外别墅的理解来看，维特鲁威的《编年史》对这一时期的别墅描写不多。作者实际上并未关注别墅外观，而是把注意力主要放在城市生活上，他关注了自己周围的商人及其亲属。但博纳科克尔索·碧提在自己的《编年史》中有很多地方都描写了别墅，尽管碧提全身心投入国家事务和公民事业，他承担着社会活动，并基于自己的冒险和激情而取得成功，但碧提同时关心个人慈善，推开先前他所沉迷的外交公职、商业事务、高利贷交易及博彩业，开始关注别墅生活。碧提几乎不在别墅住，也不把别墅视为休闲场所，但别墅对碧提及他的家庭成员来说是躲避瘟疫的避难所（我们还记得薄伽丘和其他短篇小说家对此的描写）。由于别墅与某类历史相关，博纳科克尔索对别墅和领地感兴趣，他没有提到别墅周围的自然风光以及内部装饰，但他准确地描写了别墅主人及别墅价格，以及投资别墅的费用，还有葡萄园、花园的数量等信息（226，7~8，59，152，154，160，23~24，83，117）。

与博纳科克尔索相比，乔凡尼·莫雷利更关注家庭生活，他喜欢去别墅休闲度假，社会生活已不能吸引他，如果说社会生活对他有吸引力的话，那么也是从经济角度而言。对乔凡尼来说，别墅主要是私人生活、家庭幸福和快乐的源泉。类似观点明显见证了佛罗伦萨共和国公民的理想危机。这种观点直接关系到人们对别墅观念的理解，在很大程度上，别墅变成了一种富有吸引力的生活价值观。也许正因为如此，作者才对穆杰罗美丽的别墅有温情脉脉的描写吧，这令人想起《十日谈》的场面，我们不能忘记作者对别墅的描写。对作者来说，别墅不只是开展经济活动的地方，别墅周边美丽的大自然也在吸引着他，别墅是主人与大自然相互交流的地方。乔凡尼在成年后充满诗意地描写了别墅，乔凡尼年轻时建造了别墅，使它变成能获得经济收益的地方，碧提的描写证实了这一点（215，35~36，87~104，231，252，578）。乔凡尼认为，阅读文献和研究古典作品是生活中的必要内容，了解古典作品影响了作家对别墅的描写，像人文主义者彼得罗·克雷森兹那样，乔凡尼的别墅生活遵循文学描写中那样古典模式。

著名的乔万尼·鲁切拉伊在思想上和行为上对政治生活冷漠，

他在《便笺札记》（1457～1476 年间断进行）中描写了很多例子，给儿子们提出忠告，建议他们不要追求国家公职与社会责任，而要更多关注家庭生活，乔万尼顺便描绘了公社及其统治者行为中的消极的因素（220，39～42，46，304，56～59）。长期以来，乔万尼对领地和别墅表现出兴趣，这也证实了他不愿过城市生活的心理，而他对郊外别墅、乡村休闲的兴趣不断高涨。这不仅是文艺复兴时代的现象，早在塔西佗时代和小普林尼时代，别墅生活已经展示了这一特点。文艺复兴别墅的主人们也经历了类似过程，他们赞同古代先辈们对别墅的理解，在类似因素的影响下，别墅文化开始繁荣——英国和俄罗斯建造农村别墅现象开始兴起。

乔万尼·鲁切拉伊内心一直向往依靠地租生活，这其中体现了他的个性、意大利的社会条件以及故乡的城市等多方面因素。乔万尼在自己别墅中度过了自己的大部分时光，他对别墅有着一种温柔眷恋之情。洛伦佐·美第奇坚决购买乔万尼领地上的昂布尔别墅，最后又费尽周折获得了别墅土地所有权。朱利亚诺·达·桑加罗后来为乔万尼建了著名的别墅。先前的别墅主人十分不悦地接受了这笔交易，但洛伦佐十分坚决，动用权力来实现自己的愿望，我们理解乔万尼的伤感，要知道当代人把这件事理解成洛伦佐·美第奇战胜了乔万尼的岳父帕拉·斯特罗兹，因为最初乔万尼的岳父是昂布尔别墅的主人。

乔万尼最喜欢位于佛罗伦萨附近自己的这栋别墅，他特别喜欢春天或秋天待在这里。别墅的美丽花园不仅吸引了别墅主人的注意，还吸引了行人的驻足，河畔风景如画，从别墅通往花园路上设有长廊和凉亭，所处位置极其优越。别墅主人按照阿尔贝蒂对别墅的地点选择、格局设计以及花园构建等各方面理念建造了别墅。有人甚至认为，乔万尼参与过阿尔贝蒂别墅的设计和建造，并且阿尔贝蒂本人曾指出，任何一个高尚的人通常都要有两栋别墅，一栋是农村别墅，另一栋是郊外别墅，像乔万尼那样，他认为昂布尔别墅是经济用地，以赢利为目的，而佛罗伦萨附近的这栋别墅属于郊外别墅。乔万尼顺便提及了自己这两种不同类型的别墅，他在《便笺随笔》中的记录证实，他明显赞同阿尔贝蒂的观点（220，221；597，251）。

　　自1406年始，佛罗伦萨附近那栋别墅的所有权就属于鲁切拉伊家族，乔万尼在其著作《便笺随笔》中对这处别墅有过详细描写，像描写昂布尔别墅那样，作者记叙了在别墅里度过的美好时光。在很大程度上，这些记录很像阿尔贝蒂在《论家庭》中所描绘的别墅生活（220，20～23，118，121，25～27，208，Ⅱ，728～729；588，Ⅰ，105，Ⅱ，97～103，233，74～75）。喜欢待在佛罗伦萨别墅中的不只有别墅主人，还有主人的家眷。洛伦佐·美第奇深谙别墅的意义，他在1468年秋来到别墅，惊叹于花园的美丽。洛伦佐的妹妹特别喜欢来这里，甚至在她嫁人后，她仍然喜欢到别墅来，就此，意大利诗人普尔契给她起了一个绰号"La Quarracchina"。

　　从乔万尼郊外别墅的设计中，我们可以看出，别墅外观中隐藏着古典艺术细节。比如，灌木丛被剪成各种不同的形态。乔万尼仿效小普林尼在伊特鲁里亚的别墅造型，将灌木剪成各种不同形状，并为其起了各种名字（信件，Ⅴ，6，36）。

　　我们应该承认，在薄伽丘和彼特拉克的影响下，文艺复兴别墅理想逐渐形成了，这一过程并非一蹴而就。长期以来，别墅吸引众人效仿的原因不仅在于其经济吸引力（可能也有例外，我们前面已经说过）。几代意大利人尤其是佛罗伦萨人，遵循着文艺复兴人文主义奠基者的道路，即将所有心思都集中在城市中的政治、经济、艺术生活上，别墅生活对他们来说不是迅即实现的理想目标，随着政治怀疑主义日益广泛化，以及对现行秩序失望情绪的增长，公民参与政治的积极性逐渐丧失，消极的生活理想出现，别墅生活成为人们保护自己和自己财产免于国家剥夺的一种追求。佛罗伦萨的人们狂热迎接美第奇的强大政权，在自己所了解的范围内保护自己简单、安静的个人生活，其具体表现就是积极兴建别墅，大力赞美乡村宁静生活的种种美好。15 世纪人们对别墅的形象理解最终确定下来，别墅被定义为休息、享乐的地方。人们在这里可以忘掉所有烦恼，忘掉城市生活的弊端和不完美。文艺复兴的别墅主人们追随着祖先的足迹，呼吁 "Atium Post Neqotium"。

在人文主义思想家的作品中，我们能够直接看到人们对郊外别墅形象的典型描写。在人文主义氛围下，在彼特拉克榜样的带动下，人文主义作家们形成了对别墅形象的新理解。当然我们也不能漏过薄伽丘对他们的影响，尽管，人文主义者对《十日谈》的态度非常冷漠，古典传统是他们模仿的主要对象，但他们对别墅的支持态度并没有马上体现在人文主义者的世界观以及他们的生活实践中。公民的人文主义精神主要体现在每个个体所发挥的社会作用以及他们对待休闲和消极生活所表现出来的反对态度上，同时也反映在他们对别墅的态度上。

乔万尼在谈到别墅时写道，农村生活是对城市生活的丰富和补充，农村生活是令人愉悦的经历，但不应该把这一点放在第一位（援引 208，Ⅱ，713）。确实，在人文主义者的公民代表中，这只不过是一种姿态。萨路塔蒂为自己的田园情怀感到骄傲，莱昂纳多·布鲁尼在给罗伯托·罗西（1408）的信中写道，他与朋友拜访位于卢卡附近的比萨大主教别墅，他们在那里开心得像孩子一样，在河里裸浴、抓鱼（我们记得小说集《十日谈》中对别墅里滑稽游戏的场景描写），在别墅里他们用了午餐，别墅主人高兴地参加了所有娱乐活动，但囿于自己的圣衔，他只能作为旁观者观看（296，220）。在布鲁尼信中可能有令人更加好奇的场景，西庇阿·艾米利安和他的朋友在空闲时令人难以置信的淘气，他们从罗马跑到农村，准确地说，像从监狱里逃出来那样。欢呼雀跃，收集石子炮弹……（论演讲家，Ⅱ，22）。因此，我们应该有必要谨慎对待反对郊外别墅的人文主义作家们的"愤慨"。

在人文主义氛围中，人们对别墅的心态就像对宫殿、教堂和其他城市建筑类型一样，城市建筑以自己的宏伟壮观给城市居民带来自豪感，别墅也是如此，别墅以自己的美好、奢华和财富为所在地增色。莱昂纳多·布鲁尼讲述了自己与萨路塔蒂去罗伯托·罗西别墅的经过，他们观赏完别墅花园，在同行者的要求及大自然的启迪下，莱昂纳多·布鲁尼描写了自己折服于佛罗伦萨建筑魅力的感慨，这些描写体现了布鲁尼对别墅的态度（308，78）。乔万尼认为，别墅像其他建筑类型一样，代表着城市的繁荣、伟大以及执政者的智慧。

如果说早期人文主义者的作品带有赞扬公民生活、歌颂地上王国由人的力量来创造的话，那么在 16 世纪下半叶，意大利经常出现反对这种观点的声音，他们追求逃离这个世界，赞美休闲，鼓励人们过消极生活。难怪弗·莫尼尔把花园别墅及郊外安静的生活定义为人文主义者的传承（250，190）。别墅被学者视作实现休闲理想的地方，别墅理想为古典思想的渗透开辟了道路。贵族代表们与人文主义者的兴趣接近，他们对郊外别墅的喜爱体现了文艺复兴古典主义思想的兴起，郊外别墅在他们的文学作品和实际生活中代表了一种特殊地方，在这里他们能够实现高品位的精神享受，实现这一目标需要营造特殊的环境，因而，别墅内的古典装饰是可能而且也是必需的元素。

在意大利短篇小说集《诺维利诺》中，作者塑造了这样的别墅形象：在别墅里人们可以完全遗忘古代别墅形象，只保留学术休闲活动。著名罗马哲学家苏格拉底居住在郊外，哲学家的特质是享受孤独（238，78）。彼特拉克遵循世俗的禁欲文化，而后彼特拉克的孤独生活以及薄伽丘对别墅的描写构成了别墅的整体形象。乔万尼·达·普拉托拥有一小块领地，这块土地邻近柏拉图的别墅，在圣马丁节到来时，乔万尼在纸条上写下了自己的心愿，他想去乡村隐居，平静休息，投身于创作。乔万尼·达·普拉托在别墅里创作小说，他擅长随时随地使用古典思想来创作古典题材作品，这不能不归功于他所在的别墅环境激发了他的创作灵感。1397 年弗朗哥·萨凯蒂的别墅被兵痞加莱亚佐·维斯康蒂和巴比安伯爵烧毁，这座别墅位于马黎诺里，私人恩怨给萨凯蒂带来了无法弥补的损失。如果我们读过作家创作的民谣，则其中有些描写证实了作家在别墅里度过的愉快时光（584，136～137；221，333）。

波吉奥·布拉乔利尼一直追求休闲生活，与薄伽丘不同，他最后实现了自己的人生理想。在乡村居住是波吉奥·布拉乔利尼的人生愿望，他不喜欢城市，并且他清楚地看到了城市生活的所具有缺点：政治狂热，生活空间狭窄，烦恼超负荷。在农村可以享受宁静，远离公民责任，享受家庭生活以及与朋友欢聚。"获得过荣誉以及具有一定社会地位的人都愿意选择这种甜蜜而又踏实的平静生活。"别墅形象总是与富足和闲适联系在一起，波吉奥·布拉乔利尼承认"我是教士，我有采邑，但我没有领地"（293，149，138）。最终波吉奥·布拉乔利尼不顾教廷的反对意见，在佛罗伦萨居住，在达诺购买了诺瓦小别墅，在别墅里放松身心，愉悦自己（293，138；246，Ⅰ，306～308，Ⅱ，68；222.Ⅰ，65；Ⅱ，

214）。波吉奥·布拉乔利尼不把别墅当作获取经济收益的手段，他的这块领地无法供养人文主义者一家，波吉奥·布拉乔利尼担任教廷职务后写道："我并不想拥有大片领地和大笔财富，也不觊觎某个国家公职，真正让我感到痛心的是别墅规模大小，无法自给自足，我无法完全投身于别墅生活。"（293，139）创作以及和朋友来往是波吉奥·布拉乔利尼在诺瓦别墅的主要活动，在别墅里他开始撰写《佛罗伦萨史》。难怪波吉奥在信中把自己的别墅称作"工作室"，他以西塞罗为榜样，西塞罗把自己在图斯库仑的别墅称作"图书馆"。波吉奥是罗马著名演说家，他和后来的文艺复兴崇拜者们纷纷以柏拉图的别墅生活为榜样。维斯帕香诺对此指出，波吉奥的别墅里有非常有价值的图书室，里面藏有丰富的古典作品。佛罗伦萨人文主义者们效仿古典人物，在别墅里收集大量古典作品，波吉奥在《论神圣》的对话中证实了他本人对古典作品的狂热，他在信中自豪地宣布："我有一个房间，里面堆满了大理石头像，其中有一个头像保存完整而又加工精致，而另一个头像上鼻子有破损，这些作品给高品位的艺术家带来了莫大的快乐。"波吉奥还收集了一些画作，他想用这些艺术品装饰自己的别墅（他的别墅外观明显带有西塞罗别墅和小普林尼别墅的特点），在别墅里主人可以享受平静的生活（293，152；573，8～10）。在诺瓦别墅，波吉奥完全按照古典传统生活。波吉奥在学术创作之后，在别墅周围散步或在花园里劳动。老年的波吉奥充分享受了别墅生活带给他的快乐，1436年波吉奥娶了一位姓Buondelmonte的年轻姑娘，年仅17岁，这也为他在农村别墅的生活增添了很多乐趣。

圭多·帕尔米耶里住在自己的祖传别墅里，他的这座别墅完成于17世纪。安杰洛·波利齐亚诺也拥有一栋不大的别墅，作家的别墅距离美第奇的菲耶索莱别墅很近。在波利齐亚诺的作品中，他对乡村生活的描写非常唯美，这取决于作家的个人生活特点。科西莫·美第奇把自己的卡雷奇别墅赠予别人，他的佛罗伦萨别墅与柏拉图、马尔西利奥·费奇诺的别墅相邻，为了在和平环境下从事学术活动，美第奇像先前许多人文主义作家那样，把别墅叫作"学院"，并对其进行了详细描写（577，202；592，48）。

圭恰迪尼属于另一个时代的人文主义作家，他不止一次地描述了自己的别墅和别墅生活（207，337～338）。他认为，别墅是政治动荡时期特殊而又可靠的避难所（207，87，97～98），在别墅里他们一家幸免于1527年的大瘟疫，他在这里主要致力于撰写《回忆录》，书中主要描写了他被迫离开公职的别墅生活（207，346，383，396）。圭恰迪尼在农村度过了大部分时光，他潜心创作。因此，圭恰迪尼在别墅里完成了《回忆录》《马基雅维利评论》《笔记》，同时他还致力于《意大利史》的多卷本创作。

在为祖国辛勤劳动之余，圭恰迪尼也描写了自己的别墅休闲理想（207，373～375），他借用古代观点（207，374～375）指出了别墅生活的好处。而后在谈到节日庆祝时，他以大西庇阿的生活为例说明自己有必要更好地利用别墅，使人生更添荣誉。大西庇阿被放逐到别墅，乡村的闲适丝毫也没有减少他作为军事统帅的荣耀；戴克里先拒绝了王权，在自己的花园里种植花草，自得其乐，他断然拒绝回归权力宝座的召唤，认为那种生活与他所享受的别墅的宁静相比是可怜而又不幸的（207，375～376）。圭恰迪尼以西塞罗为例，最终说服了自己的反对者（207，375～376）。圭恰迪尼在《回忆录》中以及他写给马基雅维利的信中（重要的是收信人）详细描写了自己别墅的场景，这些细节描写塑造了具体的别墅形象，确立了别墅的特点以及郊外别墅的理想形象。这些场景中展现了以下内容：位于山丘上的别墅必须宁静，外观简单，别墅主人喜欢的正是这种简单和质朴。通常，别墅要符合主人的欣赏品位，主人可从土地上收获丰硕的果实（207，342~345）。尼科洛·马基雅维利在乡村里度过自己老年，他在1513年的一封著名信件中，描写了他在别墅里从事学术研究、阅读古典作品的生活，这些场面反映了明显加剧的传统城乡对立（204，88~89；205，42~43）。

还有一些人文学家拥有别墅。14世纪，来自苏尔摩纳的那不勒斯人巴巴托，与彼特拉克的朋友罗伯特·那不勒斯交好，他对人文主义思想抱同情态度，在老国王去世、新国王上任伊始的时期，巴巴托知道自己的处境，在朋友的建议下离开自己的家乡，在郊外购买了几处别墅，在别墅里度过了自己的余生。安东尼奥·潘诺米塔在自己的别墅里过着国王般的生活，别墅是阿方索阿拉贡赠予他的，位于那不勒斯的郊外。乔凡尼·蓬塔诺在仕途结束后，回到别墅，享受着乡村生活的静谧，按古典模式装饰别墅。在雅格布·桑纳扎罗的作品《阿卡迪亚》中，别墅生活占有十分重要的地位。

瓜里诺·达·维罗纳在故乡城市郊外有一处带花园的小别墅，他在那里过着幸福的生活。人文学家佩雷格里诺·拉托居住在费拉拉附近一所带花园的别墅里，这栋别墅坐落在通往Belrigardo公爵别墅的路上，作家经常在那里召集朋友，展开有关爱的谈话。

威尼托别墅更早地体现了人文主义者的别墅理想，维琴察人文学家巴托洛梅奥是威尼托别墅的主人。巴托洛梅奥在给画家圣贝纳迪诺的信中描写了别墅的外观及别墅内的生活，指出了洛尼戈别墅的设计脱离了古典原型。具体来说，别墅摆脱了小普林尼的古典范式，尽管外观简陋，但别墅生活是古代前辈的理想体现（537，

18）。阿尔维塞·科尔纳罗在《适度的生活》中对别墅做了很多介绍，弗朗切斯科·马科里尼在写给阿尔维塞·科尔纳罗的信中突出了威尼斯别墅形象的意义，弱化了郊外别墅的意义（265，169）。科莫湖畔的保罗别墅被主人称为"缪斯庇护所"，别墅主人详细地描写了别墅的装饰要符合别墅主人的生活品位，还要与别墅的名称相符，要有缪斯神像、帕尔纳斯山、安东·弗朗切斯科·多尼的画像（249）。保罗详细地描写了自己的别墅外观，在很大程度上，他的别墅的装饰模仿了小普林尼的别墅。

西尔维乌·比科罗米尼（庇护二世）非常热爱大自然和郊外别墅，阿尔贝托公爵在自己的别墅里庇护了希腊文学家马克·穆祖尔，还赠给他一处别墅。马克·穆祖尔写道："我从这所别墅中获得了想要的一切，因为这座别墅地理位置优越，给了我独有的宁静。"（250，259）尼科洛·佩洛蒂是枢机主教维萨里昂的弟子，他住在邻近萨索费拉托的一处别墅内，专心致力于哲学创作。

罗马人文主义者的别墅体现了古典别墅理想的进一步发展，安东尼奥、庞波尼乌斯和普拉蒂娜的别墅是这种类型别墅的典型代表。庞波尼乌斯的别墅位于现在的康斯坦丁公共浴场附近，别墅有利的地理位置尤其能够吸引别墅主人，著名的罗马学院就位于这里，别墅主人迎接客人时身穿古典服装，别墅内收集了大量古典雕像、文物残片及各种题词。庞波尼乌斯别墅周围花园环绕，主人在这里创作了《论农业》，他在这里完全按古典理想耕种花园、装点别墅。

人们修建郊外别墅与社会上不问政治的情绪有关，这种社会情绪在人文主义者中蔓延，带来古典观念流行，别墅被看作为避难所。贝内代托·科特鲁依著有《商业和精明商人》（1458），他效仿阿尔贝蒂的生活方式，拥有两栋别墅。其中一栋别墅为纯功利目的而建，给主人带来经济收益，遇到不幸事件可用作避难所；另一栋别墅用于全家享乐以及主人的短暂休息。别墅主人年老时可以来到这里，远离城里杂务，不受烦恼羁绊，安静老去。美第奇就是这样的范例，他是大科西莫的侄子，他回归别墅，完全远离城市烦忧，潜心于乡村生活。1451 年美第奇与自己的叔叔分割完财产后，来到在特利比亚的别墅内，在别墅里过安宁的生活。美第奇不再对政治和文化感兴趣，他以打猎、骑马、养马为业，尽可能不去佛罗伦萨。如果美第奇没有娶安杰洛的女儿而后步入政治仕途的话，他终生都将是一个农村别墅的主人。当科西莫·美第奇在佛罗伦萨执政时，阿尼奥拉·潘德尔菲尼决定远离社会事务，在别墅里生活，将他的余生用在阅读以及与有教养的人谈话上。阿拉曼诺·里努奇尼在告别社会事务时态度坚决，"帕齐阴谋"发生后，他迅速结束了社会公职，回到了距佛罗伦萨不远的托里切利别墅，在那里潜心于文学研究。里努奇尼在别墅里撰写了《自由对话》，论述了他选择别墅生活的立场，这些观点体现在《著名男子威望》一书中（239，162，163；299，299~300）。

像古典时期那样，别墅作为避难所的形象能够治愈人在道德上受到的种种伤害和各种不适。阿拉曼诺·里努奇尼在别墅里度过了丧子之痛。保罗大主教也是如此，教皇皮伊四世和皮伊五世的前参议官在自己所有亲人故去后，来到郊外山上的一所别墅里休息疗伤（210，Ⅱ，20）。

瓦拉、阿尔贝蒂等学者认为，健康是人的最大幸福，他们为此建造了卡拉法别墅及罗马观景楼别墅。阿尔贝蒂认为只有风景美丽的地方才有疗伤的作用。别墅购买者以及同时代的建筑师们指出，为了身体健康有必要建造别墅，合适的地形以及具有良好口碑等因素对别墅建造地点十分重要，别墅建造者们有必要仔细斟酌这些因素，我们在前文中对这些因素做过认真分析。

人文主义者在别墅建造、别墅生活以及别墅休闲等方面体现了古典主义特点，这些特点反映了古典主义追随者们在修建别墅时有意复原古典范本，直接采用了古典文献中的别墅生活模式。人文主义者通过模仿古典别墅的外观、收集古代藏品、遵照古典建筑的设计及内部装饰等理念自然体现了别墅的古典特点。因为古典原则逐渐被社会采用，因而别墅具有统一性，并不显得突兀，人文学家经常约定在这里见面。在波姆波尼别墅里能见到利姆斯科伊，在贝卡代利别墅里能见到篷塔尼亚，在美第奇和费奇诺的别墅能见到柏拉图。

我们只要举几个典型例子就足以证明，别墅内人文主义研究活动延续到了别墅以及郊外别墅花园里。文艺复兴时期的别墅沿袭了彼特拉克塑造的别墅形象，并且这一原型得到了进一步发展。别墅主人在别墅里接待访客。彼特拉克以西塞罗为榜样，经常和朋友保持通信往来，以及在别墅里约见会谈。在别墅宁静的氛围中，作家的交谈对象还有一些和他同时代的人，这些人也是备受尊敬的古典主义作家。我们想起小说集《十日谈》中的故事情节，小说主人公在脑力活动后的休息方式及安东尼奥·阿尔贝蒂展开的别墅谈话与人文学院的学术活动形式与内容接近。维斯帕先的描写可以证实，佛朗哥·萨凯蒂在别墅中的休息不等同于直接享乐，别墅对脑力活动后的休息有十分重要的意义。别墅主人一年两次邀请十位或十二位佛罗伦萨人到自己的别墅中讨论文学和政治问题，他们所邀请的访客大多是希腊著名人物或受过良好教育的人，访客的层次与背景对别墅非常重要。

人文学家遵循古典传统，他们聚在别墅里展开谈话，罗马人的这一理想不仅体现在他们的真实生活中，还体现在人文主义者的描写中。西塞罗的作品首先描写了别墅对话，在莱昂纳多·布鲁尼的作品《与彼得·保罗对话》中，谈话场景发生在别墅里，波吉奥·布拉奇奥利尼在《论贪婪》中记载的对话发生在1428年罗马兰特附近的别墅里，《论神圣》的对话发生在作者位于诺瓦的别墅里，马泰奥·帕尔米耶里在《论公民生活》中所记录的对话发生在1430年穆杰罗的别墅里。人文学家们聚集在帕诺拉米达的花园里，参与洛伦佐·瓦拉组织的谈话。克里斯托弗·兰蒂诺在自己作品《卡马尔多利的争议》中，描写了兰蒂诺的朋友们于1468年在卡马尔多利附近别墅里的假想对话。像多数情况一样，在别墅里参加讨论的人对文艺复兴别墅产生着重要影响。阿拉曼诺·里努奇尼在《论自由》中所记录的对话发生在1479年的托里切利别墅里。1521～1526年，圭恰迪尼在《论佛罗伦萨管理》中所记录的对话是在贝纳尔多德·尼罗别墅内发生的事，尼罗别墅位于因普鲁内塔附近。别墅对话传统体现在意大利文学作品中，尤其体现在文艺复兴时期的小说里。小说集《十日谈》的故事情节设定在别墅里，无论是小说整体还是特定场景，都符合别墅特点；菲伦佐拉甚至将自己的作品《爱的谈话》的写作重点放在对别墅外观和别墅生活的描写上。马列斯皮尼和斯特帕罗拉小说集所讲述的故事发生在别墅里。别墅谈话的内容符合古典传统题材，题目多半与古典世界有关联，对话的某些方面展现了郊外别墅的外观以及人们对郊外别墅怀有的深切的爱。作品中也谈到了别墅中的艺术收藏，这些藏品完全符合文艺复兴时期农村别墅的装饰要求。

人文主义者的别墅重现了古典郊外别墅的特点。西塞罗建议应在别墅环境或农村环境下教育下一代，因为在农村别墅可以避免在城市的不足，人们应从幼年时期巩固道德方面的原则与信仰，这是人文主义思想的本质。我们在薄伽丘（214，Ⅰ，353）的作品中可以得到证实，在阿尔贝蒂的作品《论家庭》中这一思想也得到了体现（208，Ⅱ，119～120）。美第奇的别墅位于卡法德让罗和特雷比亚，这里也是美第奇家族中的年轻成员夏季度假的去处。波利齐亚诺在写给洛伦佐·美第奇的信中写了孩子们取得的成绩（250，277）。在曼图亚的维托里诺·达·费里特洛别墅前一切都黯然失色，这栋别墅里有带柱廊的院落，周围花园环绕，墙上装饰着孩童嬉戏的壁画。特里西诺的忘我活动对帕拉第奥的创造性思维产生了重大影响。特里西诺在接近老年时脑子里才出现出建造郊外别墅的念头，特里西诺别墅当属人文主义者别墅典范，可视作与彼特拉克、薄伽丘、科西莫·美第奇、阿维塞·寇纳罗别墅齐名的杰出作品。同时，作者还赋予了别墅显著的教育功能。

　　特里西诺是克里科里别墅的主人，同时他也是这所别墅的建造者。这座别墅距维琴察不远，建于1530～1538年，据维特鲁威描述，特里西诺开始设计别墅时还承担着重建罗马房屋的工作。特里西诺出于对建筑理论和建筑实践的浓厚兴趣，复原了别墅的古典外观。实际上别墅复原工作基于古典著作对古典别墅的描述，同时特里西诺还借鉴了威尼斯农村别墅的建筑实践经验。某些古典别墅类型隐藏在农村别墅的具体实践中。建筑师们出于兴趣研究了维特鲁威和阿尔贝蒂的建筑文献，努力恢复别墅的古典原貌。特里西诺修建别墅不只是为了实现自己的休闲理想，也是为了实现自己建造一座学术殿堂的梦想，后来，人们为了纪念创建者的功绩而把这座别墅命名为特里西诺学院。特里西诺发扬了柏拉图的传统，在别墅中从事人文主义研究，在乡间独有的宁静中继续着大家所熟悉的古希腊哲学古典范式。

　　自彼特拉克时起，在意大利别墅建筑实践中，别墅主人很愿意向人展示自己别墅的镇宅之神，神灵的存在可以强化别墅的古典特征，也表明主人直接遵循了这些古典原则。我们知道小普林尼深信自己别墅里住着缪斯之神，因而他在别墅里从事古典创作和研究。鉴此，大多数文艺复兴别墅内都包含着关于奥林匹斯山题材的装饰。沃克吕兹别墅的主人确信自己别墅里藏有奥林匹斯山的灵感之泉。于是，通常别墅里都建有奥林匹斯山喷泉，而缪斯雕像一般设在别墅花园里或刻在别墅墙壁上。

别墅主人在别墅里休息的时候，可以欣赏一系列雕像艺术仿制品来获得身心放松，这些装饰布景统一和谐，在总体格局中装饰性壁画发挥着锦上添花的作用。尽管雕像的质量和组成有所不同，但古典雕像一般符合文艺复兴时期住所特点。布拉乔利尼和美第奇家族成员的别墅中装饰着许多雕像。我们很容易理解尤里乌斯二世希望用古典雕像来装饰自己罗马观景楼别墅的想法。后来，古典群雕一直用来装饰罗马别墅花园、敞廊和居室。皮罗·利戈里奥在设计蒂沃利的埃斯特别墅雕像群时，其中很多雕像都是来自阿德里安大帝的别墅雕像。这些雕像群给别墅主人和来访客人带来了巨大的艺术享受，给别墅带来威望，这些雕像是人们探索古典世界、从事金石学研究以及从事其他学术探索的良好素材，这些雕像还具有教益作用。我们知道古典雕像群装饰文艺复兴时期别墅的主要原因就是大家希望按古典理想建造文艺复兴别墅，使别墅装饰符合古典理想。古典雕像鲜明地体现了文艺复兴别墅的古典色彩。在大家所熟悉的一些古典文献中，雕像描写构成了罗马郊外别墅描写的重要组成部分。现代研究者们发现了这些雕像群的宗教性及其他深刻含义。吉罗拉莫·萨伏那罗拉对观景台别墅群雕展开冥想，这引发对古典主义的狂热崇拜者和追随者——乔瓦尼·弗朗切斯科·皮科公爵的强烈指责和不满，皮科公爵的叔叔是一位著名人文学主义者。

别墅为实现人和自然的融合提供了可能，这一理想在"黄金时代"曾被人们实现过。古典作品对人类美好时代的描写留下了很多，这些描写对文艺复兴别墅产生了重要影响。当然，现代社会并非远古时期，古典雕像作为现代房屋装饰具有鲜明的政治色彩，这种影射主要与美第奇在佛罗伦萨的统治有关。客观上，这些观点体现了佛罗伦萨社会特权阶层不看好城市社会和经济发展，从而促进了郊外别墅的兴建。除了历史上黄金时代的政治理想对别墅形象有一定影响，文艺复兴时期的作家们在一定程度上存在脱离古典来源盲目歌颂别墅的做法，这种社会行为也影响着别墅的形象。在别墅的安静气氛里，在思考的快乐中，在大自然的静谧中，人文主义者可以得到久违、原始的自由生活。"黄金时代"一词在文艺复兴时期有重要含义，在郊外别墅装饰中，我们排除了对豪华装饰的政治解读（佛罗伦萨旧宫）。

在现实生活中，人文学家住在别墅里践行着自己的人生原则，在自己的作品中不断歌颂别墅形象，别墅作为人们理想的居所倍受赞颂。别墅生活与农村的宁静结合到一起，人们有意将别墅生活同城市商业社会对立起来。

我们总结一下上述的零散表述。彼特拉克从古典观念出发形成了基于别墅看法之上的城乡对立思想。薄伽丘描写了农村生活的快乐、简单及质朴，同时也写了城市生活的弊端（229，183，同上，562，Ⅰ，278~279，363，419~420；Ⅱ，183~184）。萨凯蒂在写给安东尼奥·德里·阿尔贝蒂的诗中描写了城市和农村生活，对别墅用了"净地""天堂"等词语（584，167）。洛伦佐·瓦拉稍微中立了一下城乡对立观点，他认为人们需要交替追求热闹的城市生活以及自由宁静的乡村生活（290，399）。我们还记得乔万尼·安东尼奥·卡姆帕尼及阿尔贝蒂对小普林尼别墅描写的转述（208，Ⅱ，119）。别墅人文主义思想完全体现在小普林尼的作品中。别墅是阿尔贝蒂钟情的题目，他多次描写过别墅，每次都能塑造出完美、精心刻画的郊外别墅形象。阿尔贝蒂在一篇名为《别墅》的短文中，描述了15世纪30年代末农村别墅的形象，作者以有限的篇幅对别墅的经济功能做了介绍，别墅形象明显受到卡托、瓦罗、科隆梅尔、老普林尼的影响。如果按照文献来源和对文本评论，把别墅作为经济用地来讨论的话，我们会发现阿尔贝蒂参照了古典欧洲传统著作《论农业》，他在《论家庭》中（1438～1441）塑造了另外一种别墅的形象。与先前一样，作者关注的核心是别墅的经济用途，详细论述了大家愿意关注的古代证据。据此，作者在很大程度上渴望总结自己和其他郊外别墅主人的经验。阿尔贝蒂对别墅和别墅生活的描写接近于《编年史》和《随笔》中的描写。如此之多的人仰慕乔万尼的别墅形象，因而，阿尔贝蒂也希望拥有一所这样的房子，能够随时去居住，并且完全实现经济自给自足（208，Ⅱ，109）。

这种房子应满足哪些要求呢？首先，它应位于一个合适的地点，气候适宜，空气清新，风向适合（208，Ⅱ，110，Ⅲ，116～117）。从政治、经济和社会观点来看，别墅所处地点要适宜，应距城市不远，交通方便（208，Ⅱ，110，117）。别墅能够完全保障主人及其家人的生活需要，全年都能给主人带来经济收益，别墅主人携带家人住在这里，远离城市动荡，在这里教育子女。我们眼前似乎出现这样一所理想的农村别墅，它同时兼具郊外别墅的特点，尤其是那些带花园的别墅（208，Ⅱ，117；304，197～199）。

阿尔贝蒂的《建筑十书》是非常重要的一部著作，里面描写了各种类型的别墅。别墅传统上被描写成一块农业用地，但现在这一形象已不再是作者关注的重点（208，Ⅱ，161～165，169～171；试比较：208，Ⅱ，113～115，447～448），作者的关注点转变到了其他方面。别墅作为一种特殊的私人建筑，主要用于休息和各类娱乐（208，Ⅰ，13）。从建造别墅到人们对古典世界的理解，所有一切都基于轻松、开放和独立的原则之上：城市建筑和别墅的差别在于，对城市建筑而言装饰极其重要，而对别墅的装饰完全服务于娱乐和轻松的目的。对城市建筑的装饰在很大程度上要与邻居的要求相符，而别墅装饰是个人权利，很少受到他人限制（208，Ⅰ，309）。具体来说，农村环境更自由，城市环境更局限（208，Ⅰ，160）。阿尔贝蒂多次论述了这一观点，他明确解释了这一观念："别墅装饰的多样化取决于人们个性的差异，不同人对建筑的要求不同，因而建筑也应多姿多彩。"（208，Ⅰ，107～108，109）

阿尔贝蒂在《建筑十书》中的第5本书中，开篇直接分析了郊外别墅的特点和一些具体的别墅类型（208，Ⅰ，133），按当时社会标准来看，他的分析具体体现了建筑的个性化特点。阿尔贝蒂认为，统治者的别墅应远离其他建筑，最好建在郊外，以维吉尔为首的古典建筑已表明了这一点。这样做的原因在于郊外空间广阔，便于修建花园和其他设施。"如果连偶尔沉醉于安静一隅的愿望都无法达到，财富究竟能给我们带来哪些好处呢？"（208，Ⅰ，143）

达官贵人修建别墅最重要的原则之一是选择有利的地点，古代人所关注的选址原则都不应遗漏。阿尔贝蒂不仅不漏过古典原则，他还经常想起自己敬重的古代人士有关别墅地点选择的其他论述，思考哪些地方才算是真正的好地点（208，Ⅰ，14～17，20～24）。

房子相当于一个小城市（208，Ⅰ，29），因此，建造房屋需要考虑城市建设的所有环节（208，Ⅰ，110～116）。人们对这些问题的关注推动着别墅的建设发展（208，Ⅰ，23～24，172，309～310）。"别墅房屋要完美，要设施齐全，要具备享受安静和轻松生活所需的一切。"（208，Ⅰ，159）建造别墅就像建造其他建筑一样，必须考虑交通、气候、风向、光线、日光、资源、水源等多方面因素。别墅最好建在高处，建在山岗上，要考虑所有靠近山、河、湖、泽的有利方面和不利因素（208，Ⅰ，17～20，35，36；Ⅱ，110，111，116～117；Ⅰ，18，166～167；尤其是208，Ⅰ，160～161；比较208，Ⅰ，184）。

别墅外观要参照统治者宫殿的外观，建在别墅主人最有利的领地位置上，以周边风景优美而著称，从别墅向外看，主人可以眺望到外面的景色，人们在周边散步或沿着乡间小径漫步时能观赏到大自然的美丽风景，别墅最大的特点是美的不拘一格（208，Ⅰ，165）。人类的劳动和智慧可以改变大自然的原初之美，使其变得更美。阿尔贝蒂在这里借用了古代例子，尽管他并没有指明出处，但他几乎完全照搬了西塞罗和朱韦纳尔作品中对别墅的描写（208，Ⅰ，182～183）。而且，古代别墅主人也是这样从门廊向外欣赏别墅风景的（208，Ⅰ，166）。户外风景是郊外别墅最引人入胜的地方，可以是天然风景，也可以是主人耕作后形成的人造风景（208，Ⅰ，183，265）。

选择什么样的别墅用地取决于建设用途（208，Ⅰ，24）。别墅地点要符合别墅用途，用途进一步决定别墅的朝向和别墅某个部分的设计，建筑师应根据气候和地形特点在深思熟虑之后得出自己个性化设计。阿尔贝蒂没有详细论述这一点，但在这些基本前提下，他几乎完全遵循卡托、瓦罗、科鲁梅尔、老普林尼、色诺芬的原则，强调别墅要尽可能面向美丽风景，收尽无限风光（208；Ⅰ，24；Ⅰ，161，165，166，173；Ⅱ，454，455~456；Ⅰ，309）。我们需要认真考虑这些要素，即使做不到面面俱到，也要在某些重要问题上考虑别墅的用途和特点（208，Ⅰ，165~166，167~172，311~313）。

别墅的典型特点就是它的建筑风格，包括独特的敞廊、郊外别墅所特有的自由气氛、开阔的视野、举目可见的花园。阿尔贝蒂非常关注别墅的地形以及敞廊设计。敞廊装饰着主人纪念像，这里是阿尔贝蒂最喜欢待的地方，晚上他在这里休息，以避开暑热，在这里可以听音乐、讲故事，陶醉于乐器演奏中。别墅敞廊面向花园，这里是约会的最佳地点。

为了充分理解和评价阿尔贝蒂的别墅理想，我们需要了解阿尔贝蒂对古典文化的敬仰态度，古典文学中对这一点描述得十分具体。阿尔贝蒂几乎一谈到郊外别墅，就会引用某位古典作家的话，有时他在阐述某位古典作家的话时甚至忘记了指明出处。阿尔贝蒂还是一位精通古代众神雕像的行家，在他的描写中，他几乎不使用罗马别墅的建筑文献（324，152，154，164，168，170，172~173，174，176，179，180，196，25；500；216，Ⅱ，278）。古典作品对阿尔贝蒂有深刻影响，然而也有人评价阿尔贝蒂只是对古典文献进行加工，他在《建筑十书》和其他作品中所塑造的别墅形象是丰满的，尽管这一形象影响力很大，但它是片面的，或者说是不可信的。在众多评论中，阿尔贝蒂强调了古代别墅所没有的郊外别墅特点，代表着文艺复兴时期人们对别墅的总体态度。别墅成为人文主义运动的典型标志（280，61~62）。阿尔贝蒂不是盲目和随意使用古典文献，而是赋予文艺复兴别墅以必要的、确定的古典外观。

在安东尼奥·阿韦利诺的建筑论述（1456～1467）中，作者给自己取了一个更加希腊化的名字（叫菲拉雷特），他提出了更加旧式的别墅外观形象。菲拉雷特主要关注别墅描写，但他没有描写别墅的地点、朝向、装饰等方面，而是论述别墅主人和客人的游乐和学习，仅附带提及别墅的生活场景及居所装饰。菲拉雷特的作品与别墅环境有关，他的作品在我们面前呈现出一幅多姿多彩的画面：节日、狩猎、音乐及娱乐。不同于其他论述，菲拉雷特展示出他对古典世界的兴趣，他所描写的郊外别墅位于距城市 10 英里左右的地方，别墅生活内容丰富，绝不仅是塑造各种神的形象（223，Ⅰ，223～227）。

我们要想理解郊外别墅的更多特点，就有必要探讨威尼斯郊外别墅主人对别墅的态度。通过回忆科尔纳罗和吉安乔治的别墅我们可以确定这一点。帕拉第奥看待别墅的观点很有趣，他综合了维特鲁威和阿尔贝蒂对别墅的主要观点，但帕拉第奥在《建筑四书》中，更加关注贵族的豪华别墅。他对别墅的观点很鲜明，真实体现了他的世界观。

贵族别墅主要用于主人公务不忙时在这里度过闲暇时光（210，Ⅱ，47；比较 210，Ⅱ，5，50）。在休息、长时间散步中获得快乐这一点对别墅主人十分重要，主人还会抽出一些时间来参加农业劳动，这恰好也是威尼斯别墅的典型特点。别墅给作者以更大可能来利用罗马古典作品（545，19～28），但帕拉第奥赋予维尼托别墅以农村别墅的外观，这为别墅增添了明显的艺术性（545，29～38）。

别墅应建在地势高而视野开阔的地方，轻风拂面，风景秀丽，气候适宜，令人惬意，有着健康而优质的水源，这些对主人的精神和身体都很重要（这属于老生常谈，可以不用指出古典文献，直接拿来使用）。别墅周围是通往城市的小路，将别墅和城市连到一起。别墅的开阔与自由对立于城市的拥挤和狭窄。从别墅居所向外看出去，展现在眼前的是一幅美丽的山水画，可以一眼望到耕地、花园、菜园以及外面流淌的小河。河水流淌着郊外别墅的美丽和快乐，并且远观中的别墅给人一种壮观、宏伟的感觉，待走近后，别墅的喷泉加深了这里幽静的感觉（210，Ⅱ，20，50，62，67；Ⅱ，47；62；试比较：210，Ⅲ，8～9，10～11；210，Ⅱ，20，62，67；210，Ⅱ，57，62，65～67；Ⅱ，48；Ⅱ，71，及见572）。

建造别墅时选择哪个朝向非常重要，我们应认真考虑郊外别墅的特点以及城市规划主要原则，并对其加以判断。帕拉第奥在这里再三重复阿尔贝蒂的格言：房子相当于一个小城市（210，Ⅱ，48；试比较：210，Ⅰ，62）。帕拉第奥多次提到别墅内的装饰（210，Ⅱ，52，57，60，66，67），但只在一处指出别墅装饰应符合它的用途，并且对其没有过多解释（210，Ⅱ，5），在文章其他部分详细论述了这一观点（210，Ⅱ，63）。

在很大程度上，帕拉第奥对郊外别墅的观点取决于古典传统。帕拉第奥写道："从别墅中人们可以得到更多收益和乐趣。"帕拉第奥在别墅里度过了自己的最后时光，他经过思考后装饰了自己的别墅，像辛勤的农民让土地上的物产更加丰富一样。帕拉第奥住在自己的别墅里，坚持劳作、步行或骑马，这使他的身体一直保持健康，并且焕发勃勃生机，使他的心灵在城市纷扰下获得了很好的休息，短暂的心理休憩后，他能够重新全身心投入到学术思考中。难怪古典哲学家为了达到这一目标经常去安静的地方隐居，在那里修建房屋、花园，接待贤士和亲友，主要是因为别墅生活自有情趣，他们在那里可以享受到更加美好的生活（210，Ⅱ，47；571，84～85，168～169）。

　　古典权威人士神圣化了帕拉第奥对别墅的态度。帕拉第奥在谈到别墅的主要特点时，经常搬出古典作家的话，并且在他的作品中，农村别墅形象占主要地位。威尼斯别墅带有自己独特的轨迹，帕拉第奥借古典文学塑造了自己理想的别墅形象，他对自己提出重建古典郊外别墅的任务，在没有任何考古资料的条件下，仅依靠研究古典文献，他描绘和重建了维特鲁威的农村别墅（210，Ⅱ，71）。因而，文艺复兴别墅的观念产生在历史文化的发展中，在很大程度上，文艺复兴别墅的产生基于古典模型，可以说，文艺复兴别墅及其室内装饰具有明显的古典色彩。

第二章
文艺复兴别墅装饰的形成

——15世纪佛罗伦萨别墅的纪念像（壁画）

文艺复兴时期的佛罗伦萨别墅源于科西莫卡勒吉庄园，位于郊区领地上的别墅是文艺复兴时期的主要现象。因此在佛罗伦萨文艺复兴时期的别墅史上，美第奇家族所属的郊外别墅从经济、社会乃至艺术角度来看都有着重大意义。在郊外别墅的建造史上，美第奇率先成为佛罗伦萨最富有才华的建造先锋及这一事业的热心支持者。圭恰迪尼、托尔纳博尼等佛罗伦萨小说家是美第奇的忠实"粉丝"——为他着迷，是他的忠实信徒，以他为榜样。

在16世纪意大利艺术发展中，佛罗伦萨的艺术成就（位）居前列。在人文主义思想影响下，人们对古典文化遗产产生了浓厚兴趣，阿诺郊区别墅的独特壁画艺术受人文主义思想与古典文化遗产的共同影响。这些壁画装饰具有独特的外观，有着重要的历史意义。16世纪意大利的别墅购买者以及从事室内装饰的艺术家争相模仿美第奇家族别墅的装饰风格，这一现象促进了文艺复兴时期具有独特风格的建筑外观别墅和装饰标准形成和不确立，同时促进了人们生活方式变得古典化。

在佛罗伦萨艺术的沃土中，城市贵族加快了形成了本质上世俗化的古典主义农村别墅装饰。我们在别墅中可以见到过去民用建筑和私人建筑常用室内装饰，在规划、思想和设计形式方面，佛罗伦萨别墅除了秉承传统外，还体现了新的或完全不同的世界观。文艺复兴别墅壁画的内容、人物设计形式及特点体现了古典风格以及人们有意回归古典传统的愿望。壁画的古典化水平不同，有古典壁画，也有我们熟悉的、表面轻松但具有深刻寓意的壁画。但佛罗伦萨别墅的壁画无论是不是古典题材都具有古典特点。我们不仅需要考虑时代背景，还需要考虑文艺复兴别墅以及佛罗伦萨别墅壁画自身的特点。

16 世纪意大利壁画具有自身的特点和历史局限性，意大利壁画继承了希腊和罗马文化的遗产，文化继承性直接体现在它的古典本质中。15 世纪佛罗伦萨文艺复兴艺术及文化与其古典历史紧密联系，这最早体现在文艺复兴别墅以及其内部装饰的古典风格上。

由于壁画保存不够完整（许多壁画只能通过文字描述来了解），人们只能把位于莱尼阿亚的卡尔杜齐别墅壁画和位于阿尔切特里的拉加利纳别墅壁画当作保存完整的系列作品来看待，尽管这些作品实际上流传至今已经不完整了。

为了再现佛罗伦萨别墅壁画的内容，只描绘少数纪念像显然行不通，通过论述一系列佛罗伦萨别墅壁画，更重要的目的是探索古典道路和古典传统特点以及他的使用方法，这可以直接地体现出文艺复兴古典标准的本质。

卡尔杜齐别墅中的安德烈亚·德尔·卡斯塔尼奥壁画（佛罗伦萨，乌菲齐）就是这样一个早期例子。别墅建于 14 世纪，而后开始重建，别墅的传统外观没有大的改变。有一种假设观点认为，安德烈亚·德尔·卡斯塔尼奥别墅对于我们非常重要，因为画家本人参与了别墅建造。1427年别墅作为卡尔杜齐的私有财产最先被提到，该别墅在1449年6月28日前属于卡尔杜齐的私有财产。1451年，别墅被转让给卡尔杜齐家族的其他代表，1472年，别墅被卖给雅格布·扬·潘多菲尼，从那时起，这处别墅便出现在《潘多菲尼》的文件中（615，29，178～179；606，59）。

别墅主人和壁画购买者（菲利波·卡尔杜齐），像卡尔杜齐家族所有其他代表那样，依据自己的政治信仰、社会地位和经济利益支持美第奇及其他佛罗伦萨贵族。卡尔杜齐是佛罗伦萨古老姓氏中的新贵，这些古老贵族姓氏包括贝纳尔多、格维查尔迪尼等。卡尔杜齐凭着自己对美第奇家族的忠诚、与美第奇家族的联姻以及积极经商而登上阿诺市社会的顶层。在科西莫统治地位没有最终巩固前，卡尔杜齐的家族成员都去接近奥比奇家族，最后他们转向美第奇。菲利波·卡尔杜齐本人在1447年6月29日成为美第奇委员会成员，在1439年卡尔杜奇曾担任公正民兵长职务。积极参与国家公务活动，具有很高的社会地位，执着于精神追求，这些在很大程度上决定了别墅装饰的人文主义外观和公民精神。

长期以来，别墅装饰没有公认的时期划分，通常人们认可别墅装饰在1440～1456年形成，福尔顿认真研究并收集了卡斯塔尼奥壁画的有关文字记载，并发表了相关文章，我们可以认可这一划分理由。壁画完成于菲利波·卡尔杜齐去世前的1451年，此时别墅已属于卡尔杜齐家族的另一个代表（609，351；615，13，29，179）。

卡尔杜齐别墅的壁画创作水准是当时社会的大师级水准，是郊外别墅和别墅城堡中保存下来的典范作品，这些作品是壁画大师风格日臻完善的见证，作品至世纪中期脱离哥特晚期传统的影响。安德烈亚·德尔·卡斯塔尼奥的绘画技巧形成于 16 世纪意大利文艺复兴艺术激进转型时期，这类画家包括布鲁内莱斯基、多纳泰罗、马萨乔。安德烈亚·德尔·卡斯塔尼奥在自己创作道路上受到后两位画家的直接影响。在这样的条件下，卡斯塔尼奥在创作方法上自然地与马萨乔、多纳泰罗这样的大师有关联，时代特点及从事艺术活动的特定地点使卡斯塔尼奥的艺术风格留下了深刻的古典痕迹。我们对画家的古典主义风格不再进行专门探讨。通常，研究者做出的结论不太明确，集中在一些边缘性的具体问题上。我们很容易理解这种态度。多纳泰罗、马萨乔、皮耶罗·德拉·弗朗西斯卡、曼特尼亚、波提切利甚至利用过度古典化的艺术语言掩盖了研究者关于安德烈亚·德尔·卡斯塔尼奥的观点，研究者们对画家的过去大多持不一致、倾向妥协的态度。古典化在上述画家的创作中占重要地位，上述画家的个性特点不仅最终少被世人理解，反而受到曲解。我们回到上述画家画风的作品风格上来，他们的作品更清楚地证明了画家画风的独特性以及他们对 15 世纪古典画风的理解。古典遗产以其公民性、富于表现力而强烈影响着卡斯塔尼奥的艺术思想，他的绘画艺术不太能很好地表达这些思想。莱尼阿亚别墅是文艺复兴时期采用古典题材、古典方式并且用壁画进行别墅装饰的典型实例。

在卡斯塔尼奥完成卡尔杜齐别墅的壁画之前，他的许多作品就已体现出这种古典化特点。年轻的卡斯塔尼奥于 1442 年创作了圣塔拉齐奥教堂内的壁画，从壁画中我们可以看出作品中圣人和先知形象深受罗马传统的影响，丘比特的壁画像受罗马写生画的影响。在华盛顿国家画廊中，尽管研究者对作品《达维特》的阶段划分存在异议，但作品多半应该早于别墅内的壁画，体现出画家对古典纪念像进行过认真研究。梵蒂冈希腊图书馆壁画以古典化而著称，年轻的艺术大师于1454年秋完成了图书馆的壁画装饰，这一直吸引着研究者的注意力。图书馆壁画的人物题材和形象，除了来自古代绘画作品中的原型，还来源于小普林尼书信中对别墅的描写、阿尔贝蒂《建筑十书》中的思想，以及画家本身受启发后的创作。在文艺复兴时代卡斯塔尼奥多半通过阿尔贝蒂来了解小普林尼的著名信件。我们可以假设，卡斯塔尼奥先前就了解小普林尼的书信，他重塑了罗马别墅完美形象及其壁画装饰。

经过几次复原后，最终形成了完整的别墅装饰，壁画装点着通向花园的开放型敞廊，在面向花园的墙上，名人壁画像被放置在长方形的带有梦幻色彩的大理石材质的壁龛中，左侧墙上开出一个门，经此门可进入敞廊。在敞廊通道的两个侧面，一面装饰着亚当壁画像（保存不完整），另一面装饰着夏娃壁画像，亚当拿着铲子，夏娃手握纺车。门上面的弦月窗上绘着圣母和天使的壁画，圣母坐在帷幔下，两名天使拉着她的拖曳长裙，对面墙上的壁画没有保存下来，但这幅画是大家熟悉的《约翰和玛丽受难》（200，23）壁画，该作品由安东尼·比利于1516～1530年完成。在卡斯塔尼奥其他作品中的内容帮助我们复原了某些破损的壁画，其中有来自圣玛丽亚·安杰里修道院（现在的佛罗伦萨圣玛丽亚·诺瓦修道院）的《耶稣受难》。这幅壁画的一部分来自圣阿波罗尼亚修道院餐厅，另一部分来自圣玛丽亚·安杰里修道院。墙壁下半部分是美丽的大理石嵌板，在意大利名人壁画像中，我们经常会遇到这一手法，并且卡斯塔尼奥多次使用这种镶嵌方式。放置名人壁画的壁龛用带有花卉装饰的壁柱来衬托，整个建筑用丘比特檐楣来装饰。

早在 1900 年，艺术史学家保罗舒布凌在文章中就把名人壁画像作为一种独立的纪念像壁画来看待，但他并没有研究莱尼阿亚别墅的壁画作品（384）。莱尼阿亚壁画塑造的人物数量庞大，远超瓦萨里《人物传记》第一版中塑造的人物数量（1550）。施洛瑟在明确了对壁画人物的理解后，把这部分装饰看成三位一体的组合（327，168）。由于保存不完整，人们很难对壁画整体下结论，更无法清楚解释壁画装饰的含义，他只能提出一些基于事实判断的观点。在现存题材中，有关男女英雄的壁画由三组雕像构成，呈现了壁画的统一性。每一组壁画像同样由三类人物构成，第一类人物是著名战争统帅：菲利波·斯科拉里、法利纳塔·德·乌伯尔蒂、尼古拉·阿奇亚奥里。① 第二类人物是古代伟大女英雄，拯救或造福于自己的祖国及人民，主要是西比尔、以斯帖、托米丽斯女王。② 第三类人物是作家、诗人以及为佛罗伦萨带来荣兴誉的英雄人物：但丁、彼特拉克、薄伽丘。还包括人类的祖先亚当和夏娃，他们的肖像被雕刻在侧墙上。

名人、统治者、英雄、基督、神话人物、伟人、活动家、文学家经历了漫长的历史积累和沉淀，意大利也不例外。早在中世纪时期，意大利已经形成了肖像壁画这一历史传统，带有严格的限定，人物肖像画植根于早期基督和古代纪念像传统。从新的艺术形象以及新的道德观、历史观出发，人们重新思考了现存的古典基础，在创作中不断呈现其隐含的古典本质，在整个中世纪时期，基督史作

---

① 我们熟悉名人壁画像中的一系列人物，作者对每位英雄人物都做了题词（198，Ⅱ，670），其中有来自斯克拉载誉归来的菲利普，还有解放祖国的唐法里纳塔以及掌管那不勒斯王国金库的纳恰罗利。

② 护墙上的壁画有预告基督来临的西比尔、拯救国家和人民的女王以斯帖以及为子复仇并解放祖国的塔塔尔族女人。

为人类社会发展的一个阶段，被纳入到人类发展史中，这在一定程度上被那些保存下来的我们所熟悉的名人像壁画所证实。古典性名人像典型特征，使文艺复兴时期别墅装饰更富于表现力。

中世纪时期，圣像画构成了人们认真思考后确定下来的人物体系。通常整个体系由九个人物构成（九勇士），他们被分成三类，每一类由《圣经》、古代史和现代史中的三个人物构成。有时，一个人物可以替换另一个，在国家利益和社会需要或个人喜好的影响下人们才引入新人物，但通常只限于同时代人物。典型人物包括以下英雄：大卫、耶稣、裘德·马卡比；赫克托、亚历山大大帝、恺撒大帝；亚瑟、查理曼、戈特弗里德。

具体来说，卡尔杜齐别墅的壁画体系没有涉及艺术特点、思想意义、人物构成，这是中世纪的传统遗产，壁画除了展示男勇士肖像，还展示了女英雄像。这里继承中世纪范本的痕迹非常明显。我们知道，在中世纪欧洲，尤其是在英国和法国，壁画像体系中的九位女勇士与这一系列中的男英雄一样被人们所熟悉。

在意大利这片沃土上，更早的名人像题材已成为文艺复兴时期的普遍题材。乔托是创作肖像画的著名艺术家。1330 年，在罗伯特·那不勒斯的卡斯德尔诺别墅里，名人像大厅中的壁画出自乔托之手。在劳伦齐阿纳图书馆内的两部手抄本中，一位无名作家所写的 14 世纪九行诗对这一壁画做了详细描述（383），而后，洛伦佐·吉贝尔蒂提到过乔托的作品（202，Ⅰ，36；Ⅱ，113～114；211，18）。乔托选择的人物肖像偏离了中世纪的传统框架，但其壁画中九位女勇士的题材是中世纪的传统题材。乔托选择的人物有参孙、所罗门、帕里思、埃涅阿斯、阿喀琉斯、赫克托尔、亚历山大大帝、恺撒大帝。乔托同时描绘了达里纳、示巴女王、叶列娜、安德洛梅达、波利希娜、蒂朵、罗克珊、克列阿帕德拉等爱情和婚姻题材作品中的主人公。

此后又过了十几年，大约在 1340 年，米兰统治者的宫殿大厅内装饰着多神教和基督教勇士的壁画。埃涅阿斯、阿提拉、赫克托尔、查理曼的肖像画簇拥着英勇的宫殿主人维斯孔蒂（425）的壁画像。1367~1379 年，在帕多瓦的卡拉拉家族别墅里，按弗兰切斯科·卡拉拉的要求雕刻家完成了大厅名人像，大厅纪念像再现了古罗马的一些国务活动家，壁画像大部分人物是罗马古代帝王和战争统帅。但遗憾的是纪念像没有被保存下来，现今的纪念像完成于 16 世纪中叶，这些复制品大多有悖于原貌。以文学描写和纪念像为基础可以完整恢复壁画原貌及加工过程，需要特别指出的是壁画像的创作原则和分类标准。名人纪念像有其特殊性，主要来源于彼特拉克的作品《著名男子传》。彼特拉克去世后，帕多瓦人文学家迪莫拉·德拉·斯塔负责壁画规划，并最终完成这幅壁画。壁画上只有一个地方打破了长期以来形成的古典模式，这就是弗朗切斯科·彼特拉克和德拉斯塔把作者像引入壁画整体布局中。也许那时候，帕多瓦的卡拉拉宫壁画以及维罗纳的德拉·斯卡拉家族宫殿大厅的壁画已形成，瓦萨里记载了这些信息，他对一系列著名勇士像做了描写（216，Ⅱ，640~641）。

在 1407~1414 年，巴托罗完成了锡耶纳共和国市政厅的壁画，这里有古代罗马众神像、圣人像以及代表高尚和美德的人物壁画像，这些著名人物包括亚里士多德、恺撒、庞培、西塞罗、卡托、西皮奥纳西克、卡米尔、大西庇阿。通常他们的纪念像下附有简短题词，赞颂了这些名人的文学地位和高尚品德。在翁布里亚城，弗里诺按特安斯家族的订购要求，在 1413~1424 年完成了城市宫殿和宫殿内部的壁画，雕像群展示了 20 多位罗马神话人物，从罗穆卢斯到伯塞斯库大帝，还有战争统帅、政治活动家等。弗朗切斯科·达菲亚诺对此做了简要总结。概括了特安斯家族的宫殿装饰与帕多瓦的男勇士大厅的装饰极其类似，帝王大厅的壁画更加古典化，属于典型的名人纪念像装饰。我们还记得，不同于先前中世纪的典型壁画装饰，在 1411～1430 年，在皮埃蒙特的萨卢佐卡斯特罗别墅具有明显的法国宫廷文化特点和 14 世纪织花挂毯的装饰。

15 世纪末，罗马蒙特焦尔达诺的奥尔西尼宫大厅内装点着名人壁画像，其中有 300 多名立法者、先知、战争统帅等人物。主教奥尔西尼的人文成就很高，在他的要求下，壁画作品由索利诺达帕尼卡莱和保罗·乌切洛两位壁画大师完成。戏剧大厅的壁画后来受到破坏（1482～1485），但其人物像依据书面记载和绘画副本被保存下来。

安德烈亚·德尔·卡斯塔尼奥的壁画遵循固定的艺术传统，利用简单的绘画手法达到很高的审美，关注点集中在装饰艺术和具体题材上。古代名人像对卡尔杜齐别墅有着重要的影响，画家、别墅主人和壁画设计者了解或见过壁画创作要求。佛罗伦萨 14～15 世纪创作的艺术作品都属于这一类。当时佛罗伦萨的商人和律师协会订购但丁、彼特拉克、斯特拉达和薄伽丘四位诗人的肖像，旧宫小厅内克劳迪安的壁画像与佛罗伦萨诗人像放在一起，前者出生在托斯卡纳。还有一些人物壁画像与古代英雄像放在一起，有亚历山大大帝、布鲁特斯、卡米拉、大西庇阿和西塞罗。科卢乔·萨卢塔蒂设计了更简短和含义更宽泛的题词，成为名人像的必要特征。15 世纪初，洛伦佐·迪·比奇为乔万尼·迪·比奇创作了名人像壁画，就像先前佛罗伦萨美第奇别墅内的名人像一样，这一作品没有被保存下来。名人像不只作为公共建筑和贵族宫殿的社会遗产，还广

泛深入到个人生活。瓦萨里证实，在佛罗伦萨的西蒙娜·科西家
里，所陈列的佛罗伦萨名人像和系列肖像出自马萨乔之手
（216，Ⅱ，130）。保罗·乌切洛在自己家里藏有佛罗伦萨著名
人物的肖像。尤其需要指出的是，按佛罗伦萨别墅主人的要求，
新教堂的壁画像于 1393～1396 年完成，壁画人物类似卡斯塔尼
奥创作壁画中的人物，著名男子像的人物原型大多为佛罗伦萨英
雄和著名的文学家。

在壁画像流行前，卡斯塔尼奥就已经开始从事壁画装饰。有资
料记载，在 1444 年 3 月 24 日，检察署和公证处法官计划订购一批
著名律师的壁画像，与布鲁尼肖像放到一起（在 1444 年 3 月 8 日
去世），用于装饰公会建筑，即现在佛罗伦萨的普瑞可索乐宫。
1445 年 4 月 30 日，公会付了画家一半定金，画家创作了圣莱昂纳
多·布鲁尼的画像，这一纪念像放到公会大门上方（615，12，
194，204）。但非常遗憾，这些壁画没有被保存下来。不同于莱尼
阿亚别墅敞廊内的壁画，人物纪念像具有鲜明的人文主义特点，壁
画整体发展受上述纪念像影响。

还有一些名人像被假定与安德烈亚·德尔·卡斯塔尼奥有关，
这主要是为了强调传统对壁画广泛而又深入的影响，以此来掩盖原
作者的真实身份。

1442 年，卡斯塔尼奥在去威尼斯的旅途中，可能去过帕多
瓦，在他的威尼斯作品中，圣塔拉齐奥教堂和马斯卡利教堂的壁
画中明显体现了帕多瓦的特点。在帕多瓦，卡斯塔尼奥在卡拉拉
宫大厅里看到的壁画可能是迄今失传的名人像，在维塔利安宫他
可能还见到了没有被保存下来的保罗·乌切洛的巨幅像。卡拉拉
宫装饰的艺术特点对后世有深远的影响，这些古典作品中的人文

主义风格对卡斯塔尼奥的创作有重大影响。乌切洛壁画对画家的影响主要体现在装饰风格上，对壁画人物的解读几乎没有切入点。多数学者把 1445 年作为这种纪念像的时间分界，这类壁画与莱尼阿亚别墅的壁画有着完全不同的特点（343，175，400，188）。

有必要指出，在城市宫殿和郊外别墅中，花毯名人像装饰十分普遍，这种装饰赋予了卡斯塔尼奥很多灵感，并且这种装饰保留下来的很多，通过保留下来这类装饰，可以使我们了解到很多名人像，还可以了解到那些被毁壁画的人物信息。

卡尔杜齐别墅的壁画与先前的传统壁画不同，艺术大师采用了创新方式对中世纪和文艺复兴时期的题材进行再创作。为了了解文艺复兴的文化本质，我们有必要探索文艺复兴别墅壁画与古典传说的根本联系。

莱尼阿亚别墅的壁画经常被看作是中世纪传统的延续（327；575）。这种观点并不完全被世人所认同，实际上，文艺复兴名人像与中世纪传统有关，但在意大利这种装饰却成了一种广泛而又独特的现象，人文主义理想以及古典传统相结合形成了一种新的装饰风格。尽管在 15 世纪意大利艺术中就已经有中世纪传统的痕迹，但现在中世纪传统已不再决定著名男子和女子的壁画像发展。而在帕特瓦的克拉拉家族宫殿壁画中，古典传统的影响显而易见。卡尔杜齐别墅的壁画是意大利文艺复兴名人像受古典传统影响的典范。

在我们见到的现存古老壁画中，有一部分作品是私人别墅壁画。看上去，别墅装饰有悠久的历史传统，同时具有鲜明的个性化特点，还需要一些附加的特殊说明。别墅壁画的独特性体现在人物像的选择上，我们有必要分析一下保留下来的部分壁画。按人物数量来看，这类装饰更多一些。这里的勇士并不是古典人物或《圣经》中的人物，这些英雄不同于中世纪或文艺复兴时期的人物，而是一些同时代或近代的历史文化人物，作者、壁画大师及壁画订购者非常了解他们。这些人物大多为佛罗伦萨做出过光辉业绩。别墅敞廊壁画中，女性人物和男性人物在一起，这是壁画的传统特点。虽然根据壁画的传统结构，人物大多为男女结合，但女性形象已然增添了新的内容。

女性人物形象不同于男性，她们不属于同时代人物，他们大多属于古代世界和《圣经》人物。女性人物出现在中世纪及文艺复兴时期，与中世纪一系列著名人物有关。也许，早期壁画装饰大师——卡斯塔尼奥基本没有研究女性人物（599；598，20，21），但女性与那些在精神领域或军事舞台上备受赞美的佛罗伦萨时代人物共同存在，这些创作改变了女性形象的传统意义。精神意义上和艺术表现上共同形成了壁画的总体特点。

为什么男性英雄来自同时代，而女性英雄来自古代呢？文学作品中描写的同一时期壁画，缺少在当时令人称颂的女性人物传记，这种现象在现代名人像中很普遍。在文艺复兴早期阶段，薄伽丘、阿尔贝蒂和马基雅维利都表现出对女性的轻视态度。薄伽丘的作品《名媛》由105部传记构成，其中女性人物包括以斯帖和托米丽斯等古代女英雄，仅有7位同时代女性。作家描写了尼科洛·阿奇艾奥利的妹妹安德列娜，这对文艺复兴理想有重大意义。我们知道维斯帕香诺·达·比斯蒂奇的相关描写，他讲述了以斯帖和托米丽斯女王的生平事迹，乔万尼·萨巴蒂尼的文章深受薄伽丘的影响。来自费拉拉的僧侣菲利波·福雷斯蒂（Filippo Foresti）在15世纪中期写了女性名人传记，他关注了古代女子的生平事迹。薄伽丘对女性取得的荣誉未加关注，之后的维斯帕香诺·达·比斯蒂奇和菲利波·福雷斯蒂二人并不完全否定女子取得的成就，他们的著作中有朱诺、西比尔、库玛、瑟茜以及托米丽斯、以斯帖等古代女英雄（224，25，41，113，157，201，205）。薄伽丘作品中的女英雄具有大家所熟知的美德。可能在一定程度上，女英雄如果有争议或不道德就不能成为传统美德的化身。他们的作品中几乎没有涉及同时代的女性，可能因为他们周围很少有值得称道的女英雄吧。

　　壁画设计者和艺术家努力传承传统特点，但避免内容僵化，而且在旧形式中注入了新思想，如果我们仔细观察，甚至会发现壁画的本质已经发生了改变。乔托在卡斯德尔诺创作古代勇士时，同时介绍了勇士们的妻子。这种介绍沿袭了传统，可以说，在罗马蒙佐丹奴的奥尔西尼宫的壁画装饰中，遵照世界编年史记载，壁画体现了著名勇士及他们妻子肖像的构图原则。卡尔杜齐别墅中的男女人物像遵守着另外的构图原则。两者都歌颂了荣誉和自由，遵循人文主义的总体原则。展现在我们眼前的是男女英雄共同出现在别墅敞廊墙壁上，这体现了壁画的艺术统一性。

　　《圣经》中的以斯帖是《旧约》中的主要人物，她冒着生命危险拯救了人民，在波斯国王薛西斯面前粉碎了国王宠臣阿曼的阴谋（以斯帖记，Ⅸ，29，30）。安德烈亚·德尔·卡斯塔尼奥持有以斯帖的罕见肖像，画家放弃了普通的艺术表现原则，强调行为的戏剧化，使勇士的形象不再孤独，强化了勇士形象。

　　确切地说，斯基泰人的女首领托米丽斯女王代表着坚强英勇的女性精神，她保护自己的祖国免受基拉的荼毒，并最终杀死了他（希罗多德，历史，Ⅰ，205～214；狄奥，历史图书馆，Ⅱ，44，2；阿米亚诺斯·马尔，历史，XXIII，6，7；约瑟夫·弗拉菲乌

斯，古代犹太人，Ⅺ，2，1）。但丁赞扬了以斯帖的英勇行为（炼
狱，Ⅻ，55~57），重复了罗马史学家保卢斯·奥罗修斯的话：
"复仇吧，你三十年前就渴望这样做！"（历史，Ⅱ，7）希罗多德
也说过类似的话。托米丽斯作为一位解放者和拯救者，在莎士比亚
的《海因里希Ⅵ》上半部中被写道，她是文艺复兴时期广为传颂
的古代女英雄。除了但丁，薄伽丘在《名媛》中也具体描写了她。
在描写名人像时，菲拉雷特在描绘古代英雄故事的同时，也描述了
托米丽斯女王的故事（223，Ⅰ，186）。

托米丽斯和以斯帖是自己祖国和人民的保护者和拯救者，她们通
过自己的英勇行为为自己赢得了荣誉和赞美，她们完成的历史使命在
壁画艺术中得到了很好的体现，补充了壁画中表现忠于祖国思想，她
们向祖国和人民奉献了自己的军事才能，起到了精神引领的作用。菲
利波·福雷斯蒂、法利纳塔·德·乌伯大蒂、尼科洛·阿奇艾乌奥利
的绘画中强烈地体现了这一点。女性形象使这一题材发展得更和谐、
更深入，同时增添了多种声音，远离说教，变得更有启发性，每套名
人像都是为了给观众提供值得效仿的榜样。描绘方法可以改变，但目
的不变。在名人像体系中，只有神话历史人物不具备统一个性及同样
的历史命运，因此，对此的解释不应过于单一。画家们开拓了一系列
女英雄像，还有阿奇艾乌奥利描绘的第三个女性形象——西比尔。

西比尔转身的同时，带着疑问手势，头转过来，目光如炬，注
视着圣母。壁画像置于敞廊左侧墙上，体现了精神上的和谐统一。
西比尔的面部表情和手势表达了她具有坚定的信念，她预言圣母和
圣子一定会降临。西比尔面向圣母，身体和表情上都表现出她相信
基督降临，敞廊右侧的画像《耶稣受难》也证实了这一点。来自
库玛城的西比尔与基督的接触缺少直接体现，这只是为了增强戏剧

化效果及艺术表现力。壁画表现了她具有古典石柱或雕像一般的坚韧品质，肩负自身、他人、祖国和人民的命运。画家以西比尔为具体形象，表现了古典人物直爽和明朗的个性，证实了预言实现的不可避免、不可逆转和不可抗拒的力量。画面运用各种色彩，凸显了这种感觉，作品由褚红色、淡黄色、浅黄色、深黄色、金黄色、天蓝和宝石蓝、绿松石色、灰色以及黑色突兀而又粗糙地组合在一起，这种配色区别于先前西比尔肖像的配色方案，从更加压抑、简单的男女英雄像中突出了她的形象，强调了她的理想化。作品下边的题词描述了她的预言，再次解释和重复了预言实现的内容。

几乎所有描写卡斯塔尼奥的作家或其作品研究者，都同意将西比尔看作预言家的观点，西比尔预言了基督的出生和降临。为此中世纪和文艺复兴时代借用了《牧歌集》第 4 卷的通行文本，维吉尔在《牧歌集》中描写了西比尔见证了未来黄金世纪到来的故事（313，314）。这一题材在 15 世纪极为普遍，西比尔主要被描绘成预言家形象（366，138～155；328；267～280；405；406；407）。

我们有必要知道，西比尔在古典历史中还起着另外的作用，她是罗马人民的救世主，保护埃涅阿斯，并把她的书送给罗马人民（维吉尔，埃涅阿斯纪，Ⅵ，42～155；奥维德，变形记，ⅪⅤ，101～153；哈利卡纳苏斯的狄奥尼修斯，古罗马，Ⅳ，62；塔西佗，编年史，Ⅰ，76；西塞罗，反对盖阿斯·费尔斯，论艺术对象，ⅩⅬⅨ，118；苏埃托尼乌斯，奥古斯都，31，2）。西比尔有一个必不可少的特征，就是手里拿着一本书，卡斯塔尼奥的作品对此处理得非常巧妙。题词较为关键，起到了决定性作用，但人物形象的作用也不应忽视。通常我们在分析别墅壁画时对人物形象不加考虑，在意大利 15 世纪的艺术史中，人们对西比尔的形象分析也是这样。按照西比尔书中的预言，罗马城内如果没有朝拜西布莉的地方，就不可能战胜迦太基（泰特斯·李维，历史，XXIX，10，11；奥维德，岁时记，IV，248～349）。曼特尼亚作品中也有关于西比尔的叙述，因而，西比尔在那不勒斯湖畔岩洞中的神邸是文艺复兴的朝拜圣地。在莱尼阿亚别墅壁画中，西比尔是罗马人民的救世主，她与以斯帖和托米丽斯女王的历史命运成功地结合在一起。

在壁画装饰体系中，女性人物的地位以及女性形象的艺术性和理想意义完全融入卡斯塔尼奥对作品的构思中，在人文主义思想影响下，文艺复兴文化及对女性观点的变化也证明了这一点。女性地位方面，我们现代与文艺复兴时期有很大不同（247，I，159，257，286，373～374；II，121～128，353～357；250，48～56；292）。后续对女性人物的研究有了一些新的变化，变得更有针对性，支持女性平等的声音更多，而且女性受教育水平有所提高（256）。女性人物已加入到对壁画内容的复杂争论中来，并且女性大多为胜出者。女性客人频繁地出现在别墅访客中，并且成为别墅主人的交谈对象，从薄伽丘的《十日谈》到塞利奥的作品，女性人物是许多文艺复兴小说中不可或缺的角色。卡斯塔尼奥有关女英雄的题目在古典文化传统中具有很大的影响力。首先，著名女性人物传记影响着文艺复兴时期的类似作品，包括前述薄伽丘的作品以及画家们的创作。普鲁塔克的作品《女子的功绩》可能是莱尼阿亚别墅壁画的来源之一（616，279～280），还有我们没提到的奥维德的作品《古代名媛》，也在文艺复兴时代盛行。另外，女性人物形象被纳入到古代名人像系列中。

我们在向卡斯塔尼奥壁画传统致敬的同时，有必要考虑一下别墅壁画极其重要的现实意义，脱离画家们熟悉的人物肖像，接受早就根深蒂固的传统只是一个必要条件，大师们创造出一种壁画复兴的真正典范，对文学和绘画中的人物形象做了重新思考，这是古典文学惯性思维发生改变的结果。

我们面前的肖像画对壁画的总体设计和艺术特点必然带来一定影响，我们经常见到，城市宫殿装饰被放到另一种风格的建筑上以及另外的社会环境和自然环境中。这体现了早期别墅与宫殿建筑在外观上存在一定的从属关系，还表达了别墅购买者的主观愿望。而后，别墅壁画的发展逐渐适应了它的古典本质。在卡尔杜齐别墅中没有发生如此重大的变化，壁画所具有的古典性有很多其多方面的原因，名人像装饰体现了主人对过去的态度。在卡斯塔尼奥作品盛行的时代，人们对罗马古典文化和希腊古典文化非常感兴趣，包括人们喜欢塑造神的形象，这与佛罗伦萨时代精神和相应的思想观念相吻合。

在卡斯塔尼奥的肖像作品中，卡拉拉宫殿大厅中的勇士壁画直接体现了古典理想，彼特拉克在采用这种装饰风格时，所选人物清一色都是古典英雄。彼特拉克反对把同时代人物引入壁画中来。按照壁画设计者和壁画订购者的意愿，通过男女英雄形象的烘托，大厅壁画再现了古典精神。肖像画中的早期人物是卡拉拉之前的罗马专制君主，他们是值得效仿的典范，这体现了北意大利特有的暴政思想。

卡拉拉宫的名人像与罗马卡斯德尔诺或奥尔西尼宫的装饰类似，肖像人物中画家只选择了历史人物以及基督史上的人物。在很大程度上，古典肖像画是为了纪念英雄本身或其所建立的功勋和伟大事迹而创作的。卡斯塔尼奥壁画所受的古典影响尽管更加间接，并未直接体现，而是通过画家对肖像人物的选择体现出来，但壁画所受古典影响很大。别墅壁画的古典特点不在于壁画重现了男女英雄的名字，而是在于他们所代表的古典精神以及画家对这些古典人物的诠释方法及表现方式。

卡斯塔尼奥也描绘了同时代的人物。彼特拉克和隆巴多·德尔·赛斯的肖像并列在一起是一个有趣例证，彼特拉克去世后，他的肖像就出现在克拉拉宫的名人壁画像中。克拉拉希望在自己帕多瓦的别墅中加上雇佣兵队长曼诺·多纳蒂的画像。在米兰的维斯康蒂宫壁画中，赫拉克勒斯、阿提拉、查理曼肖像并列，还有订购者维斯康蒂本人的肖像。阿蒂基耶罗在维罗纳的德尔·斯卡拉宫壁画中，彼特拉克的肖像和同代人的肖像放在一起。尽管人物选取对文艺复兴时期壁画的发展很重要，但名人像并不是卡斯塔尼奥的发明。别墅内的纪念像有别于文艺复兴时期泛人类理想影响下的其他肖像画，在从彼特拉克到皮科·德拉·米兰多拉等佛罗伦萨人文主义者的启迪下，人物肖像方面的新特点是卡斯塔尼奥塑造了具有古典主义起源的名人像。卡尔杜奇别墅的敞廊墙壁上展示着那个时代的名人像，画家按照佛罗伦萨总体人文思想精心选取的这些名人像能够与古代勇士相提并论，甚至能够超越他们。

别墅壁画很好地展现了人的个性。这些纪念像不同于多数名人像，实际上，这里只展示了英雄人物肖像、题词或标题，文字减少到必要的限度，给人的感觉十分醒目。名人壁画通常很少讲述人物的丰功伟绩，就像卡拉拉宫和奥尔西尼宫中的壁画那样，画家将所有注意力都集中在对英雄人物形象的塑造上，壁画大师在梦幻般的大理石嵌板上设计了一系列立体壁龛，通过侧面壁柱和重叠的柱顶盘构建出一个清晰的组合塑像作品，营造出一个平静而又真实宏大的氛围。壁龛用深色调和精美的壁柱凸显出来，里面容纳了男女英雄人物的壁画像。人物僵住不动的手势、身上褴褛的衣衫以及他们面对暴君表现出的坚毅及毫不让步的强大自我，这些细节都决定了名人纪念像的重要意义。就连皮波·斯帕诺像都与整体壁画和谐一致，他们自信地站在自己的空间里，定格在一定的手势或姿态上，他们的特色服饰、表情或瞬间死去的姿态为后人留下了生动而又饱满的形象。

艺术评论家阿·尼·贝努瓦细心地指出，壁画巧妙地使用了幻想主义效果（329，Ⅰ，383～384），艺术家强化了每个人物的神态以及观众的感受，画家对此进行了有意识的演绎，但这并不是壁画的本质。尽管如此，我们仍有必要去探索壁画的这一特点，卡斯塔尼奥在梵蒂冈希腊图书馆的装饰设计上更娴熟地使用了这种方法。瓦萨里指出，卡斯塔尼奥对复杂的缩图和富有幻想主义色彩的雕像组合有着浓厚兴趣，这并非偶然（216，Ⅱ，343，344，346，348）。因而，卡斯塔尼奥在圣阿波罗尼亚修道院食堂内的壁画《最后的晚餐》和莱尼阿亚别墅壁画的构图设计堪称完美。在这一基础上，文艺复兴幻想主义流派可追溯到古典主义、早期基督史和中世纪时期的创作方式。在这种情况下，我们几乎没有理由将文艺复兴壁画只与古典壁画相比较，材料本身也对立于这种观点。也许，充满幻想色彩的别墅壁画更接近于具有幻想主义的中世纪传统，这些具有幻想主义色彩的壁画有更早的传统，已经有足够根据忘记自己的古典起源了。

当然，完全否定卡尔杜齐别墅壁画中的古典幻想主义也是不合理的，到这一时期，真正的古典壁画已经很有知名度了。卡斯塔尼奥于1454年来到罗马，从他的作品中，我们可以很好地理解罗马古典纪念像壁画，画家的艺术方法转变为他所理解古典主义。罗马的艺术环境、名人像、教皇尼古拉五世等因素都强化了画家的人文观念，为他渗透古典主义内涵提供了条件，并且教皇本人就是一位人文主义者。因此，梵蒂冈希腊图书馆的壁画具有非常明显的古典特色。

图书馆的壁画风格直接来源于庞贝壁画第二种和第四种风格（370，321；613）。希腊图书馆的壁画出现在卡尔杜齐的别墅内的壁画完工以后，艺术大师将古典主义融入创作中，形成了自己独特风格，这令人想起更早期的古代纪念像。因而，莱尼阿亚别墅壁画与古典壁画相结合完全符合佛罗伦萨的艺术环境和卡斯塔尼奥的创作风格。

卡斯塔尼奥的艺术特点是将幻想主义风格与所突出人物的面貌相结合，这种做法使雕像更加醒目，特点更加鲜明，他不再运用类似多纳泰罗的逼真写实手法，这体现了画家的创作受到时代影响特点，画家塑造的圣米歇尔建筑外墙上的壁画更加典型。人物姿态、诠释手法表现了幻想主义的影响力。当然，我们也不排除幻想主义对雕像艺术家的间接影响。我们知道，雕像是文艺复兴时代借鉴古典遗产的惯用手法。在文艺复兴时代各种古典纪念像出现在意大利的个人生活和社会生活中，意大利的历史沃土使文艺复兴时期的雕像和壁画艺术与古典艺术相结合，卡斯塔尼奥的艺术特点和表现风格为这种比较提供了更翔实的依据。在许多大师的作品中，我们都能明显感受到这种古典痕迹。

艺术大师们都非常了解古典雕塑以及文化石棺（613，730），人物雕像一般按纵向布局，通常为男、女人物的站立像，用壁柱将人物分开，这也许是塑像原型。这些纪念像与敞廊壁画的总体构思吻合，人物形象生动，营造了逼真的幻觉效果（92，abb. 37，38；2，Ⅳ，473，651；82，Ⅱ，pl. 128d；75，Ⅱ，taf. L，Ⅲ，Ⅰ，taf. XXXIV，Ⅲ，Ⅱ，taf. LXI，XCVIII）。我们在佛罗伦萨的著名石棺上见到过这种浮雕作品，石棺上刻有赫拉克勒斯的功绩，这一题材在15世纪佛罗伦萨文化中有重要意义（75，Ⅲ，taf，XXXIV～XL，XLIII），我们有必要记住圣米歇尔群雕的特点。

不只是群雕形象，敞廊壁画设计也与古典雕像有关，一些人物形象直接源自古典雕像，并且古典观念更为普遍。乔万尼·卡瓦尔塞尔认为，敞廊中的所有人物都来自对古典雕像的研究，他专门指出，以斯帖的形象就是研究古典雕像的结果（326，Ⅱ，306）。西比尔形象令人不由自主地想起罗马文化石棺中一些女性人物的特点，德·里希特认为，西比尔头像源自古代大理石头像（602，17；520，57～59，fig.521，9，fig.1，14）。姆·霍斯特也认为，夏娃的姿态来自罗马雕像《穿长袍圣母》或《穿长袍的姑娘》（罗马，民族博物馆），文艺复兴时期的人们非常了解这些古典作品（615，30，180）。文艺复兴时期的雕塑中还有一些人物和情节与古典雕像非常吻合，如加冕、丘比特这类情节和人物形象很容易在古典雕像中找到原型（75，Ⅱ，XXIX，LI，LX，见517，Ⅰ，taf.34，Ⅱ，99）。古典纪念像与文艺复兴艺术（具体指曼特尼亚作品）中经常有赞美和永生等故事情节，因此，如桂冠加冕情节、丘比特雕像出现在名人像中并非偶然。

卡斯塔尼奥的艺术特点及其对同代作品和古代雕塑的兴趣决定了他能够以创造性的态度对待古典雕塑。画家对古罗马社会的古典作品很感兴趣，他在古典世界中能找到和他的作品相似的外部特征，比如说转头、一个手势或一个其他动作，他并不考虑所塑造形象的内容。画家找到的情节被重现在其创作的作品中，这些情节经常与艺术形象整体相矛盾，或者是这些细节非常突出，明显暴露了它的来源，当然可能还有作者的其他构思。人们对古典遗产的这种态度是15世纪意大利时期的其作品特点，卡斯塔尼奥在这里并不孤独。画家热爱古典雕塑的同时也迷恋同时代的作品，这些因素提升了他的艺术加工能力，画家不是直接借用古典雕塑形象，而是对其重新思考，在此基础上确定人物特点。卡斯塔尼奥在描绘英勇男子的肖像时，构图鲜明，人物表情凝住不动是其作品主要的艺术特点，在很大程度上，他的古典雕像原型和同时代雕像作品没有给人带来幻想效果，只是美化了英雄形象。在一定程度上，壁龛布景及其下面的美丽大理石嵌板增强了这一效果。在画家描绘战争统帅、作家、诗人和女英雄形象的过程中，人文主义作品中的英雄形象得到了生动体现。

卡斯塔尼奥塑造了一些因军事才能和文化功绩被人称赞的英雄人物，它们出现在别墅敞廊里，出现在现实文艺复兴时代文化中，这些形象是再创造的基础。一大批男女英雄建立了自己的丰功伟绩，我们在其中不仅应看到文艺复兴时代的理想，还应看到文艺复兴时期的时代写真。我们指的是古代传记对别墅壁画的直接影响，类似壁画的道德意义和教化意义以及人物选择说明了古典人物对壁画创作和形象塑造产生影响。

古典传记影响文艺复兴文化是一个众所周知的事实。彼特拉克和薄伽丘的作品（前者为《名男子传》，后者为《名媛》）是具有说服力的例证。15 世纪菲利波·维拉尼的《佛罗伦萨著名公民》、巴托洛梅奥的《著名男子传》、维斯帕先的《传记》对此都有所体现。以上著述对佛罗伦萨爱国主义思想的形成有深远的影响，我们在乔万尼的作品中能够找到真实体现。1450 年前，乔万尼在《佛罗伦萨史》的附录中收集了非常生动的例证，体现了佛罗伦萨人优秀的公民品质，包括英勇的品质、为国牺牲的精神以及卓越的政治和军事才能。除了曼内特和瓦萨里，还有一批描写文艺复兴画家的作家。上述作品和人物雕像选择表明了文艺复兴时代别墅对古典传统的继承和延续，人们关注古典传记的原因在于文艺复兴文化的实质。产生于古希腊的个人英雄主义生长在希腊和罗马的土壤中，又转变为文艺复兴时期的个人主义。表现个人荣誉感的文艺复兴传记作品走向兴盛，作品思想主要取决于文艺复兴时期的史学道德，这种作品追求向读者输出一种以供模仿的范式。在这方面古典传记一直被奉为典范，不同于文艺复兴时期的名人像壁画，古典传记具有教益作用，名人的具体生活经历给世人以力量，当14岁的布鲁尼在城堡里看到彼特拉克的肖像后，使树以其为榜样的理想，确立了自己的人生道路。

我们对比卡斯塔尼奥的壁画和一些古典传记描绘的形象，发现它们有共同的世界观和思想方向，具有类似的结构特点。古典传记人物的思想和现实影响力不容忽视，这些著名古典传记包括苏埃托尼乌斯的《传记》、塔西佗的《朱莉娅·阿格里科拉传记》等。比方说苏埃托尼乌斯的名作和文艺复兴时代盛行的科尼利厄斯·尼波斯的著作，这些作品对当时的人们有深远的影响，我们应该认真审视上述这两部传记作品，它们选取了大量古典传记，包括没有被保存下来的传记作品。这些故事对古典作家和中世纪作家来说耳熟能详，据说这些传记作品与卡尔杜奇的别墅壁画存在直接联系，其中有古代艺术品收藏家马克·泰伦斯的作品和普鲁塔克的名著《传记》。

失传的瓦罗传记《肖像》由15本书构成，内含700幅不同行业的男性肖像。老普林尼对此做了详细描写（XXXV，2Ⅱ）。除了老普林尼、奥鲁斯和西塞罗等著名人士的作品以外，瓦罗对那些不太知名的人士只做了简单描述。老普林尼对瓦罗作品的评述中有几点内容值得关注，他讲述了做人的道德和对人们的教化意义。这对培养作家所倡导的英勇品质和公民责任感非常重要，老普林尼的作品被视为罗马的百科全书。教益作用是古典著作的普遍意义，正是基于这一点，古典作品吸引了文艺复兴时代的读者，并深受老普林尼推崇，就像卡斯塔尼奥壁画所表达的情感给观众带来的教化意义一样。如果考虑文艺复兴时期大家所熟悉的瓦罗传记，那么对瓦罗来说，教益作用并不是瓦罗的本意，并且这种作用有悖于作家的个性。老普林尼对此风趣解释，瓦罗传记提供了生动的名人描写，壁画的典型特点是每个人物下面题有瓦罗的金句，奥鲁斯的作品证实了这一点（贺拉斯，讽刺诗，Ⅰ，4，21～23）。

古典传记记录了另一类人的独立活动，这些人包括僧侣、演说家、哲学家、诗人等，在个人传记基础上形成作品合集，比如苏埃托尼乌斯的作品《恺撒传》和《文法家和修辞学家》等。马克·特伦西亚·瓦罗的作品合集中收录了诗人、哲学家、战争统帅等人物的传记。在卡斯塔尼奥的壁画结构中，人物像选择和构图原则受瓦罗作品的影响，画家在一定程度上描写了古典传统。在瓦罗的作品《肖像》中，作家详细描写了带题词的名人像，这些描写对壁画的外观有一定影响。普鲁塔克著有《比较传记》及其他作品，这些作品为壁画思想奠定了基础。普鲁塔克是15世纪备受世人喜爱的意大利作家，他被人们当成道德领袖来追随，普鲁塔克传记的思想本质在于唤醒人们的道德感，并对其加以完善（普鲁塔克，艾米丽·保罗，Ⅰ）。我们认为，普鲁塔克的思想影响了卡斯塔尼奥作品中的人物形象。普鲁塔克的思想无论是对普鲁塔克本人，还是对壁画艺术大师，或更广泛地说对于整个文艺复兴传统，都具有极其重要的意义。其重要意义不仅在于描绘英雄、重现英雄形象并创造出令人记忆深刻的完美形象，而且还为人们提供能够效仿的榜样。卡斯塔尼奥在别墅敞廊墙壁上刻画了人物形象，其中所蕴含的公民意识满足了人们的人文主义理想。我们记得普鲁塔克的作品《女子的功绩》，壁画艺术大师在设计莱尼阿亚别墅壁画时，认真关注了普鲁塔克作品的思想。

卡斯塔尼奥的作品与古典传记相比，以文艺复兴普遍实践为基础，同时受古典文学影响。同时代受古典影响的作品还有塞提涅亚诺的壁画，他创作了苏维托尼乌斯的《十二帝王传》中的人物肖像（401）。别墅墙壁上同时描绘了当代人物像，在卡斯塔尼奥创作的当代人物形象中，画家体现了古典人物的英勇品质，表现出艺术大师对文艺复兴的认识，古典传记对他的影响十分深刻。

古典遗产对莱尼阿亚别墅壁画的影响十分深远，受古典文学作品思想的总体影响，尤其是在个人住宅壁画以及古代纪念像装饰方面，莱尼阿亚别墅壁画中保留了古典风格。当然，我们需要知道文学家对中世纪和文艺复兴时期名人像的具体描写，传统记忆也是人们保存古典文学传统的一种方式。在中世纪小说中，我们可以找到很多这类题材（231，43～44）。文艺复兴作家对名人像装饰有很高的品位，他们沿袭和发展了中世纪的题材，丰富了原来的古典形象，对古典作品有自己的新观点。薄伽丘在《菲洛柯洛》中描写了装饰着大理石雕像的宫殿宴会厅，大厅中壁画题材围绕着特洛伊和底比斯女巫的传说、亚历山大大帝的活动、卢肯《法萨利亚》中的故事情节而展开（562，Ⅰ，204）。在寓言诗《爱的幻像》中，作者描写了被薄伽丘称作"艺术城堡"的郊外别墅，诗人指出了别墅内部的豪华装饰，壁画描绘了8个人物，其中但丁像与古代哲学家和诗人像一起，但丁被公认为诗人中的领袖（562，Ⅰ，293～295；295，Ⅲ，74～78）。半个世纪之后，佛罗伦萨文豪乔万尼·达·普拉达在描述塞浦路斯的维纳斯宫古迹时，提到了独特的农村别墅，描写了别墅壁画装饰中的名人像（584，38～39），别墅内装饰完全受古典样本的影响。

也许，卡尔杜齐的别墅壁画就像郊外别墅的后期壁画一样，类似于罗马贾尼科洛山上的兰特别墅内的壁画，这些壁画如果不是出自古典著作的插图，那么也一定受到了古典作品的影响，薄伽丘《爱的幻像》就是这样一部有深远影响的古典著作。要知道，薄伽丘描写的别墅、卡斯塔尼奥装饰的别墅以及贾尼科洛山上的罗马别墅，就像文艺复兴时期其他人文主义者的别墅一样，都被称作"艺术城堡"。然而，这种思想取决于人文主义者看待郊外别墅及其内部装饰的共同观点，而不是取决于某幅具体壁画的设计及作品表现力，因为薄伽丘的文学作品和莱尼阿亚别墅的壁画间缺少必然联系。

从维特鲁威（Ⅷ，Ⅴ）的著作与本书第一章的文献来源中，我们找到了文学家对名人像特点的详细记载。阿尔贝蒂的《论建筑》在很大程度上取决于《建筑十书》思想，在著作中他详细描绘了名人像（208，Ⅰ，314～315；Ⅱ，628～629）。我们可以把阿尔贝蒂的论述与菲拉雷特的描写做对比，菲拉雷特曾两次提到过名人像装饰。其中一处菲拉雷特援引了他熟悉的文艺复兴时期类似装饰范本，在奥尔西尼宫戏剧大厅壁画装饰上，亚历山大大帝提出用名人像来装饰大厅；在另一处提到有人建议用古代帝王像及体现帝王活动的重大历史事件题材来装饰另一处宫殿。书中提到的人物包括埃及法老、塞勒斯、冈比西斯、大流士、萨达纳帕拉斯、塞米勒米斯等（223，Ⅰ，117～118；参见223，Ⅰ，XXVII）。

阿尔贝蒂指出的证据与菲拉雷特的描写类似，在菲拉雷特所引用的文献中，对个人住宅壁画的描写很少，在这种情况下，我们不能假设他们熟悉古代纪念像及古典壁画。从阿尔贝蒂引用的罗马文献中，我们知道了普鲁塔克、苏埃托尼乌斯等更加重要的信息（普鲁塔克，庞培，45，2；苏埃托尼乌斯，奥古斯都，31，5；多米提安，14），还有埃里乌斯·斯巴提安努斯等人物信息（北方，

XXI；卡拉卡拉，Ⅸ）。我们有必要指出的是阿尔贝蒂在著作中提及普罗佩提乌斯等人，但他并没有指出人物肖像的可能来源。

《建筑十书》中的部分表述由一些零散话语组合而成，这些描写构成了人们对公共建筑和私人宅邸壁画装饰统一体系的认识，这也是古典时期人们使用壁画装饰的生动例证。一些研究者考虑到该书出版年份和别墅壁画间的联系，推翻了阿尔贝蒂著作影响了卡斯塔尼奥壁画的观点（372，109）。阿尔贝蒂在1444年开始写作，而书稿完成是在1450年，两年后阿尔贝蒂带着作品校稿认识了教皇尼古拉五世，此后作家再没到教皇那里去。尽管作家像多纳泰罗那样，可能他的早期口述会对文艺复兴时期的画家产生影响，但更可能的观点是阿尔贝蒂名人像与卡尔杜齐别墅壁画的古典来源相同，两者间没有太多必然联系。卡斯塔尼奥在别墅壁画及其后期作品中，对古代传说表现出非常自由的态度。在梵蒂冈希腊图书馆的壁画中，他对阿尔贝蒂等古典文学作品做了自由发挥，形成了自己的作品体系。

上述古典著作描绘了罗马建筑上的各种壁画，对阿尔贝蒂而言，这些作品是他收集资料和从事创作的动力，与别墅壁画有很多可比性，属于壁画原创题材和构图方式范畴，其中柱廊或壁柱对展现人物形象起了很大作用，就像莱尼阿亚别墅壁画中的人物那样，名人像中的系列人物位于门廊或敞廊内，起到了精神引领作用。

别墅内供奉祖先像对更好地理解壁画装饰体系有很大帮助，文学家们对贵族祖先、英雄及帝王壁画像的描写对画家的创作非常重要。古典文学中有很多对著名男子像的描写，如小普林尼作品中的人物，在罗马的城市宫殿或郊外别墅里都能见到这一类肖像（信件集，Ⅲ，7，8，Ⅳ，28）。显然，卡斯塔尼奥非常熟悉小普林尼的书信体文学作品。在 15 世纪的佛罗伦萨，古典文学作品十分盛行，古典文学作品对这一时期的别墅建造者和壁画设计者有很大影响。因而，我们假设古典文学影响了壁画创作的推理完全符合逻辑，具体而言，也就是说小普林尼的书信作品影响了壁画设计、壁画取材和思想。

在文艺复兴时期，现代名人像被视作对古典传统的重现，这不只是体现在卡斯塔尼奥的创作中，其他壁画大师的作品也受到这种观点的影响。在 1379 年，即彼特拉克死后的 5 年，隆巴多·德拉尔·赛斯完成了他的著作《著名男子传》，他在写给弗朗切斯科·老卡拉拉的信中提到了名人像大厅，卡拉拉仿照古代勇士像的范例装饰了自己的宫殿，这里所说的范例不是指画家受彼特拉克指示，而是受到彼特拉克古典思想的影响（390，95 ~ 96）。波吉奥·布拉乔利尼在《论神圣》的对话中证实了古典传统的广泛影响："古代人们给我们留下了值得歌颂的传统，他们用祖先像及其他壁画装饰自己的房屋、别墅、花园、院子和其他场所。"（573，8）因此，乔万尼·鲁切拉伊听从了小普林尼的建议，像古代哲学家所描写的那样，把黄杨木丛修剪出一定姿态来装饰自己的别墅花园。马尔西利奥·费奇诺在别墅内放置柏拉图的半身像，我们还记得美第奇别墅的一个厅里装饰着赫拉克里特和德莫克里特的肖像。

除了文学作品对莱尼阿亚别墅的壁画有很大影响外（苏埃托尼乌斯，奥古斯都，31，5），罗马奥尔西尼宫的壁画对莱尼阿亚别墅的壁画也有着重要影响。其中，奥尔西尼宫活动大厅的壁画中有古代人物像和基督像。在这里我们不能忽视古典文学的作用，具体来说，这是指希腊作家苏埃托尼乌斯和老普林尼的作品（398，376 ~ 377）对壁画创作的影响，我们还要考虑宫殿主人和壁画购买者对古典人文主义作品的兴趣。通常，古代人用雕像来装饰剧院、舞台、露天剧场及马戏场，其中包括他们所歌颂的统治者和公民的肖像。奥尔西尼宫的主人、壁画设计者及艺术家按古典传统装饰活动大厅。需要补充的是，在维特鲁威（Ⅴ，Ⅶ，9；Ⅶ，Ⅴ，5）、苏埃托尼乌斯（奥古斯都，31，5）、塔西佗（编年史，Ⅲ，72）、普鲁塔克（布鲁特斯，14）和特土良的作品（论表演，8）中，都有大厅雕像和肖像画的插图。

我们有必要关注卡尔杜齐别墅敞廊中人物纪念像可能受到的影响来源，当我们谈到卡斯塔尼奥作品中所具有的幻想主义特点时，已经提到了这一问题的某些方面。在画家的早期创作中，比如画家在创作圣塔拉齐奥教堂壁画、威尼斯圣扎卡里亚教堂壁画的过程中，呈现出人们很熟悉的古典风格，并且在梵蒂冈希腊图书馆的壁画创作中，古典主义特点也得到了充分体现。我们还可以从壁画下方的大理石装饰以及壁画主体部分看得出古典主义壁画的痕迹。

乔托在帕多瓦的德尔竞技场教堂壁画中就已经使用了这种方式。在圣阿波罗尼亚修道院的餐厅内，在壁画《最后的晚餐》中，我们能够见到卡斯塔尼奥的大理石仿真装饰。如果我们把梵蒂冈希腊图书馆壁画上方的大理石嵌板装饰视作画家一种新的创作手法的话，那么我们在这里看到了类似方式的重现。在圣玛丽亚修道院中没有保存下来的壁画中，在壁画下部，艺术大师仍使用了大理石嵌板装饰。

把这种壁画装饰方法与保留下来的古代纪念像遗迹联系起来，这种观点有很多现实根据。这种创作方式被广泛用到意大利古罗马纪念像中，几乎在每个保存下来的壁画群雕中都可以见到这种手法。通过对这种类似手法的比较，我们分析了德尔竞技场教堂壁画，事实证明，这种看法合乎逻辑。有非常确凿的事实表明，乔托受古典壁画及早期基督纪念像的启发。后来，这种装饰方法得到了进一步普及，这种装饰方式在卡尔杜齐别墅中得到了普遍使用，甚至很难将这一特点归为罗马壁画传统，因为我们面前展现的壁画已经是古典起源的文艺复兴时期的典型壁画。

恰好在这一时期，艺术大师们对大理石古典雕像普遍发生兴趣。布劳修斯收集了各种古代大理石雕刻，并把它的用途以及古典作家对这些作品的描写一同纳入其作品《古代大理石》中，这部著作于 1472 年在乌得勒支出版。阿尔贝蒂在《建筑十书》中也多次提及大理石的使用方法。在很大程度上，基于阿尔贝蒂的个人观察，恰好在这一时期大理石被广泛使用（208，Ⅰ，276）。按照阿尔贝蒂的观点，在寺庙、墓地、剧院、门廊和桥梁等公共建筑中使用大理石装饰十分必要（208，Ⅰ，260M241，244，248；264，268，275，287，280，281），但在私人建筑上使用大理石装饰的情况还十分少见。因为这种装饰太过奢侈，不适合私人住宅，也不切合实际（208，Ⅰ，378，303）。但也有少数追求极致奢华的例子，如卡利古拉曾使用大理石装修千里马的马厩（208，Ⅰ，330）。还有很多类似情形，阿尔贝蒂主要援引了苏埃托尼乌斯（卡利古拉，55，3）、维特鲁威和老普林尼（208，Ⅱ，496，497）的权威看法，这是他对用大理石装饰公共建筑和私人住宅的观点（208，Ⅰ，199）。

因而，当卡斯塔尼奥用大理石装饰卡尔杜齐别墅敞廊的下方墙壁时，这种方法不仅与文艺复兴传统一脉相承，而且可能还使用了古典插图或古典文学中的元素，并且这种尽可能使用大理石装饰的思想连同可能的古典怀旧思想一起具有广泛的社会基础。壁画的古典内容及设计满足了整个壁画设计的要求。同时大理石壁画还突出了卡斯塔尼奥的公民热情，也符合阿尔贝蒂在公共建筑中使用大理石的相关思想。

在 1938 年的时候，丹麦研究者贝恩在论述庞培纪念像的著作中指出，庞培附近别墅的壁画与卡斯塔尼奥的壁画十分相似，但从庞培壁画中，直接看到了手拿花环的丘比特雕像（531，39～41）。我们在对画家作品的后期研究中能够继续找到共同点。首先，这些相似点都属于壁画的系统性特点。风景画般的建筑、富有幻想主义色彩的壁龛、被订购的壁画及大理石仿制品突出和强化了公民的荣誉观念，为艺术设计奠定了基础，这些壁画可能都源自古典纪念像。赫斯特补充了壁画的古典来源，在文艺复兴时期的纪念像中又另外补充了一些古典英雄（615，30，180；参见 124，53；92，abb. 40，60，78～79；93，101，pl. 54，55，57～61，71，73，132～138，179～184，195，197，200～201，225～228，230～232，312～322；324～341；40，224；见文艺复兴这种装饰草图：517，Ⅰ，fol. 48，Ⅱ，121～122）。

别墅壁画产生于佛罗伦萨的人文主义环境，人文主义观念以及人文主义者对古代多神教的崇拜中，这些因素是古典传统对别墅装饰起重要作用的主要原因。

名人像是古典传统影响壁画创作的典型例子，古典传统不只影响了文艺复兴思想，一些人文主义者、富于人文主义精神的大文豪和作家还直接参与了壁画设计。尽管我们不能确定彼特拉克是否直接参与了那不勒斯卡斯塔尼奥大厅的壁画设计，但帕多瓦卡拉拉宫的壁画无疑受到彼特拉克思想的启发或受到帕多瓦人文学家赛斯的影响。我们可以举出很多人文学家参与壁画设计的例子，其中包括卡斯塔尼奥的壁画。人文学家被吸引并参与壁画设计必然会引发人们猜测，人文主义者究竟对壁画起了哪些作用？这也令人对壁画原创产生争议，德·里希特认为，卡斯塔尼奥的壁画只应属于作者本人，这一观点当然无可指责（602，19）。但福尔顿提出，阿尔贝蒂应被视作壁画创意的参与人物，前文我们分析了《建筑十书》和别墅敞廊壁画间的相似性，这就足以说明这一观点（606，57）。尽管这种假设有自己的论据，但它仅是一个假设，我们只有一个确定的判断：别墅敞廊壁画中的系列人物是郊外别墅特有的装饰，在很大程度上，这也是城市建筑或公共建筑所具有的共同特点。显然，壁画订购者及别墅主人卡尔杜齐的愿望也证实了这一观点。佛罗伦萨人文学家阿拉曼诺·里努齐尼翻译了普鲁塔克的作品《女人的功绩》，他被视为壁画设计的负责人，他曾多次提到古典传记中受赞美的人物，而这些人物也进入到壁画艺术大师们的作品中，阿拉曼诺十分熟悉小普林尼的书信体作品《书信集》，小普林尼对壁画艺术也十分关注。

卡斯塔尼奥的作品是文艺复兴别墅壁画的装饰起源。名人像是城市房屋、王座大厅和议会大厅壁画的重要内容，公共建筑和私人住宅本质上带有公民性，而别墅装饰通常带有私人性质，我们在郊外别墅中可以见到壁画，但的确非常罕见。壁画是公共建筑或至少是贵族城市宫殿所具有的特点，就连阿尔贝蒂也曾强烈反对过壁画装饰（208，Ⅰ，330）。因而卡尔杜齐别墅敞廊内的名人像有着不同寻常的特点。我们应该怎么解释这种装饰方案呢？应该马上推翻先前假设，敞廊起了图书室的作用，壁画装饰恰好与这一用途吻合。可能选择这种装饰是出自购买者的意愿，购买者希望别墅壁画具有深入探索社会问题的功能，同代人认为这是名人像系列的本质特点。圣索维诺在《威尼斯——独特的神圣城市》中证实（威尼斯，1581），1577 年火灾前，威尼斯议会大厅曾用过同时代的名人像装饰，在国务活动家和政治家肖像中突出选择了在希腊语和拉丁语领域成就杰出的功勋人物（302），并且别墅外观效仿统治者的宫殿（阿尔贝蒂）。在别墅壁画装饰中，设计者的思想很重要，设计者提出总体思想指导壁画创作。我们不应忘记卡斯塔尼奥本人的艺术责任感，画家先前的工作是在波德斯塔宫墙上画安吉里战役后被绞死的叛徒，后来他在宫殿的接见大厅内画了佛罗伦萨首相布鲁尼的肖像。因此莱尼阿亚别墅敞廊内的壁画题目完全符合画家的兴趣范围，而佛罗伦萨文化和艺术中所特有的公民精神是壁画出现的自然环境。

部分来看，郊外别墅传统观念中包括室内名人像和花园雕像。我们记得乔万尼的别墅花园：花园里放着主人的雕塑，展示了军事统师保罗·乌切罗及他指挥的战役。在很大程度上，这种古代壁画和雕塑作为装饰的例子十分典型。文艺复兴时期罗马城的例子表明，主人们暂住别墅并不能完全摆脱城市事务及各类问题的纷扰，在别墅从事的相应农事活动给国家带来了好处。人们对圭恰迪尼和马基雅维利的思想并不陌生，他们歌颂了文艺复兴时期著名公民，这些壁画像放在城市统治者的别墅里，当然这里面也带有城市上层人士的喜好、品位和观念。

卡斯塔尼奥作品的古典性有别于其他画家，这主要在于他对多神教世界持有浓厚的兴趣，他在创作题材上有自己的独特性。壁画的各种古典来源是为了展现文艺复兴思想，确实，文艺复兴思想具有鲜明的古典基础，他的作品歌颂了当时佛罗伦萨公民的伟大之处，如果这一思想在克拉拉宫的壁画中体现得很明显，那么这要归功于彼特拉克的功劳，体现罗马人的英勇品质及报效祖国的思想，卡斯塔尼奥以古典形式再现了同时代的英雄人物。壁画并未考虑这类装饰属于哪类建筑物，彼特拉克歌颂了英勇的罗马人，这类壁画被挪到了别墅上，似乎画家无论出于何种考虑，壁画内容的公民性都与农村别墅安适的私人生活环境相对立（阿尔贝蒂）。无论是从题材选择、解释方式，还是从古典来源来看，我们都看不出形成郊外别墅特有装饰的必要性，并且郊外别墅壁画的古典外观与其本质不符，这也是下文是我们要论述的问题。

1464 年，乔万尼·兰弗雷迪尼从老科西莫的旁系家族那里购买了拉加利纳别墅，这栋别墅位于佛罗伦萨西南的托雷·德尔·加洛山脚的小山丘上。可能别墅买下以后，装饰工作被交给安东尼奥·波拉尤奥罗去做。

画家与他的弟弟雅各布同乔万尼·兰弗雷迪尼、洛伦佐以及那不勒斯的教廷公使保持着长期而又密切的关系，这些因素决定了壁画大师对别墅装饰的方案选择。1457～1459 年雅各布接受了保证人的委任，为佛罗伦萨洗礼节定制波拉约洛圣遗物。1461 年兄弟两人与皮亚诺·迪·科西莫共同接受了教廷的委托，为圣雅各布教堂制作两个银烛台。通常，画家接受这种定制任务按私人意愿接单，而不是公家派活，因而波拉尤奥罗有幸接触到了佛罗伦萨最有名的望族。这使他有机会熟悉城市上层对别墅休闲生活的渴望，并改变了他对生活的态度，同时他还感受到了多神教文化。多神教在佛罗伦萨贵族圈子中很普遍，这些观念对艺术家的人文主义观念影响很大，这在其设计西克斯图斯四世教皇的坟墓时得到了明显体现。瓦萨里非常有意思地证实了皮耶罗·波拉尤奥罗受到其哥哥的影响，并且接受了哥哥的建议，完成了波吉奥·布拉乔利尼和马奈蒂的纪念像（216，Ⅱ，516）。安东尼奥·波拉尤奥罗与美第奇家族很亲密，他多次陪同科西莫进行水上旅行。1489年，由于他高超的个人绘画技巧和鉴赏水平，洛伦佐在给乔万尼的信中盛赞了他（625，271）。安东尼奥·帕拉伊洛洛订购了波拉尤奥罗兄弟的壁画，艺术家与佛罗伦萨统治者间的关系及与他的作品购买者以及执政者间的关系使城市上层社会的观念、生活方式以及壁画装饰深入到文艺复兴时期的别墅中。尤其是在洛伦佐时期，基于古典观念的壁画更为盛行。我们知道，15世纪下半叶文艺复兴壁画购买者的社会地位发生了变化（283，Ⅰ，294～295；647，17；250，268～270）。乔万尼兄弟经历了这些变化，这些影响在拉加利纳别墅敞廊壁画上体现了出来，因此，拉加利诺别墅的壁画与卡尔杜齐的莱尼阿亚别墅敞廊上的壁画相比，具有自己的独特性。

安东尼奥·德尔·波拉尤奥罗在佛罗伦萨郊区也有自己的小别墅，因此，艺术家很熟悉农村的快乐生活。艺术家从父亲那儿继承了领地，他把积蓄不断用于购买波塔阿尔普瑞托的圣米歇尔别墅和卡斯特罗别墅，他一直怀念自己的别墅生活，一旦有合适的时间就直奔别墅而去。他还考虑了别墅的实用性，突出了自己别墅的特点，当然，我们不应仅从经济角度看待圣米歇尔别墅。杰出的风景壁画大师多次动情地把佛罗伦萨郊区的风景重现在自己的壁画中，他对郊区别墅生活的认识决定了他对拉加利纳别墅壁画的个人特点。同时艺术家还是别墅的主人，熟悉壁画购买者的意图。在装饰阿切特里·波拉尤奥罗的别墅敞廊时，因为别墅主人本身就是画家，同时他还是一位庄园主人，艺术家邀请壁画购买者到自己别墅来，1494年6月，艺术家邀请维尔吉尼奥·奥尔西尼和皮耶罗·美第奇到自己别墅做客。这是他的文艺复兴别墅理想与壁画装饰相结合的一个可能因素。

　　玛丽·贝伦森的壁画具有开放式特点，后期她的壁画经常用来装饰一楼房屋门两侧的墙壁，当然，还可以装饰通向花园的敞廊。壁画装饰被分成上下两部分：下面的壁画具有幻想色彩，包括拱门、壁龛、壁柱和两个立在专门台座上的丘比特雕像；上面的壁画主要由 5 个裸体男女人物构成，他们伴随着欢快的乐曲跳着节奏明快的舞，他们快节奏运动中身体仍保持平衡，人物的腰间系着花环、树叶及或串的果实。显然，敞廊其他墙壁上也设计了类似壁画，但没有被保存下来。

　　安东尼奥·波拉尤奥罗研究了拉加利纳别墅壁画的古典来源，并对其加以评论和对比，最后形成了总结性著作。众所周知，波拉尤奥罗认真研究古典遗产，其中包括对古典雕像、古代纪念像、古代艺术币、古代钱币、古代壁画的研究。在佛罗伦萨独特的艺术氛围中，艺术大师喜欢塑造运动中的人物形象，他的雕刻技巧、独特而又狂热的古典主义风格奠定了艺术家在佛罗伦萨艺术史上的地位。

　　壁画大师直接寻找壁画的古典本源提升了他的设计方案、形象塑造乃至作品保存的完整度。大师从各个角度展示了动态中的人物，生动地表现出那种节奏感以及动作转换间的停顿，波拉尤奥罗壁画中的这些人物姿态与古典花瓶上的绘画有很高的相似度。尤其应该强调的是，多数指出波拉尤奥罗壁画与古典花瓶上的绘画有相似之处的研究人士被花瓶上的酒神、祭司、行走的山神所吸引。

　　我们不应完全否定在古典花瓶上寻找拉加利纳别墅壁画原型的探索，但将花瓶绘画与别墅壁画相比较的理由不太充分，尽管这种对比在文艺复兴时期很受青睐。这样的对比很多，但相似点不具备连贯性，没有提供我们所了解的 15 世纪保留下来的少数纪念像的实际情况，缺少能把壁画与某个具体作品相关联的确凿证据，而且这种对比仅停留在理由分析层面，缺少确凿细节。因此，在很大程度上，我们不能说安东尼奥·波拉尤奥罗在拉加利纳别墅的壁画上照搬了古典花瓶的绘画遗产。

在 15 世纪时，人们就已熟知伊特鲁里亚艺术，这种艺术被公认为具有很强的现实影响力。托斯卡纳建筑所表现出来的不只是人们对罗马所怀有的爱国情结，还有人们对意大利伊特鲁里亚祖先光荣历史的热爱。1284 年里斯托罗·达雷佐在谈到令人肃然起敬的古典雕塑作品《行家》时，对伊特鲁里亚花瓶产生了浓厚的兴趣。圭多·迪·梅塞尔是"天堂"别墅的客人，他参与了别墅谈话，同时他还是一位古典文物专家，对伊特鲁里亚的历史文化非常感兴趣。小说《阿尔贝蒂别墅》的作者乔万尼·达·普拉托也对伊特鲁里亚的历史非常感兴趣。阿尼奥·达·维泰博的活动令人关注，他收藏了许多关于伊特鲁里亚绘画的题词，并首次尝试解码伊特鲁里亚语，1498 年他在罗马出版了有关意大利历史的著作，其中收有伊特鲁里亚历史部分，他把故乡城市的伟大昌盛与伊特鲁里亚历史联系起来。

多数有关伊特鲁里亚文化、历史、生活以及艺术纪念像的信息可以根据古典作品推断出来，当然我们还可以从纪念像中了解这一历史。很多人都知道瓦萨里发现了各种古典民间艺术品（216，Ⅰ，137～138），并且瓦萨里明显非常了解这些信息，可以借此重新考证已发现的、具有伊特鲁里亚风格的青铜嵌合体，他在证实自己观点时指出，他在一个兽像的脚爪上发现了伊特鲁里亚文字（420）。在很大程度上，这些遗迹属于 15 世纪，并且在 16 世纪伊特鲁里亚艺术已经非常闻名了。瓦萨里还提到，这种艺术品还出现在文物收藏中，部分文物在科西莫·美第奇一世的收藏品中（二者的结合出现得非常早）。托斯卡纳的伊特鲁斯坎人认为，爱国主义促进了伊特鲁里亚文化艺术品的收藏。

伊特鲁里亚雕像草图被发现后，这一事件更加证实了伊特鲁里亚文化在文艺复兴时期的普遍性。据悉，有一件属于弗朗切斯科·迪·乔治马提尼（佛罗伦萨，乌菲齐，一套雕刻与图画）的草图，作品年代被确定在 1491~1495 年。这幅草图描绘了发生战役的伊特鲁里亚位置，陪葬品中有大量纪念像，但很遗憾，无法区分和判断具体故事情节，作品被保存在伊特鲁里亚博物馆。1507 年达芬奇创作的图画（巴黎，卢浮宫）引起人们研究拉加利纳别墅壁画的兴趣。显然达芬奇画了斯福尔扎的陵墓。图纸上重现了耸立在山丘上的陵墓及陵墓规划图。图纸的右角描绘了陵墓的内部构造，直接重现了伊特鲁里亚的棺材、拱门构造及内部陈设（421）。还有一些更早的关于伊特鲁里亚棺材遗迹的书面文字。我们根据间接资料可以推断，在 15 世纪上半叶，人们发现了伊特鲁里亚墓葬并着手研究。在菲利波·维斯康蒂和弗兰切斯科·斯福尔扎执政时期，蓬特雷莫利任佛罗伦萨米兰大使，在他收到信中，信上标明的日期为 1466 年 11 月 18 日，寄信人是他儿子的家庭教师。信来自意大利的沃尔泰拉，写信时师生二人正在旅行途中。信中描写了伊特鲁里亚的墓葬，还提到了更早的纪念像（418，419）。阿尔贝蒂和菲拉雷特都描写了伊特鲁里亚的墓葬（208，Ⅰ，269~270，Ⅱ，569~570；223，Ⅰ,）但在很大程度上他们的描写都基于老普林尼的描述（XXXVI，91~93），而不是基于墓葬发现。直至 1494 年，才出现对伊特鲁里亚墓葬的文字记载。

15 世纪的特有现象表明了人们对伊特鲁里亚历史和文化感兴趣，尤其是在佛罗伦萨，人们普遍了解伊特鲁里亚的艺术纪念像，这些内容为将别墅壁画与伊特鲁里亚纪念像做对比提供了可能，查斯特尔在早期文章中提出的假设在当前仍具有事实依据（416）。

目前来看，伊特鲁里亚的绘画艺术，尤其是纪念像创作决定了安东尼奥·波拉尤奥罗的艺术特点，壁画大师在自己人生不同阶段的创作特点与伊特鲁里亚纪念像的特点相吻合。我们知道，文艺复兴时期的艺术家一直在探索，多样化的古典世界恰好与他们的创作追求接近。实质上，文艺复兴运动最终反映了古典遗产的特点。波拉尤奥罗并不孤独，我们记得十分清楚，伊特鲁里亚的早期作品是多纳泰罗的大理石雕像《大卫》（佛罗伦萨，国家博物馆），这作品恰好与伊特鲁里亚纪念像的来源相同。

因此，我们可以把拉加利纳别墅敞廊墙壁上的跳舞人物与伊特鲁里亚石棺上吹长笛的男女舞者相对比，他们的舞姿特点、上下两部分的构图以及他们的带状分布区域都给这种对比以很多理由（95，2，6，7，9，13，15～17）。我们认为，波拉尤奥罗所绘壁画与带题词的石棺人物像很接近（公元前 540 年至前 530 年），雕像中有裸奔体奔跑的人物，这种较特别的方式与拉加利纳别墅的壁画有共同特点（39）。这种方式被普遍应用到纪念像、花瓶绘画和雕塑中，这些题材基于神话和陪葬理念，与盛宴和竞技等内容相关。古典大师广泛使用这些元素，对伊特鲁里亚艺术纪念像的了解让人不由自主地把拉加利纳别墅壁画与伊特鲁里亚纪念像遗产自然而然地联系起来。波拉尤奥罗精湛的技艺、符合建筑学的设计以及用复杂纪念像来创作壁画的方式，不只与其个人绘制技巧有关，还可以归结为他使用了独特的文献来源。从现存早期壁画遗迹来看，波拉尤奥罗准确感受到了墙的平面，没有破坏平面，而是成功接入了自己的构图，考虑了敞廊壁画的实际空间。

在古典艺术中寻找具体的壁画题材是非常可贵而有前景的方

向，人们对纪念像非常熟悉，纪念像也是人们既熟悉又可靠的资料来源。因此，别墅壁画与古典雕塑间关联密切。大量类似雕塑点着宫殿、花园和佛罗伦萨的庄园。有证据表明，壁画左侧人物出自文艺复兴时期人们熟悉的希腊雕像（481）。意大利文艺复兴时期古典文化石棺广泛存在，这对15世纪文艺复兴有着重要影响，我们可以把它们视作别墅（装饰）可能的发展动力。

波拉尤奥罗非常熟悉这些内容，他的一系列作品可以证实这一点，如《圣塞巴斯蒂亚诺斯蒂安的折磨》（伦敦，国家美术馆）、《大力神和德亚尼拉》（耶鲁大学，艺术画廊），以及他的壁画副本《两个怪物》（汉堡，艺术馆）。尤其值得我们注意的是罗马浮雕对作品的影响符合壁画创作时间和总体构思，如雕像《裸战》、《法官面前的裁决》（伦敦，不列颠博物馆）的完工时间与拉加利纳别墅的壁画几乎同时。二者的构图、动作和姿态部分上相似，我们可以确定，这是同一种构思的不同环节。就如同阿尔切特里别墅壁画那样，雕像《裸战》不仅在形象构造、表现形式上与拉加利纳别墅壁画相似，在内容题材上也有着同样的古典来源（泰特斯·曼利厄斯的历史）①，这再一次证实了这一时期画家对古代多神教的兴趣。

15世纪前几百年间，在大量被世人遗忘的古代石棺上，古典纪念像在题材和结构上与波拉尤奥罗壁画相似，画面上的主要人物为狄俄尼索斯、祭司等形象。15世纪艺术中广泛使用了跳舞的女祭司的题材。当艺术家家创作莎乐美时，通过对狄俄尼索斯的狂热

---

① 大量古典文献中值得关注的一点是纪念像与罗马浮雕十分相似（345，202，627）。我们发现，波莱约洛的雕像影响到了马尔科所做的《彭透斯之死》（伦敦，不列颠博物馆），作品完成于1470年初，题材与狄俄尼索斯有关（626，157）。

崇拜，表明了该形象的象征意义，女祭司在作品中有重要作用，艺术家还创作了一些有特殊情感和崇高境界的画面，如《耶稣受难》《摆脱十字架》等。多纳泰罗的作品也体现这样的题材（《乔治与龙的战役》中的人物，约完成于 1417 年，现存于佛罗伦萨的圣马歇尔；锡耶纳洗礼堂圣水器装饰上的浮雕《希律王的宴会》，大约完成于 1425 年，现存于锡耶纳洗礼堂）；尔蒂和弗拉·菲利波·利皮的作品（普拉托教堂中的壁画和柜子上的绘画《弗吉尼亚之死》，现存巴黎卢浮宫）都体现这一题材；帕拉佐·皮蒂创作的《怀抱婴儿的圣母和圣母诞生》（现保存于佛罗伦萨）体现这一题材韦罗基奥的作品（陶制的圣罗科阿费力纪念像，保存在伦敦的维克多利亚博物馆和阿尔贝蒂博物馆；雕像《天使》保存在巴黎卢浮宫内）体现这类题材；贝托尔多·迪·乔凡尼的作品（壁画《耶稣受难》，保存在佛罗伦萨的国家博物馆内）也体现此类题材。画家最钟爱的一个题材是古代石棺上的狄俄尼索斯，在波提切利别墅壁画上，酒神身体弯曲，穿着有很多皱褶的宽松长袍。艺术家雅各布·贝里尼和基尔兰达约也对石棺上的狄俄尼索斯感兴趣（87；486，156；499，152 ~ 155，164；及参见 330，Ⅰ，CXXVI，CXXXV；Ⅱ，XXXV；517，Ⅰ，fol. 39v，Ⅱ，110；521，9，fig. 6，7；12，fig. 23 ~ 25；13，fig. 30，31；345，289 ~ 290）。阿尔贝蒂非常了解石棺，在他的作品《绘画三书》中，他描写了衣服褶皱的方式以及狄俄尼索斯形象，这表明他非常了解古代石棺（208，Ⅱ，52 ~ 53）。因而，阿尔贝蒂认为雕像复制非常重要（208，Ⅱ，60）。

同时，我们还记得中世纪另一个题材为跳舞的狄俄尼索斯。在多纳泰罗的创作中，中世纪的作品来源很明显。波拉尤奥罗的作品中也不可避免重现了这种选题，尤其是在那些明显体现哥特式结构的壁画中。的确，15 世纪上半叶，在哥特式艺术晚期，佛罗伦萨大师正好接触到这一题目。该题材与建筑是一个有机整体。哥特式艺术与古典艺术相互补充，形成了一种独特的情感效果。在文艺复兴艺术中，我们越是认真分析跳舞的狄俄尼索斯的可能来源，就越会发现其古典来源越明显。在文艺复兴时期，壁画的最大特点是古典主义范例中所体现的中世纪传统。文艺复兴时期的画家脱离了先前的传统，重新思考其古典来源以形成新的作品，在其中古典遗产起着重要作用。

在对作品的来源进行分析的过程中自然会出现这样一个问题：波拉尤奥罗在描绘拉加利纳别墅壁画时，更倾向于古典传统还是文艺复兴传统？他所理解的酒神和女祭司形象是直接取自古典文献、石棺浮雕还是二手资料，抑或是来自先前画家的作品或同时代画家的作品？众所周知，波拉尤奥罗在自己的创作中不止一次使用了跳舞的狄俄尼索斯这一题材，他在创作圣乔万尼舍利壁画的天使形象中也使用了这一素材（现存于佛罗伦萨的教堂博物馆）。此后，在大师创作的佛罗伦萨洗礼堂法衣刺绣图案上我们也见过这一题材。类似作品还有《莎士美的舞蹈》、《施洗者约翰被斩》、《希律王宴会》和《莎士美和施洗者约翰的头颅》（佛罗伦萨的教堂博物馆）。我们再次遇到这一题材是在佛罗伦萨洗礼堂祭坛侧墙的壁画上（佛罗伦萨的教堂博物馆）。青铜雕像《大力士和安泰》（佛罗伦萨的国家博物馆）源自古典文献以及石馆绘画《狄俄尼索斯的凯旋》（351，318）。在很大程度上，这些作品与拉加利纳别墅壁画很相似，甚至壁画中的某些细节（被绑手的人物）也都出自罗马石棺上的画像《狄俄尼索斯的凯旋》（佛罗伦萨的乌菲齐美术馆）。

安东尼奥·波拉尤奥罗无疑非常了解的那些以狄俄尼索斯为题

材的浮雕作品，但是我们不知道他熟悉哪些浮雕以及他通过什么方式了解的那些浮雕。尔蒂不仅收集了古典雕像，而且还努力研究了他旅行期间所看到的古典纪念像。他见过三个罗马石棺，上面绘有狄俄尼索斯凯旋的场景，其中有两个石棺保存迄今。还有一个场景在 15 世纪非常盛行，在现代绘画中我们也能看到，这就是保存在不列颠博物馆的《狄俄尼索斯印度凯旋》以及保存在罗马帕拉维奇尼宫的《狄俄尼索斯印度凯旋》（二者的时间都被确定为公元前 2 世纪）。两个保留至今的石棺来自卢浮宫的大理石古典石棺，上面绘有跳舞的女祭司纪念像。关于这一题材，我们知道，这是 15 世纪艺术的主要表现方法。尔蒂把他所熟悉的波拉尤奥罗壁画和狄俄尼索斯浮雕相对比，表现出非常相似的特点，我们基本上可以认为这些共同点非常明确，画家在大师尔蒂的基础上开始新的创作，并且实际上，他有可能认识一些值得称道的古代艺术家。尔蒂熟悉的石棺画可能曾被我们的艺术大师共同使用过，或形成刺绣图案来装饰佛罗伦萨洗礼堂的法衣或用在雕像《大力士和安泰》的创作上，因为波拉尤奥罗从尔蒂浮雕中借用的仅是具体题材。尔蒂浮雕中缺少与上半部分壁画人物的相似性，但我们发现壁画人物与其他石棺有相近之处（86，94，pl. 6a，6в6，10a，10c，15в，18c，21a，24a，28c，30 ~ 31，38в，40a）。

一个非常有意思的现象是古典石棺上的狄俄尼索斯纪念像也影响着其他艺术体裁的类似题目，对此的解释说明了壁画与古典雕像间的相似性。这种相似体现在空间构思和人物构图、人物位置、韵律感等方面，比如公元前 15 世纪的挂毯，几乎预先指出了波拉尤奥罗壁画以及埃及安提诺乌斯棺中法老所穿法衣的形式。

酒神浮雕和壁画人物的具体姿态以及剧烈动作极其相似，表现出画家的创作取材于罗马石棺上的酒神和女祭司。波拉尤奥罗不只简单借用古典主题，就像对佛罗伦萨洗礼堂教堂法衣刺绣或青铜雕像《大力士和安泰》中的人物创作那样，在拉加利纳别墅壁画中，他还研究了古典浮雕的整个历史，思考了某个人物或某组人体造型值得称道的地方。在波拉尤奥罗壁画中，对庄重人物的塑造是作品的特点，体现了佛罗伦萨艺术与古典遗产间的某种依附关系。

波拉尤奥罗非常熟悉石棺上的浮雕《酒神的凯旋》和《跳舞的女祭司》以及佛罗伦萨艺术。我们不应排除画家借用了其他画作中酒神形象的可能性，这种观点对大师的系列创作而言也很公正，波拉尤奥罗的其他作品，壁画中的很多人物都直接来源于古典石棺。尽管画家并不以研究古典文化而著称，但他真正了解多神教文化。难怪其雕像《裸战》与古典雕像和古典画像一样是研究人体解剖学和运动学的典范作品。在罗马，乔瓦尼·兰弗朗蒂尼在给艺术家的信中描写了罗马名胜和美丽景色，其中明显体现出二人相互理解以及拥有共同的兴趣（628，467，468）。波拉尤奥罗对其讲述了研究古典作品的细节以及自己在创作中对古典遗产的使用。因此，西斯都四世石棺上的浮雕人物直接复制了古意大利土地神的形象以及钱币上的安泰形象，西斯都四世本人就是阿德里安钱币的收藏爱好者。

这种古典题材具有普遍性，这并不是波拉尤奥罗的个人爱好。波拉尤奥罗很少整体复制古典雕像造型，他或者脱离古典纪念像系列人物（如拉加利纳别墅上层的壁画），或者挑选他喜欢的值得关注的人物，人物的一些出乎意料的动作、奇怪的姿势以及某种手势都是画家所青睐的对象。画家感兴趣的古典题材而后又进入到文艺复兴作品中，根据推理，安东尼奥·波拉尤奥罗让自己的模特摆出古典雕像作品中常见的姿态，他先对作品进行简单勾勒，形成的原型常被他从一个作品套用到另一个作品。考虑到画家这些作品的古典原型数目，我们可以把别墅壁画的古典来源无限扩大。

波拉尤奥罗有意从古典来源中直接取材，这决定了他的作品特点，在一定程度上，他借鉴了与壁画相关的各种古典纪念像，在此基础上又进行了再创作，在他的作品中展示出了真正的古典特征。波拉尤奥罗持续探索古典记忆的模糊形象，向发扬古典纪念像的目标前行，纪念像在当时非常普及。然而，如果各种古典纪念像持续泛滥，会出现一种对现实的威胁，即文艺复兴艺术作品将会丧失其内部活力，失去前景，这不仅涉及到别墅壁画，也涉及到其他艺术作品。那些明显的仿照品、具体的复制细节威胁着文艺复兴的创新实质，其中也包括拉加利纳别墅壁画，这是壁画购买者与画家自觉追求文艺复兴古典别墅装饰的结果。研究古典传统对波拉尤奥罗壁画的影响需要回答这样一个问题：为什么阿切特里别墅的某个纪念像会吸引画家的注意？

描写这幅壁画的作家指出，画作展示的酒神舞蹈只不过是一种隐喻，他并没有把壁画与狄俄尼索斯神话以及其他古典文学作品描写的纪念像相对比。一位画家传记作者指出，也许我们没有充分理由认为，拉加利纳别墅纪念像基于古代传说或其他文字记载（630，146）。当然，我们有时见到一些评论，指出别墅壁画表现的是酒神舞，但这些评论都没有具体依据（285，150）。研究波拉尤奥罗作品的著作对阿尔切特里别墅壁画与庞培的神秘别墅壁画做了对比（620，XX）。根据上述分析以及壁画与古典石棺、花瓶绘画间存在的某种相似性，我们将波拉尤奥罗的作品与古典文献中的狄俄尼索斯题材相对比是合理的。

我们的目的不是解析古典文学中的狄俄尼索斯神话，我们感兴趣的是神话的故事情节、狄俄尼索斯形象以及体现大自然循环的各种神。画家创作的基础是将古典精神依托在植物上以及塑造各种神的派生形象上。著名的第勒尼安海盗故事证实了这一点。在海盗船上，人们带走了狄俄尼索斯，并将其覆盖上长春藤和葡萄藤（荷马史诗，Ⅶ，38~42；阿波罗·多罗斯，神话图书馆，Ⅲ，Ⅴ，2；奥维德，变形记，ⅩⅢ，632~654），并且狄俄尼索斯的崇拜者们给酒神起的绰号是"常春藤""葡萄串"等。（欧里庇德斯，酒神祭司，105，534，566，608）。大菲洛斯特拉托斯在作品《画记》中描写了阿里阿德涅和狄俄尼索斯会面的场景，他写道："对那些想在图画上或在雕像上创作狄俄尼索斯的人来说，狄俄尼索斯有几千个外部特征，想要抓住他的特点并表达出哪怕一个很小的特点，都向我们展示了神的形象。比如说表现出常春藤花环，我们已经知道狄俄尼索斯的存在。"（菲洛斯特拉托斯，画记，Ⅰ，15；Ⅰ，25）。维吉尔、贺拉斯、奥维德在诗中提到，常春藤就像狄俄尼索斯不可或缺的特点一样，常春藤指出了神的存在（维吉尔，牧歌集，Ⅱ，36~37；贺拉斯，歌集Ⅰ，Ⅰ，29；Ⅳ，Ⅱ；奥维德，哀歌集，Ⅰ，7，1~10）。在众神中，第一位神所戴的狄俄尼索斯花环，就是常春藤花环（老普林尼，自然史，ⅩⅥ，9）。并且我们强调，圣物就是常春藤花环，狄俄尼索斯崇拜不仅体现了神的特点，而且还意味着物和神的同一。在古典和文艺复兴绘画传统中，狄俄尼索斯的形象总是像在诗歌中那样，被描绘成常春藤花环，像保存在维也纳历史艺术博物馆中的作品《酒神和阿德里安娜》中所描绘的图利奥伦巴多浮雕那样，酒神的神秘掩盖在常春藤下。同时，常春藤还体现了好色、对狄俄尼索斯特有的崇拜，这与别墅壁画异常相似，别墅壁画就像是一个为享乐者设计的休闲角落（贺拉斯，歌集，Ⅰ，18，12；Ⅰ，36，20；Ⅳ，Ⅱ）。常春藤不只体现了狄俄尼索斯神（酒神）的特点，而且常春藤总是与农村生活联系在一起。那些想从事农业劳动的人，总是把常春藤献给各种神（Alinfron，书信集，Ⅱ，13；Ⅲ，16；援引8，130）。类似对常春藤的理解还保留在现代欧洲文化和民间传统中，在意大利农村，常春藤是五月份春天庆典的必需装饰。在马卡罗音乐诗《特奥菲洛》中，作者描写了五月份节日的场面，上述例子经常出现在古典文学中，人们给狄俄尼索斯起的绰号有"长毛绒""常春藤"等，这些称谓一直保存至今。而后，在阿尔切特里别墅敞廊的壁画中，跳舞的人戴着常春藤花环，这令人直接想到这一装饰的寓意，花环献给狄俄尼索斯，这带有一定象征意义，这成为郊外别墅古典装饰的特点。另外，小普林尼是文艺复兴别墅主人们的钟爱对象，小普林尼认为，常春藤是装点花园的必要植物（小普林尼，书信集，Ⅴ，6，32）。

　　狄俄尼索斯作为一个与大自然有关、有执着品质的神，他要求自己的崇拜者身处大自然中。狄俄尼索斯的崇拜者们戴着常春藤花环，处于一种神圣疯狂的状态中，在森林里，在山上，用音乐演奏着赞美自己所信奉神灵的乐曲（欧里庇德斯，酒神祭司，135～167；217～224；677～774；616～626；1061～1152；参见鲍桑尼亚，希腊文描写，Ⅹ，4，3；Ⅹ，6，4；Ⅹ，6，4；Ⅹ，32，7；亚里士多德，雅典政体，Ⅲ，3；参见荷马，伊利亚特，Ⅵ，130～140；奥维德，变形记，Ⅲ，701～733；Ⅺ，1～84；阿波罗·多罗斯，神话图书馆，Ⅲ，Ⅴ，1～2；Ⅰ，Ⅲ，2；1，Ⅸ，12；Ⅲ，ⅩⅣ，7）。狄俄尼索斯崇拜一直带有疯狂的性质，人们在庆祝酒神节日时总是伴随着狂欢、舞蹈和各种出格行为。罗马酒神节带有放荡无度的特点（提图斯利维乌斯，历史，ⅩⅩⅩⅨ，8～19），一位基督徒的作者指出了酒神节狂欢、不雅和淫秽，这一评价被记载下来（特土良，辩护者，Ⅵ；奥古斯丁，关于上帝之城，Ⅵ，9，Ⅰ；ⅩⅧ，13）。舞蹈是酒神庆祝的必需内容，通常也是所有神秘崇拜的必备特点。狄俄尼索斯崇拜以及与酒神相关的各种崇拜都具有这种特点。狄俄尼索斯与陪同他的其他神一道跳圆圈舞（提图斯利维乌斯，历史，ⅩⅨⅨⅨ，8～19；卡图卢斯，LXIV，251～264，390～391）。酒神舞有各种特点，带有军事化的象征意义，保留着古代多神教所特有的敬神舞蹈特点（普鲁塔克，忒修斯，XXI）。人们对狄俄尼索斯的这种崇拜与神的个性和面貌有关，我们可以将其理解成一个互补的概念（欧里庇德斯，酒神祭司，113～119，317～318，325）。文艺复兴时期备受人们喜爱的维特鲁威以及而后的权威神学家格雷戈里把狄俄尼索斯看成音乐和舞蹈之神（维特鲁威，Ⅴ，7，2；195，254～270）。狄俄尼索斯崇拜以舞蹈体现，这一内容体现在多神教文化和基督教文化中，直至文艺复兴时期这一特点都没有丧失（208，Ⅰ，286）。因此，拉加利纳别墅中那些跳着疯狂舞蹈的人物是壁画的一种重要题材。

确实，在一定程度上，罗马别墅生活连同它的享乐特点以各种舞蹈的形式体现出来（贺拉斯，歌集，Ⅰ，4，5～8；Ⅱ，19；Ⅳ，Ⅰ，26）。我们记得，舞蹈是文艺复兴别墅休闲生活所必不可少的内容，是帕拉迪索别墅主人与客人在学术之余的娱乐。法尔内西纳别墅和梅林别墅的客人对此也都不避讳。别墅中的这种休闲活动是文艺复兴文学中经常重现的一个情节，尤其是在短篇小说中。我们可以下这样的定论，如果说波拉尤奥罗壁画中不画狄俄尼索斯的话，舞蹈题材的壁画也足够满足文艺复兴别墅的娱乐需要。在很大程度上，舞蹈题材的壁画基于古典传统。壁画的多神教特点很明显，我们记得中世纪文化对舞者的理解，这里保留着古典世界观的萌芽。因此，在敞廊壁画中出现了裸体人物跳舞的画面，这一题材被佛罗伦萨文学领域的高级知识分子所喜爱，而不应被理解成回归古代、有意回到多神教本质上去才进行的各种节日庆祝。人们对被发现的壁画做出上述假设并非偶然，因为早在萨沃纳罗拉执政时期，壁画曾被漂白过，因为兰弗雷蒂尼家族中有一个人被画成送葬者（618）。尽管这种观点承受不住批评的声音，但这种举动在当时的实践中缺少类比，至15世纪壁画尽管保存相对完整，但已被漂白，这一现象至少加深了文艺复兴时期人们对壁画题材的理解。

狄俄尼索斯喜欢在静谧原始的地方接纳人们对自己的朝拜。在文学描写中，狄俄尼索斯的母亲塞墨勒的房子变成了神圣的避难所："谢谢卡德摩斯，把它制成坚不可摧的样子，葡萄藤是神圣避难所的女儿，用柔嫩的绿叶把葡萄从各个方向掩盖起来。"（欧里庇德斯，酒神，10~13；参见鲍桑尼亚，描写希腊，Ⅸ，12；另见贺拉斯，歌集，Ⅰ，18，11~12）贺拉斯隐居在萨宾山别墅中，在幽静角落里，狄俄尼索斯赋予了他作诗吟咏的才能。通常，他在别墅中的创作是在受到酒神启迪下完成的："酒神，我充满了你的气息！你召唤我去哪里？去树林里还是洞穴里？灵感冲击着我，在伟大的恺撒待过的洞穴里，我把我写下的诗献给星星，献给朱庇特宝座。"（贺拉斯，歌集，Ⅲ，25，1~6，14；Ⅱ，19，1~2；参见179，47~69）古典别墅和文艺复兴别墅的主要优点是可以独享平静，与狄俄尼索斯（酒神）的理解十分契合。也许，这就是比较古典时期和文艺复兴时期的狄俄尼索斯及农村别墅的原因所在吧。农村别墅矗立在葡萄园的包围下、橄榄树藤下、花园树荫中，这不仅给酒神的信徒，还给酒神自己提供了庇护之所。

　　多数情况下，狄俄尼索斯崇拜与农村和大自然息息相关，对神的崇拜也反映出农村居民和城市居民的不同愿望。维特鲁威在文中指出，这种崇拜与利伯神庙不同，神庙要建在有城市特点的地方，周围要有剧院，并且神庙大多需要修建在城市以外的地方，虽然我们在实际生活中或在文学作品中见到的恰好相反（维特鲁威，Ⅰ，Ⅶ，1～2）。狄俄尼索斯的圣所要建在城外，壁画装饰中详细描述了狄俄尼索斯神邸位于郊外花园的情形，这样的壁画有《狄俄尼索斯诞生》、《狄俄尼索斯和阿里阿德涅》、《莱克格斯》、《彭透斯》、《第勒尼安海盗》，在文艺复兴时期的畅销小说中也描写了这些壁画（龙格，达芙妮斯和克洛伊，Ⅳ，2～3）。

　　古典文献中多次提到人们崇拜酒神而举行的很多节日庆典，这些庆祝活动恰好也在郊外，在敬神最重要的地方——基弗峰山上（欧里庇德斯，酒神；阿波罗·多罗斯，神话图书馆，Ⅲ，Ⅴ，2）。阿里斯托芬在他的喜剧作品《阿卡奈人》中描绘了这些纵酒狂饮的场面，有时还带有淫荡的场景。拉丁诗人关注过农村在酒神节日庆祝上的娱乐活动（维吉尔，农事诗，Ⅱ，380～396；贺拉斯，歌集，Ⅲ，18）。在古典思想中人们对酒神的崇拜非常明确，存在酒神形象，他沐浴在大自然中，享受农村生活，任何一个农民都要接受狄俄尼索斯（阿基里斯·塔蒂，留基伯和克里托弗，Ⅱ，Ⅲ）。这些思想体现在维吉尔的诗中：如果我只爱河水流动的田野，我愿一生在田园中度过，不去了解什么叫作荣誉。在河神和圣山所在的地方，酒神以此为荣。啊，把我带到这样清新的山谷中去吧，赫马佛洛狄忒斯用枝条来荫庇我们。（维吉尔，农事诗，Ⅱ，485～488）。类似描写有很多，这些记载是文艺复兴描写酒神陶醉在大自然怀抱中的直接来源。在崇拜酒神的地方，酒神是葡萄园的守护者，是给人们带来欢乐的源泉。在安德罗斯岛一年一度的酒神节庆祝中，神庙喷泉流出来的是酒，这里是人文主义作家的福祉之地（菲洛斯特拉托斯，画记，Ⅰ，25；鲍桑尼亚，Ⅵ，26，2；见贺拉斯，歌集，16，41～66）。无论是在古代，还是在文艺复兴时代，再或者是在未来，别墅都作为一方乐土的定义不会发生改变。

酒神是别墅及周围世界的守护神，也是别墅主人的庇护者。萨宾别墅附近的一棵树意外倒下，贺拉斯险些被压，事后，他向酒神许诺敬献白羊和午宴作为祭品，以感谢酒神的保佑（贺拉斯，歌集，Ⅲ，8，5～8）。神灵经常选择别墅作为栖身之所，因此，酒神栖息在豪华的利昂提乌斯别墅里（亚坡理纳·圣希多尼乌斯·阿波黎纳里斯，关于利昂提乌斯城堡的信件，22～100）。文艺复兴时期的文学作品也非常钟爱这一题材，把别墅看作狄俄尼索斯居住的地方。神灵的存在决定了郊外别墅的用途是享受休闲，在很大程度上，别墅对文艺复兴时期的别墅主人而言是美好的地方。波利齐亚诺在《节日》中写道，遵循这一逻辑，酒神住在维纳斯宫里。那不勒斯文学家吉罗拉莫·波吉亚在给银行家基吉别墅写的长诗中这样写道："酒神和其他众神一起，选择了罗马法尔内西纳庄园作为栖息地。"（706，194～196）酒神的存在是农村别墅生活的必要条件，弗朗西斯克·彼特拉克非常了解脱身于古典模型、站在文艺复兴源头上的人们怎样看待别墅的观点。彼特拉克在给圣徒修道院长弗朗西斯的信中，描述了农村生活的秩序，他讲述了坐落在索尔戈河畔的农村别墅，这里是酒神喜爱的地方（236，143～144）。皈依传统，菲拉雷特在斯福尔辛纳的别墅中祭祀酒神（223，Ⅰ，248）。无疑，在酒神庇佑下，菲拉雷特描写了卡尔琳达别墅的生活，其中有这样的描写：有三个身着绿裙的青年，头戴常春藤花环，拿着狄俄尼索斯乐器，像酒神那样，给别墅客人递饮品（223，Ⅰ，224）。

通常，城市里的人们也崇拜狄俄尼索斯，我们在罗马贵族的郊外别墅里更经常见到来自城市中的人们对酒神的崇拜。罗马艺术中存在严格按壁画或雕像的位置进行装饰的原则。因为古代采用酒神壁画，用马赛克或雕像来装饰花园。古典文献中确定下来的对花园及公园的理解被文艺复兴时期的花园主人所借用。先前我们提到过，彼特拉克把部分花园用作祭祀酒神的场所，文艺复兴及以后的一段时期，人们形成了狄俄尼索斯作为田园象征的印象，尤其是花园中的神像更加引人关注。文艺复兴时期的花园、公园以及别墅内，别墅的主人们用酒神雕像或酒神石棺作为装饰，他们心中遵循着上述设计观念，这也许就是当代大师们创作出带有古典色彩作品的原因吧，古典纪念像作为古典艺术品备受重视。米开朗琪罗的著名酒神雕像（佛罗伦萨，国家博物馆）被放在罗马雅格布加利花园中，在梅尔滕·梵·海姆斯凯克的作品中，我们可以看到它最初的位置。在加利花园中，酒神与米开朗琪罗的雕像被放在一起，此外，还有其他与狄俄尼索斯神话直接相关的古典雕像和浮雕。而后，雅各布·圣索维诺为巴托利尼花园建造了自己的酒神像（1515～1518）。尤利西斯·阿尔德罗·瓦迪证实（1550）了这一点，法尔内西纳家族的花园和别墅位于罗马台伯河右岸，别墅内装饰着具有代表性的古典雕像，包括大量石棺和两尊狄俄尼索斯雕像（201，37，161），花园内其他罗马雕像大多属于古代版和现代版的酒神像（526，20，21，35，64，68，88，Ⅲ，17，61，106，108；668，95～106）。我们知道，大不列颠博物馆有西斯都四世时期的石棺，上面带有酒神浮雕。自14世纪起，这些石棺就已从圣玛丽亚教堂被挪到蒙塔尔托的罗马教皇别墅。用雕像装饰郊外别墅的做法在文艺复兴时期很普遍，包括用古代纪念像来装饰别墅，通过重现古代崇拜酒神的方式来突出别墅的古典化特征。

文艺复兴郊外别墅的主人、别墅壁画设计者、艺术雕刻家大多缺少古代别墅酒神壁画的概念，他们通常没有具体的纪念像作参照，但文艺复兴时期已经有了酒神的参考依据。农村居民祭祀自己心中敬奉的神，并且经常在别墅里搞这种祭祀活动，把别墅花园作为敬奉酒神的地方。在我们熟悉的一些古典文学作品中，作者所描写的古典别墅壁画也证实了这一点。当然，文艺复兴别墅壁画的一个重要题材是祭祀酒神及其他伴神。文艺复兴时期的文学家对关注酒神题材的古典画家、他们的作品以及这些作品的命运都保持浓厚兴趣。

先前我们提到过，在薄伽丘的一首寓言长诗《爱的幻觉》中描绘了文艺复兴时期的酒神壁画（562，Ⅰ，298）。菲拉雷特用酒神来装饰别墅的例子有很多（223，Ⅰ，117，211，253，257）。因而，用狄俄尼索斯壁画装饰文艺复兴别墅的做法也很盛行，这说明酒神题材符合郊外别墅的生活方式。只要我们列举一些知名别墅的壁画就足以证明这一点，这种别墅包括法尔内西纳别墅、马达马别墅、罗马朱莉娅别墅、蒂沃利埃斯特别墅、兰特别墅和曼图亚别墅，这些别墅采用壁画及其他一些古典纪念像进行装饰。拉加利纳别墅墙上有葡萄种植者、酿酒师、园丁和牧羊人载歌载舞的场面，他们以舞蹈表达对各类神灵的崇拜。实际上，这里表现出多神教思想重又兴起，自弗朗西斯克·彼特拉克时起，这段历史激励了几代的意大利人。

还有一点能够把狄俄尼索斯崇拜和别墅生活结合起来，这就是狄俄尼索斯是给人带来快乐的神（赫西奥德，神谱，941），能够让人摆脱烦恼，给人们带来甜蜜和希望（荷马史诗，Ⅶ，58～59）。狄俄尼索斯是一个拯救者，从人类身上去除了时间束缚，就像狄俄尼索斯卸下海盗们关押他的桎梏一样（荷马史诗，Ⅶ，12~14；奥维德，变形记，Ⅲ，582~700），他打破了海盗们关闭自己的牢笼（欧里庇德斯，酒神，616~626）。在对古典神话的广义理解中，狄俄尼索斯是带来自由、解放个性的神，帮助人们解除社会和家庭的桎梏，摒弃心理和道德上的压抑。我们从这里可以看出人们对狄俄尼索斯疯狂崇拜的必然性。在古代实践（罗马的酒神节）中以及后来的时代中，人们赋予狄俄尼索斯以自由的含义，这被理解得很狭义、很简单。我们强调的含义不是酒神的狂欢行为和野蛮特点，而是在日常生活中仍存在与古代酒神有关的概念。当心灵充满快乐时必然要陶醉，因而，人们有必要享受轻松的舞蹈和感性的快乐（贺拉斯，歌集，Ⅰ，19，1~4），在充满欢乐的大自然中嬉戏，释放过剩的精力。这种对狄俄尼索斯神话的理解经常出现在石棺浮雕上，歌德将其命名为"威尼斯短诗"，在描写石棺上的酒神浮雕时，把尽情快乐理解成战胜死亡（279，207~208，233~234）。人们对狄俄尼索斯神话的这种解读恰好接近文艺复兴时期的思想。因而，在文艺复兴的狂欢中，神、对神相应的神话解读以及文艺复兴时期的诗歌描写应运而生。具体来说，洛伦佐·美第奇和安吉洛·阿雷佐十分钟爱这一题材的描写；培根在其文章《论科学尊严与多元化》以及《古代人智慧》中强调了与狄俄尼索斯崇拜有关的轻松感（230，Ⅰ，195~198；Ⅱ，277~280）。

在古代神话中，传统上狄俄尼索斯被视作酒神，赐给人葡萄枝和种植葡萄的技巧。当荷马谈及狄俄尼索斯时，只提及了他是宙斯和塞梅勒的儿子（伊利亚特，XIV，325）；在赫西奥德时，狄俄尼索斯已经是葡萄藤之神了（工作与时日，614）。奥尼和伊卡利亚从狄俄尼索斯那里得到葡萄树的嫩枝，他们自己种植葡萄并教会其他人从葡萄种植中得到快乐（阿波罗·多罗斯，神话图书馆，Ⅰ，Ⅷ，1；Ⅲ，ⅩⅣ，7）。正是葡萄给予崇拜狄俄尼索斯的人们遗忘的美好，欧里庇德斯这样认为："葡萄酒是摆脱痛苦的良方。"（酒神，279～283；菲洛斯特拉托斯，《画记》，Ⅰ，25）遵循文艺复兴别墅的生活观念为文艺复兴郊外别墅穿上了古典主义外衣。别墅生活具有的这份自由和轻松体现在农村生活常有的无拘无束中，在佛罗伦萨郊区别墅中，小说集《十日谈》中的人物们常开玩笑取乐，16世纪佛罗伦萨别墅花园的"水上娱乐"活动都反映了这种别墅生活的轻松感。别墅能让主人忘记城里的事务，这种思想的产生基于享乐主义，性质上接近狄俄尼索斯崇拜。因而，别墅装饰以狄俄尼索斯为题材完全符合逻辑，他们同在大自然怀抱中。考虑到上述内容，我们完全有理由得出判断，安东尼奥·波拉约洛在拉加利纳别墅敞廊中的壁画是献给酒神及其伴神的。

　　拉加利纳别墅敞廊壁画由酒神节中的舞蹈人物构成，他们用常春藤、花环、水果构成建筑图案，这恰好符合古罗马别墅的装饰原则。乔凡尼·兰弗雷迪尼喜欢研究古典文物，他极为欣赏古罗马纪念像以及那些与古典遗产有着千丝万缕联系的艺术品，他们的艺术手法通过运动中的裸体人物得以体现，形成了罕见的艺术统一，包括古代别墅及其墙壁上的抽象形象和墙统一。

　　拉加利纳别墅壁画采用了古典设计，别墅的古典性体现出古典传统对16世纪文化的影响。这种保存下来的艺术手法与古典文学作品以及人们发现的古典艺术纪念像一样，是时代的认知和体现。有趣的是那些吸引艺术家注意力的古典艺术范本，不仅与波拉约洛的壁画构图一致，而且在装饰设计上也如出一辙。另外，壁画的多神教题材为别墅增添了明显的古典特色。

　　拉加利纳别墅壁画的特点和意义不仅在于其所表现的多神教内容以及与其相符的古典装饰，更在于别墅符合文艺复兴时期别墅主人的生活方式、人们对农村生活方式以及郊外别墅的实质的理解。艺术家通过创作、重新思考古罗马农村别墅的形象来理解文艺复兴的各种具体表现，形成佛罗伦萨郊区拉加利纳别墅的古典壁画。呈现在我们面前的是一种非常罕见的文艺复兴郊外别墅的壁画类型，这种类型有着非常重要而又悠久的光荣历史，反映了文艺复兴时代别墅装饰的本质。也许，这并非极尽完美的艺术纪念像，并且其保存也并不完整，但它植根于具有巨大发展潜力的佛罗伦萨沃土上，并结出了丰硕的果实，美第奇在波吉奥·阿卡亚诺的别墅以及 16世纪罗马郊外别墅的壁画就是这类成果。

　　在 15 世纪佛罗伦萨别墅壁画中，我们并不能经常见到像拉加利纳别墅敞廊那样的艺术设计典型，其设计遵照了郊外别墅壁画的主要原则。

　　这一观点不仅适用于佛罗伦萨，还适用于意大利其他城市。我们更经常遇到类似卡尔杜齐别墅装饰那样比较传统，同时带有一定创新的壁画。

　　尽管我们的探索带有不连续性和多变性，15 世纪佛罗伦萨别墅的一些壁画和雕像群在结构层次和发展特点上不同于郊外别墅，但我们还是可以把这些壁画视作统一而又独立的个体。这是早期壁画的特点，也许这些壁画并不能完全体现文艺复兴别墅壁画的装饰特点以及古典传统对文艺复兴壁画的影响，但足以体现出罗马别墅的装饰具有成熟性和完整性的特点。

第三章

16世纪初罗马别墅装饰和古典传统

自15世纪起，尤其在15世纪下半叶，在一些文化艺术中心，由于一系列原因某种农村别墅类型可能占主导，但我们发现总体上，意大利农村别墅与郊外别墅基本上同时并存。罗马别墅的独特性在于贵族、主教以及教廷各类神职人员的别墅异常豪华，他们的这些贵族别墅与郊外别墅的标准完全符合。

文艺复兴时期罗马别墅在外观上继承了郊外别墅的风格，在一定程度上文艺复兴别墅的建筑风格来自遥远的古代祖先。略带夸张地说，罗马建筑传统和郊外别墅并未伴随着古典时代的终结而结束。这一点发生在罗马大地上完全合理。我在这一点上使用李弗农的形象说法（273，143～221），罗马一些有识之士在这其中起了一定作用，但罗马精神以古代秉承的廉洁传统为前提，早在彼特拉克时期，这一传统就已经确立（559，9～10），同时代的人清楚地意识到了这一点，以选举公正为荣。文艺复兴时代的罗马继承了古典文明，以古典建筑外观为基础。萨维利修葺了自己的城市房屋，重建了塞勒斯剧院；红衣主教杜贝英在戴克里先塔式建筑的遗迹上建造了自己的别墅。

经过近千年的发展，别墅占据大量经济用地（农场），类似坚固堡垒（典型标志是城堡式建筑与别墅特点相结合，敞廊类似内院风格），这构成为文艺复兴时期别墅的古典风格，罗马郊外别墅主要用于暑期度假。在古典时代的动荡结束后，人们体现出一种热爱乡村生活、喜爱农村建筑的趋势。中世纪传统复兴以后，格里高利四世教皇的行为证实了这一点（827～844）。根据同时代作品《门廊和露台》的描写（604，23），教皇拥有多处农村别墅，其中一处在危险时期还曾遭到过敌人围困。

用于暑期度假的郊外别墅（位于罗马城内及周边）通常属于教皇、红衣主教和教宗成员所有。罗马的气候特点以及由教历所决定的教宗生活使别墅成为教廷人员的生活必需品。别墅生活方式最后形成于16世纪，这一过程经过了很长时间，经历了古典时代和中世纪早期。客观上这一历史时期促进了古典观念的保留，当然，这些观念迄今已发生很大改变。然而直到15世纪中期，对于教皇、教堂的高级神职人员、罗马社会上层，别墅的主要作用仍作为经济领地或坚固城堡看待。别墅作为一种独立的建筑类型，壁画装饰还没有出现。自15世纪60年代开始，这种类型别墅开始向郊外别墅过渡，主要用途是度过炎热夏季。

从这一时期开始，我们可以说文艺复兴别墅作为一种独立现象已存在，并且具有了显著的特点。首先，文艺复兴别墅模仿了无法超越的古典别墅形象，形成了独特的别墅外观。正是在这种情况下，古罗马郊外别墅的建筑传统促进了文艺复兴别墅的发展。在文艺复兴别墅的建造过程中，人们基于时代总要求，以古典别墅范本为基础，有意识地建造现代郊外别墅。文艺复兴别墅的古典外观并没有约束它的现代生活及艺术本质，只是给它披上了古典外衣，这属于文艺复兴时期的文化现象，模仿古典范本只是为了满足文艺复兴别墅主人的要求。

罗马主教朱利叶斯二世（1503～1513）和利奥十世（1513～1521）为艺术发展奠定了牢固的基础，17世纪的前20年是文艺复兴时期艺术发展的特殊阶段，罗马的艺术发展水平非常高，通常我们把这一阶段称作"黄金时代"。大家所熟悉的古代罗马纪念像以及无数新发现的古典建筑为罗马带来一个新称谓——文艺复兴的罗马，这一名称为罗马的形象增添了新含义，促进了以古典思想为基础的文艺复兴郊外别墅的形成。16世纪初人们从这一概念抽象出豪华郊外宫殿的形象，这种别墅专供主人娱乐和休息。16世纪前30年，布拉曼特、佩鲁齐、拉斐尔的作品中体现了这一别墅形象，豪华别墅的形象存在了30余年，没有发生大变化，直至巴洛克建筑出现，许多特点才发生了改变。另外，欧洲延续下来的别墅传统和郊外宫殿建筑不只属于意大利宫殿建筑传统，也属于16世纪罗马别墅传统。

阿戈斯蒂诺·基吉别墅在外观、壁画装饰等方面最先完整、鲜明地展示了古典传统，该别墅以法尔内西纳庄园而得名。这座别墅的建筑风格与15世纪罗马传统及托斯卡纳传统有着紧密的联系。同时，该别墅的艺术表现形式清晰明了，其壁画设计经过了慎重思考，具有特殊古典性。别墅建筑具有双重特点，一方面，在很大程度上，别墅保留了先前传统；另一方面，无论在别墅生活、庇护权问题以及购买者影响力上，还是别墅生活方式上，别墅的壁画装饰能够首先确定下来别墅现象是一种艺术新秩序。这座别墅于1505～1508年开始动工，竣工于1509～1511年，至1511年，主要建造工作结束。1511年2月别墅主人去意大利北部旅行，途经威尼斯，在那里长期停留，这并没有影响在他不在的时候，朱利叶斯教皇二世及受他庇护的年轻人——费德里科·贡扎加拜访别墅并在他的别墅里用了午餐，他们拜访别墅的频率达到一个月去两次的程度，弗朗西斯科·阿尔贝蒂尼指出这一现象原因，阿戈斯蒂诺·基吉别墅是罗马最奇妙的地方之一（199，30）。1511 年埃吉迪奥·加洛写了一首拉丁文长诗献给这座别墅，诗中证实佩鲁齐创作的多数壁画已经基本完工，至 1512 年，按帕拉第奥的描写，基吉别墅只剩花园没有完工。参与别墅室内设计和外观建造的建筑师大多是别墅买主家乡的农民，他们还是巴尔达萨雷·佩鲁齐建筑团队的建筑师、画家和舞台设计师。

最初花园的周围安置了雕像，彼得罗·阿雷蒂诺在剧本《妓女》中写道，别墅位于台伯河右岸，现在这个地方变成了城市。该别墅属于典型的郊外别墅，主人去别墅要花很长时间，旅途劳顿，但道路两侧的风景给人带来很大的快乐。后来，随着郊外别墅的发展，别墅主人去别墅可以不用太长时间，用不着脱离城里事务和自己的职责，并且不用花太多路费，别墅可以满足主人所有生活需要，这令我们不由自主地想起了小普林尼对他的别墅的描写（书信集，Ⅱ，17，2~3）。

我们无法讨论法尔内西纳别墅的所有特点，我们的目的是确定哪些别墅与 16 世纪意大利郊外别墅的建造传统有关，这类别墅首推 1505 年为阿戈斯蒂诺·基吉兄弟建造的伏尔泰别墅，这座别墅位于锡耶纳附近。该别墅被认为更可能是巴尔达萨雷·佩鲁齐风格的建筑。16 世纪意大利的法尔内西纳别墅体现了这一时期别墅的特点，别墅整体格局、敞廊和别墅前的封闭式院落都体现了阿尔贝蒂早期的建筑理论和建筑实践。

巴尔达萨雷·佩鲁齐遵循锡耶纳别墅的设计，改变了一些要素，按规模和艺术表现力创造出一种新形象，保留了伏尔泰别墅设计，减少了侧翼，使主阳台处于更中心的位置，阳台通向别墅内室正门，就像现在坐北朝南的建筑那样，这是 19 世纪经过改造后的设计。阳台中心轴的数目发生了变化，按原来的传统构图，锡耶纳法尔内西纳别墅阳台有 4 个中心轴，改造后变成 5 个中心轴，阳台变得更加重要。在角落中引入壁柱，使侧翼阳台变得更大，壁柱作用主要在于将中央分成两个窗户（巴尔达萨雷·佩鲁齐的发明）。别墅侧翼二楼也沿用了这一设计，法尔内西纳别墅北面二楼的主体不像伏尔泰别墅一楼的格局，而是按新样式进行了改造，在别墅上层，建筑师让窗户与壁柱错落，结构简洁，建筑物四周用带有丘比特和花环图案的带状檐楣装饰，强化了别墅的统一性。窗子被设计成小三角形，沿袭了一楼设计，檐楣的统一性没有受到破坏，这种装饰强化了别墅的古典色彩。上述特点使北部、外墙阳台的作用更突出。强化了侧翼功能，扩大了敞廊出口的数量，使二楼结构紧凑，起到一种独特的阁楼作用。

别墅结构按横向和纵向分布，设计清晰，敞廊结构是法尔内西纳别墅的主要特色。这不禁让人想起私人住宅的庭院格局，阿尔贝蒂对这种设计做了详细描述，敞廊通向院落尽头（208，I，165～167）。敞廊的社会作用强化了它的重要性，敞廊的壁画装饰与主人的个人生活紧密相关，另外，敞廊用于表演活动，这一用途使它变得格外重要。

巴尔达萨雷·佩鲁齐非常关注主阳台（除了主阳台，别墅东南角还有一个朝向花园的阳台），这不仅是 15 世纪的传统，也是阿戈斯蒂诺·基吉别墅有意突出的古典特点，这是郊外别墅的一个显著特点。别墅的古典性体现在其特殊建筑风格上，这包括独特的建筑布局、具体构造、建筑装饰等。别墅的古典原则也许并没有贯彻到最后，就像后来我们所理解的多神教壁画没有延续到现在一样。

在很大程度上庇护人决定了所订购作品的特点、内容以及形式。难怪菲拉雷特写道："庇护人是建筑之父，建筑设计师是建筑之母。"（223，Ⅰ，15～16）因为别墅购买者的个性特点和社会地位决定着别墅的建造风格。

16 世纪初的罗马富于创造性，而贵族们建造别墅更是为了彰显自己的个性。阿戈斯蒂诺·基吉（1465～1520）来自锡耶纳，他是罗马最大的银行家，他的银行受到罗马教皇亚历山大六世、朱利叶斯二世、利奥十世及教廷的资助，资助范围当然不只局限在罗马，基吉在罗马地位显赫，对他的资助范围还扩大到整个欧洲以及近东，包括那些拜占庭地区。1511 年莱昂纳多·达·波尔图在写给安东尼奥·萨沃尔尼亚诺的信中出现这样的描写，"阿戈斯蒂诺·基吉是意大利最富有的商人"（658，Ⅰ，344，472，参见 31；662，228～233；667，Ⅰ，433～469），他的客户有国家、显贵和人文主义者。阿戈斯蒂诺·基吉与威尼斯共和国以及美第奇家族、切萨雷·波吉亚、吉多贝多·达·蒙泰费尔德罗比诺公爵、亚历山大·法尔内塞、未来的保罗三世、伊莎贝拉·埃斯特和皮耶罗·本博有非常亲近的关系，并且基吉曾受过他们的资助。别墅主人具有雄厚的经济实力，资金周转顺畅，年收入达 7 万古金币，除此之外，他还靠卖盐获利（基吉垄断盐业），在托尔法开发明矾矿，他还拥有大量船只，庞大船队为他带来丰厚的收入，锡耶纳城把海克力斯港租给别墅主人使用。阿戈斯蒂诺·基吉非凡的商业智慧在郊外别墅的装饰中也得到了具体而又独特的体现，别墅主人常住罗马，经济政治利益使他与罗马保持着密切联系，阿戈斯蒂诺·基吉从锡耶纳邀请了巴尔达萨雷·佩鲁齐和为别墅工作过的画家索多马为他设计和装饰别墅。

阿戈斯蒂诺·基吉凭自己的经济实力，也可以说凭借他的慷慨使他赢得了社会名声和教职，他任锡耶纳参议员，并被教皇授予了伟大封号，他在罗马担任使徒书记职务，1509 年教皇朱利叶斯二世让他承袭了德拉·罗维尔的姓氏。阿戈斯蒂诺·基吉与教皇利奥十世的关系更加密切，他是首批欢迎圣彼得·乔万尼·美第奇当选王储的人。随着新主教的任命，罗马出现了大量对此事的评述。其中，阿戈斯蒂诺·基吉是最早写诗赞颂新当选教皇的人，古典形式是他的寓言体诗歌的主要特点，诗中评价了前任教皇——亚历山大六世、教皇朱利叶斯二世以及利奥十世，"首先，阿弗洛狄忒为我们确立了原则，而后阿瑞斯登上王位，现在帕拉斯智慧之神执掌王权"（658，I，295～296）。在巩固了自己的地位后，阿戈斯蒂诺·基吉想通过联姻方式使地位更稳定。阿戈斯蒂诺·基吉出身商贾，他遵循非常成功的贵族生活方式，同时不惜采用任何手段取得新的社会地位。他结过两次婚，第一次娶了玛格丽塔·冈萨加，她死于 1508 年的分娩。1510 年，尤里乌斯二世的侄子弗朗切斯科·玛丽亚·德拉·罗维尔和妻子埃莉诺·冈萨加在罗马逗留期间，阿戈斯蒂诺·基吉显然萌生了娶埃莉诺·冈萨加的念头，埃莉诺·冈萨加是曼图亚侯爵玛格丽特·冈萨加的私生女。1511 年，他们几乎达成了婚姻协议，协议在 1512 年由于阿戈斯蒂诺·基吉出身卑微而作废，基吉进入德拉·罗维尔家庭无法隐瞒自己的出身，尤其是他所从事的商业活动性质。埃莉诺·冈萨加从乌尔比诺给自己的未婚夫的信中谈到与基吉的婚姻："他给我非常好的印象，除了他从事商业和银行家活动对我们的家庭而言不太体面。"（引自 706，195）有意思的是，在阿戈斯蒂诺·基吉死后多年，彼得罗·阿雷蒂诺在 1537 年 7 月 4 日写给费里尔·巴里特拉的信中说道："除了阿戈斯蒂诺·基吉，彼得罗·阿雷蒂诺鄙视其他所有商人。"彼得罗·阿雷蒂诺几乎照搬了埃莉诺·冈萨加的话，又突出了阿戈斯蒂诺·基吉的出身和活动性质。在威尼斯停留期间，阿戈斯蒂诺·基吉遇到了弗朗西丝·安德列佐，作者来到罗马后，成为基吉的长期伴侣，为他生了 5 个孩子。1519 年 8 月 28 日，在教皇利奥十世以及许多红衣主教和教廷使徒的见证下，弗朗西丝成为基吉的合法妻子。阿戈斯蒂诺·基吉的个人生活、向埃莉诺·冈萨加不成功的求婚、与弗朗西丝的婚姻以及与罗马著名交际花伊姆别利亚的交往，对他后来赞助艺术有很大影响，并且直接体现在法尔内西纳别墅壁画中。女性在人文活动以及特色沙龙中起着非常大的作用，以他妻子命名的沙龙就是这样的典型例子。

在阿戈斯蒂诺·基吉的日常生活及商业活动中，资助艺术对他有特殊意义，对一个投资人士而言，投资首先应给他带来收益。但基吉资助艺术的目的主要是尽己所能地提高他自己的社会地位。基吉对艺术的无私奉献体现在他对艺术领域的资助中，基吉名列古代和现代著名资助艺术人士之列，提到艺术资助，美第奇家族是现代人眼中的典型例子。美第奇的示范作用对基吉很重要，因为科西莫·美第奇作为奥古斯都的君主形象为基吉提供了很好榜样。阿戈斯蒂诺·基吉怀有功利目的。年轻时基吉没有得到系统化教育，他渴望弥补这一不足。自身的文学爱好以及不正确的拉丁语习惯让他遭到同时代人的嘲笑，这也促使他赞助艺术事业。在利奥十世周围，阿戈斯蒂诺·基吉是一个热心的慈善家，他就像教皇那样，非常热心资助艺术事业。通常，阿戈斯蒂诺·基吉赞助古典研究，重视从古典艺术中获益。阿戈斯蒂诺·基吉邀请人文主义者到自己别墅来，在别墅里经常举办文学晚会和戏剧演出。1511 年 7 月 25 日，梅塞尔·巴托洛梅奥·德拉·罗维尔的三个儿子在利奥二世在场时，在别墅里朗诵了拉丁文的牧歌集（659，525），作品《盛

宴》（1554）中的对话发生在法尔内西纳别墅花园里，参与演出的
人士讨论了夫妻间的不忠等话题。基吉别墅里的宴会和招待会不只
是文学聚会，尽管聚会穿上了古典外衣，但实质上是享乐盛宴，是
主人用来提高自己教育水平的一种方式。法尔内西纳别墅的休闲娱
乐把享乐与学术研究结合起来，别墅在这方面立下了不小的功劳。
当然，功劳不仅属于别墅主人，在很大程度上还属于女主人伊姆别
利亚，她不失为美貌与智慧于集一身的阿斯帕西娅，她在别墅活动
中起了很大作用。受邀客人不只局限于文学家，还有天文学家。阿
戈斯蒂诺·基吉对来自达尔马提亚的僧侣乔治奥·贝尼尼奥·萨尔
维亚蒂非常器重，对方的天文学论文引起了他的兴趣，因为基吉喜
欢占星术，别墅专门辟出了一个房间用他喜欢的星座做装饰。年轻
的罗马演员和诗人埃吉迪奥·加洛模仿普劳图斯写了两部剧本。在
阿戈斯蒂诺·基吉的资助下，两部早期希腊语著作《品达与训诂
学》（1515）和《提奥克里图斯》（1516）得以出版，书稿中使用
了别墅装饰插图。《牧歌集》对别墅生活有直接影响，这直接反映
在罗马牧歌诗人的崇拜者、文艺复兴别墅主人以及文学家们的别墅
生活中，像波利齐亚诺、桑纳扎罗、安东尼姆·弗拉明等人。品达
在其出版物中特别强调书的出版事业受阿戈斯蒂诺·基吉资助。出
版物由人文学家自己和圣阿戈斯蒂诺·基吉的助手——科内里奥·
维泰博共同完成。

　　阿戈斯蒂诺·基吉的艺术赞助事业伴随着他的一些轶事。由于
基吉的名字和奥古斯都大帝的拼读一致，在后来举办的各种文化活
动中，与其同一时代的人必然把基吉和罗马大帝联系起来。在那不
勒斯人文学家吉罗拉莫·博尔哈写给基吉的两部长诗中，基吉被塑
造成像奥古斯都那样的伟大人物。像奥古斯都那样，基吉建造了自

己的王宫，在里面重现了古典世界的宏大景象，宫殿里面住着各种神灵，有酒神、爱神、巴克斯、贺拉斯、维纳斯和帕拉斯。诗人并没有直接援引苏埃托尼乌斯（奥古斯，28～29），但是诗人对奥古斯都的伟大活动有非常明显的暗示。除了吉罗拉莫·博尔哈，其他那不勒斯诗人如贝内代托、凯利格在献给基吉的长诗中，将他塑造成统治者、君主和伊特鲁里亚沙皇的形象。在基吉的法尔内西纳别墅的卧室里，他被塑造成亚历山大·马其顿；在圣玛丽亚教堂中，纪念基吉的教堂壁画装饰中明显包含有关奥古斯都大帝的内容和思想。奥古斯都的形象存在于基吉家族所有成员的生活中，阿戈斯蒂诺的姓成为传统姓氏，他把基吉与弗朗西斯卡·安德里亚佐生育的儿子起名为"阿戈斯蒂诺·波斯图姆"，意思为死去的阿戈斯蒂诺。埃吉迪奥·加洛在描写法尔内西纳别墅的长诗中把教皇尤里乌斯二世与朱利叶斯·恺撒做对比，这种比较很多，这也再次证明了阿戈斯蒂诺·基吉取得了奥古斯都大帝的形象，因为在与后者的类比中，基吉受尤里乌斯二世的庇护（朱利叶斯·恺撒）。阿戈斯蒂诺·基吉被比作大帝的另一个原因是他与情人伊姆别利娅的关系，她的名字的含义为"帝国"，给人以丰富的联想。像奥古斯都大帝那样，科内里奥·维泰博受阿戈斯蒂诺·基吉的保护，在埃吉迪奥·加洛的长诗中也曾提到过他。基吉除了担任商业公职，还资助自己的被保护人出版了《品达和提奥克里图斯》。阿戈斯蒂诺·基吉可能就是别墅壁画的设计者。

我们在分析法尔内西纳别墅的壁画时还记得文艺复兴资助业兴起的起因，从赞助艺术的活动中得到快乐对阿戈斯蒂诺·基吉来说很重要。这也是文艺复兴时代人们对建造别墅的普遍看法，别墅能给主人带来精神上的愉悦。威尼斯贵族维托里奥·贝卡罗果断拒绝了那些想购买乔尔乔内画作《为快乐而游泳》的人，哪怕是伊莎贝拉·德·埃斯特本人来购买，为了自己的精神愉悦，他也不愿接受这笔交易，这种拒绝理由在当时也很有说服力。文艺复兴别墅就像古典别墅一样用于享乐和休息。这让我们想起科西莫·美第奇，他非常了解庇护制对国家的意义，而且他首先从郊外别墅生活中获得快乐，种葡萄时他感受到了一种特别的幸福。别墅的很多命名已经证实别墅的用途在于娱乐主人的身心。我们这里指的是别墅内纯粹的享乐主义生活，而不是学术交谈和学术创作后的休息。并且在壁画讲述的故事中，我们也经常能见到对爱轻浮和草率的故事情节。因而，马基雅维利在《曼德拉》序幕中已经形成了文艺复兴序曲的总基调，他想用轻浮的故事、空虚的想法来照亮沉闷的日子（237，133）。因此，爱情题材尽管有伴生情境，但出现在阿戈斯蒂诺·基吉别墅的壁画中显得很自然。别墅里发生着伴随玩乐生活、披着古典外衣的爱情故事。为了给别墅主人带来更多的快乐，我们经常见到幽默、诙谐的古典故事。因为室内所装饰的壁画、纪念像以及其他艺术品主要用于取乐，阿戈斯蒂诺·基吉建造别墅、在那里度过轻松时光都是为了追求快乐，别墅壁画恰好是为了强化别墅这一功能。

阿戈斯蒂诺·基吉的同代人特别指出了别墅的古典面貌。现存一些拉丁文诗歌中描写了花园内的雕像、别墅房间以及别墅内部装饰。这些描写让我们有可能评价别墅的原貌，明确其建造年份，了解别墅壁画和别墅主人的生活（706，197～199，700，36～43）。这是著名罗马作家比亚焦·帕莱（1512）的描写，他扮演一位古典庄园主人——帕拉第奥，帕拉第奥别墅带一个小花园，位于台伯河岸边（702），还有埃吉迪奥·加洛，他是罗马著名诗人和演员（701）。出版帕拉第奥的诗在很大程度上在于表演克劳迪安的诗需要这样做。此外，还有一些罗马文学家和人文学家的诗集中赞扬了基吉的优点以及他所关注的艺术事业，当然，这些诗作对新落成的别墅也不乏赞美之辞。同时代的人怎样理解帕拉第奥诗中的别墅引起了人们的兴趣，诗中明确形成了古典别墅的概念。在一系列描写别墅的叙事体诗歌中，我们有必要指出一部没有出版的作品——《莱卡萨诺瓦的诗歌》（706，198），这一作品重要性不在于埃吉迪奥·加洛、布洛斯·帕拉第奥、莱卡萨诺瓦诗歌中所倡导的功利主义，而在于诗歌中塑造的郊外别墅形象，对别墅主人、访客们以及同时代的人们来说，郊外别墅应距罗马不远，别墅里有着富于古典色彩的壁画，在这里人们能够目睹古典郊外别墅。所有描写法尔内西纳别墅的作品都带有古典色彩，文中经常出现古代历史人物，其中一些人为了观赏基吉的别墅专程来到罗马参观。

　　法尔内西纳别墅所收藏的文物为别墅内部装饰增加了古典色彩，收藏品不只包括花园及室内的古代雕像，还有其他藏品。1550 年尤利西斯·阿尔德罗·万迪编写并整理了罗马个人住宅及公共场所中的雕像清单，其中只是简单介绍了基吉别墅内的古典收藏（201，37）。但鲁·兰切亚尼认为，在 1579 年基吉别墅出售给红衣主教亚历山大·法尔内塞之前，里面存有大量雕像，而后基吉的雕像收藏品成为法尔内塞家族的财产（514，Ⅱ，178）。法尔内西纳别墅雕像不像观景楼或相邻的法尔内塞别墅中的雕像那么多，也不那么杂，数量更加合理，构思更加巧妙，与别墅用途更加相符。根据一些零散而间接的资料我们可以还原雕像的构成。根据牛津大学图书馆的利戈里奥记录信息，别墅中的雕像有长着山羊角的色狼正和坐在它旁边的年轻人亲密的场景（519，196；725，17；49），还提到一组雕像《色狼和达弗尼斯》，还有《潘和达弗尼斯》。这类雕像是古典花园的典型雕像，尽管没被利戈里奥所登记，但卡瓦列里证实了这些作品收藏在法尔内塞家族藏品中（519，196）。显然，彼得罗·阿雷蒂诺在1537年12月19日的信中提到了这座雕像（240，Ⅰ，110）。需要重点强调的是爱情是花园群雕表现的主要内容，可能还有其他一些具体场景描写。我们想起别墅敞廊中朱庇特和丘比特的壁画，壁画题材与花园雕像内容统一，经16世纪保存下来的作品证实，别墅花园里还有一座长着翅膀的女神像也表现了这一题材（743）。

阿戈斯蒂诺·基吉的别墅被花园环绕，花园雕像所体现的古典题材与建筑装饰相符，在建筑外墙竣工后壁画采用了明暗法进行装饰，也许在建筑工作没完成之前，壁画装饰工作已经开始。因此，别墅建筑装饰的完工时间更可能在1509～1511年。我们从瓦萨里保存下来的纪念像和工程草图中了解到，建筑物外墙装饰在罗马甚至在整个意大利传统中古老而又闻名。外墙壁画情节一般包含各种神话传说及田园场景，这是法尔内西纳别墅建筑装饰所特有的场景，具有幻想主义色彩和古典面貌相结合的特点（216，Ⅲ，312；见216，Ⅲ，311；319；参见353，398）。

在现存别墅遗迹中，除了面向台伯河的外墙建筑上保留了佩鲁齐壁画的一些碎片，其他装饰没有被保留下来。在现存东面的外墙遗迹中，我们可以看到一些女性人物和奥林匹斯神形象，基于瓦萨里对这些遗迹的描写以及当代人对别墅的记载，我们能够恢复基吉别墅装饰的主要特点。

一位法国无名画家于1555～1556年的作品中（纽约，城市博物馆，№49，92），重现了别墅北面的外墙装饰（684，fig.58）。浮雕上半部中央处有两个由壁柱构成的女性人物神话像，女像柱起到了支撑作用。我们很难确定壁画所讲述的故事情节，但题材无疑是古典题材，多半是奥维德《变形记》中的场景，人物形象在别墅室内装饰中也多次出现。风格上的类似不禁令人将这一作品与佩鲁齐雕像的《爱的力量》进行对比，它们更像描绘两个神话场景的一幅壁画（巴黎，卢浮宫，№7105），可能是阿戈斯蒂诺·基吉别墅外墙的副本（715，64；716，72~73）。图纸上方与下层螺旋和特殊檐口截然不同，从城市博物馆图纸上我们可以看出二者相似之处，壁画故事表现了帕西法厄向代达罗斯示爱，所有场景采用近景设计方式，人物被放大，省略了细节，这种处理没有分散主要事件。画家考虑了人物与场景构图，作品装饰了较为遥远的建筑物上端，形成了清晰易辨的总造型。壁画下层尽管人物很多，很分散，但同样简单明了、结构清楚。下层壁画展示了阿弗洛狄忒和阿瑞斯的爱情故事，后面跟着奥林匹斯众神。尽管我们面前只有一张图纸，但誊写员绘出了法尔内西纳别墅正面装饰的主要特点。把这张来自纽约博物馆的图纸与北面外墙装饰总图相对比，北墙上的壁画有着同样的构图特点，从中我们可以看出，两张图纸表现了同样的艺术原则。卢浮宫图纸上的两幅作品组合描绘的场景象征着爱的力量，这是代达罗斯和帕西菲以及阿瑞斯和阿弗洛狄忒之间的故事（阿波罗·多罗斯，神话图书馆，Ⅲ，Ⅰ，3~4；奥维德，变形记，Ⅳ，171~189）。在起到支撑作用的螺旋型壁柱上，在每幅作品中，爱神居中央位置，这直接体现了神所控制的爱具有不可逆性。因此，帕西法厄神话的另一个版本是这样的：帕西法厄受公牛吸引并不是因为米诺斯没有向普罗米修斯敬献公牛，所以普罗米修斯才派公牛来勾引王妃，王妃后来生下牛头怪是因为普罗米修斯向米诺斯复仇，就像阿波罗多罗斯证实的那样，掌管金牛座的阿弗洛狄忒（罗马神话中的爱神和美神）惩罚了赫利厄斯（罗马神话中的太阳神）和他的女儿帕西法厄，因为赫利厄斯向众神公开了她和阿瑞斯的关系。
卢浮宫图纸上所绘的恰好是赫利厄斯的战车，整个建筑外墙设计尽
管也有不够吻合的地方，根据瓦萨里的描述很难下定论，只强调了
具体结构不够协调，但图纸上的主要题材与基吉别墅花园的雕像以
及室内装饰的题材很类似（都弘扬了爱情的伟大力量）。

　　我们应记得佩鲁齐创作图纸被确定在1510年，而后作品按图纸被
雕刻成像，题为《爱的力量》，描绘了古代众神的爱情（716，66～
73）。我们有理由推翻晚于这一年份的推测，因为艺术家几乎是同时
装饰了别墅外墙和大厅，这一类情色故事吸引了艺术家的注意力。

　　文艺复兴时期具有幻想色彩的壁画装饰包括了外墙装饰，像法
尔内西纳别墅那样，壁画装饰不只基于古典文学的故事描写，主要
创作原则基于古典故事来源，比如维特鲁威作品中的一些知名故事
（Ⅶ，Ⅴ，1～4；见24，Ⅰ，480）。我们需要记得维特鲁威在自己
的作品中恰好有一些对纪念像人物的怪诞姿态描写（Ⅶ，Ⅴ，1～
4；见24，Ⅰ，480）。据此，我们可以确定外墙装饰的艺术特点。
我们面前呈现的作品是意大利幻想主义风格的外墙设计，作品基于
具有罗马装饰风格的古典范本，外墙古典纪念像构成了一部分文艺
复兴幻想主义作品，作品更接近于法尔内西纳别墅建筑正面壁画，
连同别墅内部装饰一起类似第二种风格的庞培肖像壁画，群雕规模
宏大（40，136；350，260～261；124；125；94，61～88；91；
95；96）。法尔内西纳别墅正面装饰与第二种风格庞培古典纪念像
的共同点在于艺术家关注壁画的整体布局，内容丰富、画技精湛、
动作优美、富于幻想色彩，建筑师完成建筑正面壁画后人物和布局
没有受到破坏，反而增强了现实表现力和幻想色彩。建筑与壁画巧
妙结合构成了别墅的总体特点，在幻想主义色彩下雕像人物和整个

题材使故事更加丰富。法尔内西纳别墅的正面装饰与庞贝第二种样式的古典纪念像的相似点非常重要。普布留斯·范尼亚·西尼斯托尔别墅内的庞贝第二种样式古典纪念像深受古典剧院装饰的影响，甚至有时直接借用了不同类型的剧院装饰（喜剧、讽刺剧和悲剧场景）（91，327；94，97～135；99）。

别墅北面两个侧翼间有矮墙，三面矮墙围着院落，有三级台阶通向院子，充当露天舞台，这种设计在当时很普遍。法尔内西纳别墅的主人在这里排练节目。这时别墅北面的实际建筑充当了幻想主义壁画的道具，再现了建筑的一些具体构造，雕塑构成的各种神话布景作为剧院后台，别墅回廊让人想起16世纪初的舞台。这种设计理念来自维特鲁威对古典剧院和剧院壁画的观念（Ⅴ，Ⅵ，8～9；Ⅶ，Ⅴ，2；Ⅶ，Ⅴ，5～7）。据瓦萨里透露，佩鲁齐对剧院表演非常感兴趣，他经常参与舞台设计（287，Ⅲ，313～315；287，Ⅲ，315；参见475，398～399）。在这项工作中，画家对古典题材、古典形象以及复杂的空间结构一直保持着浓厚兴趣，就像瓦萨里所描述的那样（216，Ⅲ，316）。佩鲁齐认真研究了维特鲁威的著作，因而他非常熟悉上述古典理论家对剧院后台的描写。而且佩鲁齐保留了戏剧表演舞台的图纸（佛罗伦萨，乌菲齐），我们有充分理由认为这些装饰出自佩鲁齐之手。

基吉别墅舞台上表演的戏剧多为古典题材，这里通常表演一些田园题材的节目，在很大程度上，文艺复兴别墅外墙壁画演绎的故事赋予了别墅浓厚的古典色彩。文艺复兴别墅与基吉别墅的田园风格相似，结合了别墅正面建筑的壁画。伊莎贝拉·德·埃斯特的曼图亚代理人证实了法尔内西纳别墅曾上演过的剧目。在1512年7月28日的信中，埃斯特的代理人讲述了在法尔内西纳别墅度过的时光，"晚饭前，几个男孩和女孩扮演他们所度过的田园生活，他们表演得非常出色，展示了田园风光的美丽"（659，542）。我们记得别墅里人们模仿普劳图斯朗诵拉丁语牧歌，他们所朗诵的诗歌及上演的爱情剧都是敬献给主人阿戈斯蒂诺·基吉的。

基吉别墅的室内壁画可分为1510～1511年和1515～1518年两个阶段。除了外墙壁画，别墅一楼大厅的壁画属于第一阶段完成，这一工作由佩鲁齐绘制。这一阶段的主要工作是大厅壁画，确切地说就是嘉拉提亚敞廊，敞廊位于别墅一楼东翼，面向台伯河和花园。后来，别墅敞廊被重建后，这里变成了一个封闭的空间，完全改变了最初的壁画设计。佩鲁齐和塞巴斯蒂亚诺·维尔皮翁博都参与了敞廊的壁画设计工作，除了间壁上的壁画《波吕斐摩斯》以外，所有支架上的壁画都已完成。而后在1513年和1514年，在相邻间壁上绘有《波吕斐摩斯》，赛巴斯蒂亚诺、拉斐尔和朱利奥·罗马诺一起完成了著名壁画《嘉拉提亚的凯旋》。按照传统，阿戈斯蒂诺·基吉卧室的壁画属于瓦萨里所说的早期壁画。目前我们有充分理由认为卧室中的壁画形成于1516～1518年，佩鲁齐设计了别墅二楼的普赛克大厅（约在1515年或1516年），这是别墅装饰的第二阶段。在拉斐尔领导下，拉斐尔的学生兼助手朱利奥·罗马诺、乔凡尼·弗朗西斯科·佩恩、拉斐尔诺·德尔科尔和乔瓦尼·达·乌迪内完成了敞廊及通向别墅正门的壁画。一些研究者认为除了用于提升普赛克敞廊壁画的整体效果，拉斐尔的壁画《美惠三女神》营造的效果归因于敞廊拱门模板的使用。

佩鲁齐无疑是决定整个壁画设计的主要人物，他是别墅设计师，别墅内多数壁画（3/5左右）出自他的亲手制作。装饰别墅工作持续了很久，建设与装修差不多花了十年。佩鲁齐和科尔内利奥索一起完成了别墅装饰的总体规划，规划流程非常严格，为了烘托整体安静气氛，他们分析了每一幅壁画。这种设计决定了室内所有壁画的题材，我们可以将其概括为庆祝和爱情两大题材，因为壁画常见情节与购买者的个人生活交织在一起。艺术家基于购买者自身喜好以及雇主所要求的时限来考虑建筑设计。佩鲁齐为法尔内西纳别墅确定了一个古典的称谓。在这里我们不应忽视其他艺术大师的作用，尤其是拉斐尔、赛巴斯蒂亚诺·维尔皮翁博，他们为建造别墅及设计古典壁画做出了重大贡献，佩鲁齐率先推动了这种探索，对别墅壁画起了决定性作用。艺术大师喜欢用富于幻想主义色彩的壁画来装饰别墅，他的影响一直体现在别墅装饰中。

佩鲁齐从最初创作就表现出他对古典文化的兴趣，这取决于画家个人喜好以及 16 世纪初他在罗马和锡耶纳的艺术道路特点，这些因素影响了艺术家的艺术表现手法。瓦萨里总提到佩鲁齐对古典事物、古典建筑、古罗马历史、古典纪念像草图和维特鲁威的兴趣（216，Ⅲ，311，313，316，318）。我们在这里有必要指出，佩鲁齐对古典雕像格外关注，尤其是对罗马文化石棺，他几乎毕生都专注于这一兴趣（514；716）。这些特点不仅体现在他对阿戈斯蒂诺·基吉别墅的壁画装饰上，也体现在他的其他艺术作品中。

佩鲁齐对古典历史的功绩主要归功于平图里基奥，平图里基奥在罗马和锡耶纳的作品都具有古典幻想主义色彩，佩鲁齐从平图里基奥那里感受到了古典历史的魅力，他希望彻底研究过去，仔细衡量、研究每个细节。佩鲁齐这一时期的作品不同于先前，他有时直接借用古典描写。为了理解古典主义观点，佩鲁齐经常接受艺术大师们的创作理念，不断吸收外来影响，与一些杰出艺术大师合作（拉斐尔、赛巴斯蒂亚诺·维尔皮翁博）。在很大程度上，佩鲁齐是一个翻译家，而不是一个创造者，这一点体现在他对古典遗产的理解上。佩鲁齐对古典主义的态度经历了一系列变化。佩鲁齐的早期作品经过考古实证，像现实版的古典马赛克组合，这些特点构成了法尔内西纳别墅的壁画。佩鲁齐的理解更准确、更深刻，他的作品创造性地体现了古典主义特点，从简单复制一些具体形式到创造性地去思考古典形式，进而充分体现出古典世界的美好。

法尔内西纳别墅的室内装饰中最早的部分可能是壁画最不完善的地方——弗里斯大厅壁画，这些壁画位于一楼，通向普赛克敞廊，佩鲁齐壁画特点是在墙壁上部形成一个狭长的带状区域，覆盖居室所有墙壁。佩鲁齐独特的建筑思维展示了他对檐壁艺术形式的精准理解。佩鲁齐描述的波澜壮阔的戏剧故事在一个狭长的空间内展开，狭窄的檐壁加剧了故事的紧张气氛。佩鲁齐似乎没有准确指出光线的来源，但曙光、夕阳、篝火、宙斯的闪电和阿波罗的光芒凸显了戏剧化场景，给这一场景以不必要的紧张感。故事情节集中在人物近景、全身以及一些具体景物。我们注意到了布景随着故事情节、战争、功勋、爱情、死亡等剧情的发展而转变。节奏感贯穿故事整个情节，情节连贯是佩鲁齐带状壁画的主要特点，这一特点使壁画整体具有自己的个性。佩鲁齐在遵循艺术统一性的同时，时而节奏感加快，变得热情洋溢，时而又变得平稳，形成了壁画带状的戏剧化统一。

大厅檐壁包含了以下故事情节。北墙是故事的开始，绘有《大力神赫拉克勒斯的十二件功勋》（与半人马、尼米亚猛狮的战斗；大力神在拿金苹果时与赫斯帕里得斯、科伯、迪奥梅德斯母马、九头蛇许德拉的厮杀；大力神与阿赫洛伊、安泰的战斗）。东墙仍延续了这一题目：阿特拉斯大力神和埃里曼托斯山的野猪。画家用绘有女人头像的壁柱把大力神的功勋和其他故事分开。东墙上展示了如下人物和场景：赫尔墨斯赶阿波罗奶牛；达娜厄、朱诺和塞梅尔；塞梅尔之死；阿波罗、米达斯和巴克斯；波塞冬的凯旋。南墙上描绘了以下人物：特里顿和涅瑞伊得斯；阿里昂。西墙上描绘了以下人物和故事：睡着的阿里阿德涅和巴克斯；惩罚马西娅；卡吕冬野猪；墨勒阿格的故事；奥菲斯的故事。

　　尽管多数画面与原著有细节上的出入，但故事描绘详细具体，再现了奥维德《变形记》中的故事情节，壁画创作者们都认同这一观点（Ⅱ，845～875；Ⅲ，138～252；Ⅲ，256～288；Ⅲ，289～309；Ⅵ，383～400；Ⅷ，445～546；Ⅹ，50～64；Ⅺ，1～43；Ⅺ，85～193）。佩鲁齐壁画来源所揭示的时间并不早，这是因为作者希望找到除了《变形记》以外其他描写大力神功勋的古典文本以致力于弗里斯大厅的壁画创作，在4世纪的《变形记》中，奥维德对此几乎没有分析。波提乌斯的文章《哲学的安慰》解读了这一点（Ⅳ，Ⅶ，352）。文章做了大量对比，正像温特尼茨指出的那样，弗里斯大厅壁画，尤其是对大力神功勋的描绘，带有鲜明的新柏拉图意味。弗里斯大厅壁画对大力神的刻画是非常突出的，令人不免质疑温特里茨的观点，并且波伊提乌的著作在别墅壁画的各类来源中很特别。阿波罗多罗斯的《神话图书馆》中详细描写了大力神的功勋（Ⅱ，Ⅵ，8～11，Ⅵ，Ⅰ）。奥维德没写的故事情节在这里都可以找到。奥维德的《变形记》和阿波罗多罗斯的《神话图书馆》在题材上很相近（实质上二者都是神话故事），二者很容易被用到一幅壁画中。佩鲁齐在大厅壁画中同时使用了这两部作品，也有可能别墅外墙装饰工作开始前，画家就接触过这两位作者。我们有很多理由支持这一观点：人们对弗里斯大厅壁画的传统解读源自《变形记》，在这一基础上又增加了与之相近的阿波罗多罗斯的神话情节。

弗里斯大厅壁画就像别墅其他大厅的壁画一样采用了《变形记》中的故事情节，画家遵循了古典绘画传统，描绘了奥维德诗歌中的神话人物。即使你没有考虑到与奥维德作品相关的古典纪念像对弗里斯大厅壁画的明显影响，也不要忽视早于佩鲁齐以及和佩鲁齐同时代的诗歌对壁画的影响。我们尤其应该指出《变形记》不同版本的重要意义（布鲁日，1484；威尼斯，1497），威尼斯版《变形记》不只是著名意大利诗歌译本，而且该版本被公认为是文艺复兴时期的艺术杰作。在意大利文艺复兴时期的艺术中，佩鲁齐在壁画中使用了奥维德的《变形记》，这并不是什么标新立异的事情，这种借用在法尔内西纳别墅壁画中很平常，并不是只在弗里斯大厅内引人关注。法尔内西纳别墅壁画源自古典文学作品，因为古典文学中的一些故事节选符合别墅的多神教本质，体现了多神教的特点，这些特点与别墅生活方式以及别墅主人的生活经历相似。因此，善于撰写爱情抒情诗篇的艺术大师被奥维德的作品深深吸引，奥维德的诗歌充满各种神话形象以及吸引人的故事情节，作者善于用开玩笑和滑稽的口吻来表达对世界的理解，这其中经常透露出作者的轻率和讽刺意味。奥维德所描绘的众神和英雄们都存在自己的弱点和某种人性缺陷，这些人物在 16 世纪罗马享乐主义文化中十分引人关注。像奥维德早期作品那样，《变形记》的主要内容是爱情故事，这些情节用动态发展的戏剧表现出来。佩鲁齐深刻领会这些内容，在不同时代的现实艺术环境中进行再创造，不只再造了故事主题和人物，还再造了古典纪念像的艺术结构。

大厅内的带状壁画再现了奥维德描写的故事，这是独特的爱情圣歌，有很强的悲剧意味，展示了别墅壁画的一种题材，歌唱了各类形式的爱情。通常，享乐主义盛行意味着感官解放时代的到来。同时，爱情题材符合别墅主人的生活方式，就像郊外别墅的壁画装饰符合别墅作为享乐之地的用途一样。文艺复兴时代保留了别墅古典传统的享乐特点，壁画中的爱情故事证明，壁画中不经意的情节往往依照人们的自发愿望完成。文艺复兴时代的别墅主人愿意遵从和模仿古典传统，这包括阿戈斯蒂诺·基吉以及他周围的人。弗里斯大厅的壁画装饰源于古典传统，以爱情题材为主导，这体现了人们自觉追求并使用这种古典文学题材和人物形象来用于别墅装饰。

佩鲁齐的另一个作品就是法尔内西纳别墅中的花园敞廊壁画，敞廊面向台伯河，也被叫作加拉塔大厅。这项工作由几个画家共同完成。天花板和弦月窗的装饰由佩鲁齐完成，拱圈装饰包括三个八角形范围，佩鲁齐在位于拱圈中央的两个大区域和一个小区域绘上阿戈斯蒂诺·基吉的头像徽章。在大的八角形区域内绘有两个故事场景《波斯和美杜莎的故事》以及《卡利斯托神话》。在十四个拱顶模板和十个六角形区域内绘制了古代神像和由神话英雄代表的十二星座。

嘉拉提亚敞廊的拱券装饰受锡耶纳皮科洛米尼图书馆天花板壁画的影响（1503～1508），敞廊装饰体现了佩鲁齐艺术语言的形成，他的艺术表达水准符合现代罗马的绘画标准。佩鲁齐面临复杂的构图任务，需要用内容丰富并且情节考证过的壁画来装饰敞廊拱顶。佩鲁齐采用了16世纪初罗马纪念像的幻想主义设计，可能这种构图并不像先前或同时代罗马纪念像那样成熟，但能够解决画家面临的问题。这种幻想主义设计对佩鲁齐有重要影响，也预示着展望厅的壁画更加辉煌，更加富于幻想主义色彩。大师在这里不再使用戏剧化的故事情节，而是借助抽象背景集中精力塑造每一个具体人物，这要求壁画内容异常清晰。敞廊中的拱顶装饰是别墅主人阿戈斯蒂诺·基吉占星的地方，这里应直接展现别墅壁画风景以及壁画与别墅主人的个性关联。在门与门之间的壁画上，我们可以看到壁画暗示了别墅主人一生中的大事，比如战胜美杜莎的英仙座预示着阿戈斯蒂诺·基吉作为一位胜利者取得了了不起的人生辉煌。

在法尔内西纳别墅中，嘉拉提亚敞廊壁画以占星为题材并不令人感到惊讶，我们知道主人有占星的爱好，别墅主人与著名天文学家弗朗西斯科·普里利熟悉，很可能，敞廊天花板上十二星座的发明者就是弗朗西斯科·普里利，而壁画艺术大师本人也十分着迷于占星术。类似题材在城市宫殿和郊外别墅的装饰中很常见。奥维德作品中的神话人物穿着古典服装，分别代表着某个星座。当然，壁画主旨不是让人们相信占星，这有点过于琐屑，壁画主旨主要是为了以古典多神教的形式及人物来体现这一信仰。通常，房屋墙壁用于防护，用圣魔盒图像来装饰。在嘉拉提亚敞廊中，多神教代替了圣魔盒，古典神灵决定全力保护别墅主人一生美好的命运。埃吉迪奥·加洛的长诗中的主要故事线索是引导别墅客人看到别墅中所有的特色古迹，包括爱神维纳斯告别自己的故乡加勒比海岛来到罗马。在罗马古城做了短暂停留，女神离开了喧闹的城市，来到了郊外，选择了阿戈斯蒂诺·基吉别墅作为自己的宅邸，她将保佑这座宅院。而后，诗中描述了这座别墅。诗的结构和情节受到克劳狄安的作品《霍诺丽亚和玛丽的婚礼》的影响，克劳狄安的作品与埃吉迪奥·加洛的诗中描述的结局类似，维纳斯离开加勒比，同时去了米兰和罗马，两部作品都描写了婚礼的场面：克劳狄安描写了诺留和玛丽的婚礼；而埃吉迪奥·加洛描写了阿戈斯蒂诺·基吉和埃莉诺·冈萨加没有举行的婚礼，就像阿弗洛狄忒那样，埃莉诺本应成为刚落成别墅的女主人。

古典文献是拱券装饰中多神教特点的来源，壁画中频繁使用奥维德和阿波罗多罗斯的古典文献，同时我们还要指出，1499 年阿尔杜斯·皮乌斯·马努蒂乌斯在威尼斯出版了占星学作品《曼塔利亚和阿拉塔》，书中描绘了古典时代末期的房屋装饰（参见维特鲁威，Ⅸ，Ⅲ ~ Ⅵ）。古典绘画传统在形成有多神教特点的拱券装饰中起了不少作用，尤其是罗马纪念像（370，321，322；91，fig. 586，594，598，599）和古典雕像的作用，古典传统对雕像系列《珀尔休斯和美杜莎》的创作也产生了重要影响（745，266）。

自 1511 年末至 1512 年初，塞巴斯蒂亚诺·维尔皮翁博在嘉拉提亚敞廊中致力于壁画工作，为 8 个弦月窗画上装饰，在敞廊西墙、最左侧的隔墙上，在门的上方创作了壁画《波吕斐摩斯》，他采用并发展了佩鲁齐的古典壁画装饰思想。维尔皮翁博在创作期间明显体现出自己对古典题材和古典人物的兴趣。

弦月窗上的壁画展示了古典时代人们对水、火、土、大气等物质的神话解读，这种理解以古典文学作品为原型，佩鲁齐壁画也源于古典文学。从敞廊南墙的左侧弦月窗开始，塞巴斯蒂亚诺·维尔皮翁博依次描绘了《菲洛梅拉和普洛克涅》（奥维德，Ⅵ，424 ~ 674；阿波罗·多罗斯，Ⅲ，ⅩⅣ，8）、《代达罗斯和伊卡洛斯》（奥维德，Ⅷ，152 ~ 253）和《朱诺》，向人们展示了朱庇特统治下各类物质所代表的神。像奥维德所描述的那样，朱庇特坐在孔雀鸟牵引的战车上（Ⅰ，721 ~ 724），还有《斯库拉和尼萨》（奥维德，Ⅷ，6 ~ 152）、《鲍利亚抢劫奥里菲》（阿波罗多罗斯，Ⅲ，ⅩⅤ，2），最后是《仄费洛》。《仄费洛》描写的不是对人有危害的风，而是大地盖亚所期待的温柔春风（一位慵懒女性的形象）。西风之神仄费洛按厄洛斯的命令，把普赛克带到厄洛斯面前，而没有伤害她（阿普列尤斯，变形记，Ⅳ，35）。

佩鲁齐完成自己的壁画后，塞巴斯蒂亚诺·维尔皮翁博开始着手装饰敞廊。塞巴斯蒂亚诺·维尔皮翁博面对佩鲁齐的作品开始创作，首先，他要明确自己对佩鲁齐作品的态度。塞巴斯蒂亚诺的创作中表现的大多是突然爆发的大幅度转身或其他剧烈的动作，他的作品色彩饱和度高，富于抒情色彩。塞巴斯蒂亚诺·维尔皮翁博的作品中光和大气的搭配丰富明快，与佩鲁齐的作品形成了鲜明的对比，佩鲁齐的创作多为静物，色彩单一。对两位大师绘画差异的简单概括无法为我们提供太多帮助来理解敞廊壁画设计的总体特点。佩鲁齐的作品体现了抽象的占星术思想，想象中的神话人物居住在苍穹。就像塞巴斯蒂亚诺·维尔皮翁博那样，佩鲁齐重现了地球以外的另一个多姿多彩的星球世界。画家给弦月窗画上装饰，像一个开放的拱形出口，弧形拱门用柱子支撑，壁柱上绘有壁画。类似的幻想主义色彩壁画十分引人注目，幻想主义与现实的壁画营造的虚幻场景融合在一起，预示着故事未来发展。我们通过打通的拱形出口，进入一个各类星座代表的神灵世界，这里有朱诺神，还有奥维德《变形记》中的人物，他们共同居住在这里。按照帕拉第奥的描述，这里还有别墅及别墅周边的世界。为了加强幻想主义色彩，画家把人物放到靠近檐口的地方或将其放到绘画空间与实际空间的模糊地带（人物有朱诺、盖亚、斯库拉和尼萨）。画家有意忽略细节，仅突出必要部分，如主人公手中的枝条、伊瑞克提翁神殿的篮子和朱诺的孔雀，通过这些来展示所画天界的自由空间，包括大气、云朵，表现了威尼斯所固有的浓墨重彩的特点。在壁画描绘的世界里，有时风和日丽，微风吹拂，光线充足，有时会出现彩虹，故事人物的名字、神话情节、色彩搭配以及色调深浅体现着多变和不稳定性。画家用多神教内容解读了水、火、土及大气等神灵的存在，塞巴斯蒂亚诺·维尔皮翁博用各种方式再现了这些神话人物，强化了自己的作品与佩鲁齐壁画的差别，与其构成鲜明的对比。维尔皮翁博的壁画恰好处于一个中间地带（壁画位置证明了这一点），他的作品位于敞廊拱顶和隔墙之间，拱顶的壁画预示着阿戈斯蒂诺·基吉的星象，隔墙上描绘着波吕斐摩斯和嘉拉提亚的神话故事，富于寓意，暗示着别墅主人充满波折的个人生活。实际上，敞廊装饰按照宇宙构成设计，这里有容纳各类星宿的拱顶、星宿、水（海洋），别墅本身体现了土星（地球）。这些星象决定了阿戈斯蒂诺·基吉的人生道路，最终促成他成为罗马帝国的银行家。我们知道，基吉庞大的船队在海上巡游，他掌握着罗马城外最大的别墅，他的星象预示着别墅主人幸福的未来和光明的前景。

壁画《波吕斐摩斯》明显是复原作品，我们很难评价该幅画的优点。我们只能指出威尼斯艺术大师对风景画尤其感兴趣，就像不远处拉斐尔的壁画《嘉拉提亚的凯旋》那样，画家关注了天空景象，作品主题与弦月窗的装饰，它们相互关联。波吕斐摩斯坐在海角岩石上，一只手拿着自己的牧羊杖，把牧笛靠到嘴边，声音似乎从无数只笛子中吹出来，他想结束歌唱或打算唱另一首热情洋溢的歌，献给嘉拉提亚（奥维德，变形记，XIII，778~871）。

无疑，敞廊壁画中心位置留给了拉斐尔，拉斐尔的作品与塞巴斯蒂亚诺·维尔皮翁博的作品一起，展现了神话故事中独眼巨人波吕斐摩斯和海上仙女嘉拉提亚间的爱情悲剧，壁画《嘉拉提亚的凯旋》的文学出处经过长时间讨论，迄今又增添了一些新文献，我们更认同这些新增的文献出处（722；692，50～52；489，114，见123；484，211～214）。详细描述波吕斐摩斯和嘉拉提亚的神话故事的古典作家还有荷马（奥德赛，Ⅸ，105～505）、赫西奥德（神谱，250）和提奥克里图斯，他们的作品证实了这一神话故事的来源，另外，提奥克里图斯还著有一些讽刺故事（牧歌集，Ⅺ）及重要叙事小说。古典作品中奥维德和菲洛斯特拉托斯对这一故事介绍得更加详细（变形记，ⅩⅢ，750～897；画记，Ⅱ，18）。现代研究人士认为，还有一部古典作品对理解拉斐尔作品中的一些细节和具体含义有重要意义。这就是公元2世纪希腊诗人奥皮安有关捕鱼的一首长诗（Ⅰ，536～546；646～648；418～424；642～650；737，314～315）。还有人持反对意见，反对人士认为无论是在古典文献还是在文艺复兴文献中，《变形记》和《画记》两部古典文献最为典型，因为几乎没有其他文献再提到拉斐尔壁画存在如此重要的故事转折。通常，壁画近景中应描绘丘比特，而不是海神波塞冬，在这幅画中，海神没有驾驭海豚车，而是用手指向了一只吃章鱼的海豚。这种设计并非突发奇想，这与拉斐尔总体的壁画思想有关。奥皮安描述过别墅壁画的全貌，我们应该了解他对拉斐尔和塞巴斯蒂亚诺·维尔皮翁博的壁画解读，比如古典文献对阿弗洛狄忒凯旋的描写，以及壁画中借鉴的那些古典作品更接近于上述作者和拉斐尔塑造的人物、风格、情感。福斯特坚持认为，壁画人物原型是出自阿普列乌斯《变形记》的片段，他曾应拉斐尔的请求专门为阿戈斯蒂诺·基吉翻译过这些古典文字，用于普赛克敞廊的壁画绘制（阿普列乌斯，Ⅳ，31；689）。我们还应记得先前提到的《诺留和玛丽的婚礼》，壁画作者为克劳狄安（127～182），当描绘到特里同试图抢劫库姆托厄（136～138）时，这一情景与拉斐尔壁画左侧的场景出奇地呼应。我们再次指出，埃吉迪奥·加洛以克劳狄安的作品为榜样，在此基础上创作了我们所熟悉的有关阿戈斯蒂诺·基吉别墅的长诗。菲洛斯特拉托斯的描写更接近于拉斐尔的壁画《嘉拉提亚的凯旋》，这一判断尽管遭到批判（741，204），但也有一定认可度。还有一部分诗歌节选自波利齐亚诺的《比武篇》（1476），但这类比较也有一定前提。有趣的是塞巴斯蒂亚诺·维尔皮翁博整体遵循菲洛斯特拉托斯的作品（菲洛斯特拉托斯，画记，Ⅱ，18，3），部分遵循奥维德作品的节选，尤其是他对细节的处理上。拉斐尔并未直接使用古典文献。从一系列特点来看，拉斐尔的壁画不可能只参照菲拉斯特拉托斯或波利齐亚诺的作品（737，313～314）。而且，波利齐亚诺描写的波吕斐摩斯和嘉拉提亚的故事实质上是荷马、奥维德、提奥克里图斯的作品汇编。然而，我们应该记得拉斐尔同代人的观点，拉多维科·多尔奇在文章《关于绘画的对话》（1557）中首次指出，拉斐尔壁画的主要来源是波利齐亚诺的《比武篇》（220，Ⅰ，192）。

古罗马壁画、雕塑中的标志性作品里以及先前文艺复兴传统中没有留下嘉拉提亚的圣像，通常嘉拉提亚对独眼巨人波吕斐摩斯是隐形的，她或坐或站在海豚上。同时，我们完全可以断定，拉斐尔壁画人物的一些细节或元素主要出自古典壁画和雕像。拉斐尔主要研究了古典遗产，大量使用了其中的人物、绘画方式和技巧。这种借鉴主要针对一些具体元素、某些细节或具体动机，而不是已存在的整体，就像拉斐尔把古典文献自由运用到自己的壁画中去那样。

壁画整体装饰是否成功在很大程度上取决于对古典文献的使用，首先在于石棺上浮雕的使用，锡耶纳的仙女、海神嘉拉提亚及其同伴的上半身以及被风吹起的斗篷都出自石棺浮雕（345，Ⅲ，300～

301；731，324；735，441）。更重要的一点是维纳斯的雕像非常典型，我们记得别墅壁画的总体装饰，尤其是对卡普亚的维纳斯（那不勒斯，国家博物馆）和米洛斯的维纳斯的塑造非常典型（724，233～234；345，111）。罗马石棺上还有一个保存在罗马美第奇别墅里的16世纪维纳斯的雕像，那里还收藏着《巴黎法院》的壁画，这幅壁画与《嘉拉提亚的凯旋》的创作手法非常相像。拉斐尔在自己其他作品中也使用了这一来源（724，235～236）。咆哮的特里同坐在马背上的场景明显出自罗马蒙特卡瓦洛的狄俄斯库群雕，这一形象在文艺复兴时期十分普遍（490，230；655）。古典绘画传统中对波吕斐摩斯和嘉拉提亚神话以及类似故事的描写直接影响了这一类壁画的创作（88，18～23，见 XVⅢ；484，213；741；992；89，Ⅱ，taf.7；2，Ⅰ，35，见155）。在很大程度上，拉斐尔不仅使用了这种题材的圣像画，还在某些动作、体态上形成了一种最佳光影效果，加上轻盈的空气色调，一起构成了罗马壁画的标志，形成了就像尼禄黄金屋顶那样典型的作品（345，111；534，100～115）。

上述古典文献和文艺复兴作品，尽管有自己的重要意义，但不能完全体现拉斐尔作品的整体印象。画家根据上述古典作品以及其他未标明出处的古典神话，形成了自己清晰而又独特的理解，这种认知深深植根于古代多神教故事，可能这是以拉斐尔、提香的作品为代表的文艺复兴时期作品的独有特点。我们在这里想起了歌德评价拉斐尔的谈话，歌德在与埃克曼的一次对话中所说的话十分中肯（276，318；参见721；730；Ⅰ，188～217；736；739；740；742；745）。据此，我们想到拉斐尔写给巴尔达萨雷·卡斯蒂寥内的一封著名的来信，信中拉斐尔描绘了自己的作品《嘉拉提亚的凯旋》的创作手法（723，30～31）。

维纳斯和嘉拉提亚两个人物都能在海里快速前进，维纳斯驾驭着两只海豚，裸体小男神丘比特在前面游泳为他们指引方向，海神看向旁边隔墙上的壁画波吕斐摩斯。嘉拉提亚转身动作十分剧烈，她的裸体上仅覆盖着风吹起来的红色斗篷，这不仅给观者带来感性的必要刺激，还给观者带来动感，画家的这一创作灵感来源于他对古典时期和文艺复兴时期的雕像研究，按照统一构图原则设计而成（738，134），壁画整体充满动感。设计充满了动作、声音、光线，这种设计使拉斐尔的作品有一种不可抗拒的欢快感。我们面前展现了嘉拉提亚的凯旋，爱神最后的胜利决定着整个壁画的构思，嘉拉提亚的形象展示了一个完美的、取得胜利的爱神凯旋归来的形象，而波吕斐摩斯（基本是她的对立面）被描绘成受蔑视的对象。这种看法深入人心，同时这一形象的塑造也满足了文艺复兴时代人们对别墅轻松生活的需求，尤其是这种轻松感在阿戈斯蒂诺·基吉别墅中更加明显。这是文艺复兴时期爱的赞歌，就像海豚（爱情）吃章鱼（情欲）那样。这表明这一时期文艺复兴别墅的特点已经出现在锡耶纳银行家郊外别墅的设计与壁画中了，这是别墅主人举行婚礼的先决条件。

阿戈斯蒂诺·基吉的个人生活不仅体现在壁画的总体构思中，还反映在某些具体细节上，壁画穿上了古典主义外衣。画面上风暴中嘉拉提亚驾驭海上航行的水槽，在先前的古典文献以及文艺复兴时斯的圣像中没有带轮子的航海水槽这一原型。这一情节与画家的其他印象有密切关联。这直接指出了古代船只的构造特点和类型，这些信息被记载在手抄典籍中，后来又成为文艺复兴时期的创作依据。因此，朱利亚诺·达·桑加罗的画以富于古典色彩而著称，他在 1490 年创作的壁画上描绘了圣安吉拉城堡附近台伯河上的罗马船只，即在先前阿德里安大帝坟墓旁，基吉的别墅恰好邻近这一地带。其中一艘船恰好用轮子驱动，这幅壁画充当了拉斐尔复制古代战船的有力证据。因此，拉斐尔描绘嘉拉提亚乘坐的这种水槽借鉴了古代艺术大师的创意，在波利齐亚诺的描写中，嘉拉提亚驾驭的海上水槽加上了轮子，水槽不只靠海豚拉，主要靠划水轮的作用。这些因素表明，画家尽力突出壁画的古典特征（741，206~207）。也许画家本身并不懂得划水轮的工作原理，但别墅主人财力雄厚，并且拥有海上船队，他想通过画面暗示自己巨大的商业成功。海上水轮转动带起的泡沫就像波峰一样，再次指向嘉拉提亚，这迎合了古典作家共同认可嘉拉提亚是海洋白色泡沫之神的典故（741，208）。

佩鲁齐在基吉别墅中的最后一幅作品探索了农村别墅、再现了古典传统。尽管大厅壁画具有艺术统一性，但这幅作品位于别墅西南侧翼的展望厅正堂，突出了人物的个性。

大厅墙壁上方，宽阔的带状区域用四面体柱子分成 15 个壁画展示区，大厅外墙用窗户分开。展望厅整体装饰可能不是同时完成的，浮雕楣板形成较早，墙壁下层建筑装饰形成较晚。当然，如果从古典壁画总的来源考证（台伯河右岸房屋壁画），我们不能完全排除同时完工的可能性（353，399）。佩鲁齐和他的团队加工楣板浮雕，有人认为，朱利奥·罗马诺参与了这项工作。也有人认为，朱利奥·罗马诺是唯一一位不被认可的创造者（729）。楣板浮雕开始于大厅入口，描绘了丢卡利翁和皮拉的故事，经过整个大厅，最后以旁边墙上潘和西雷的故事结束。

佩鲁齐楣板浮雕的文学来源很容易猜得到。画家使用了与弗里斯大厅一样的古典作品，但又增加了一些其他古典作品进行创作。

这些增补包括奥维德的《变形记》、阿波罗·多罗斯的作品以及菲拉斯特拉托斯的《画记》、克劳狄安的喜歌《挪和玛丽的婚礼》①。我们尤其应该关注楣板浮雕的四个故事情节"丢卡利翁洪水""丢卡利翁和皮拉创造人类""珀罗普斯和俄诺玛诺斯""帕纳苏斯山和卡斯塔尔泉边的诗人"是出自对品达的颂歌(奥林匹斯歌曲,Ⅰ,67~68;9,41~66),该颂歌于1515年出版,恰好在展望厅壁画完工的前夕,品达当时受阿戈斯蒂诺·基吉的庇护。

楣板的壁画描绘了有关大自然、植物、花朵的神话故事,表现了宇宙周期特点。爱是超越一切的力量,爱的力量坚不可摧,这一观念深深地体现在大自然、各类神与人的生活中,这些观念在朱利奥·罗马诺的壁画中作了明确的解读,这些观点与楣板浮雕以及壁画下半部分的内容紧密关联。这里展示了《伏尔甘熔炉》的场景,火山主人与自己的同伴独眼巨人在锻造阿穆尔神箭,伏尔甘拥有神力和人性。这幅壁画装饰着阿戈斯蒂诺·基吉的卧室。我们记得有一个别墅主人的徽章上绘制了一堆箭头,楣板浮雕上描绘着帕纳苏斯山以及聚在卡斯塔尔泉边的诗人,早在彼特拉克时期,古典文献中就记载过这些故事,这些元素符合文艺复兴别墅形象的特点。

展望厅壁画的艺术设计令人不由自主地想到佩鲁齐早期在弗里斯厅完成的群雕,构思相似、艺术解释类似、故事题材相近,同出一源的古典文献和考古素材促成了这些相似点。比较佩鲁齐的后期作品与先期作品,发现画家的构思更加成熟和完善,打磨去了弗里斯厅壁画

---

① 奥维德,变形记,Ⅰ,196~411;Ⅹ,708~739;Ⅲ,253~315;661~866;Ⅱ,381~400;Ⅰ,668~723;阿波罗多罗斯,神话图书馆,Ⅱ,3~9;Ⅲ,5,Ⅰ;菲拉斯特拉托斯,画记,Ⅰ,15,30;鲍桑尼亚,希腊描写,Ⅷ,14,10~12;克劳狄安,喜歌,149~174。

的直接和冲动，这是文艺复兴鼎盛时期奥维德神话中最为完美的一幅壁画。画家基于先前经验、不断提高的绘画技巧以及多年来对古典艺术、檐楣设计的兴趣，最终形成了自己后期作品的丰富内涵。我们还注意到另外一种观点，这一观点对古典遗产持非常冷漠的态度，这其中渗透着纯理性主义者的思想，他们对弗里斯厅的古典世界不感兴趣，持一种封闭的态度对待古典文化。这不仅取决于艺术家以及文艺复兴崇高艺术的自然演变，还取决于展望厅群雕的特点。

壁画构思的另一个思想是不打破大厅整体的构思，尺寸和构图更加精确，不打破楣板的统一性，壁画组成元素没有中断，构图以风景为总体基调，甚至窗子也无法破坏壁画的总体完整性。三维作品具有鲜明的内部结构，要求形成一种连续的、沿前方平面的封闭性行为体系，并且不能缺少深度和表现力（尽管这与整体概念不协调），处于自己的空间范围内。这些檐楣组合为别墅壁画的整个故事提供了必要的元素，檐楣之间的间隔令人更关注展望厅内的主要壁画的变化和虚幻色彩。檐楣上的壁画与其他建筑物上的绘画相似、一些具体神话故事带有喜剧色彩，这些都说明了壁画装饰的古典来源相似。基吉别墅的室内壁画经常伴有喜剧色彩，展望厅也不失这种意味。

紧接着，在檐楣下方的壁龛里形成了建筑下层装饰，在门和窗子上方，以 11 位奥林匹斯神雕像为装饰，营造了幻想主义氛围，众神包括赫耳墨斯、塞雷斯、戴安娜、密涅瓦、朱诺、维纳斯、阿波罗、克洛诺斯、宙斯、波塞冬和阿瑞斯。其中的许多神都住在阿戈斯蒂诺·基吉的别墅，按照文艺复兴时期的描写，这些神决定了人的命运。众神在大厅里注视着别墅主人，以下这个故事足以证明这一点。1519 年 8 月 28 日正是在这个房间里，正值圣奥古斯丁节，阿戈斯蒂诺·基吉在这里设摆宴席，教皇利奥十世和 12 位红衣主教出席宴会。在这次宴会上，教皇为基吉和弗朗西丝举办了婚礼，让他们的子女得以合法化。最终，墙上有我们前面已经提到过的《伏尔甘熔炉》的壁画，还有另一位奥林匹斯神的壁画，在壁画故事和特定地点烘托下产生了一种有趣的幻觉效果。展望厅的壁画与弗里斯厅的壁画一样，满足了壁画的总体要求，画作有着明显的古典来源，雕像设计与别墅主人的个人生活息息相关。在门上方的墙壁上有罗马帝王的半身像，帝王形象与基吉很相像。这是我们在前文介绍的《著名男子像》题材的继续，我们在文艺复兴别墅壁画中见过，而后名人像在罗马的土壤中生长。在壁炉对面，为了理解幻想主义壁画的整体效果，通常在最有利的位置上放一把扶手椅，供别墅主人坐在那里欣赏用，这使展望厅更像王座大厅。大厅的整个下半部区域，除门和窗以外，距地面大约三分之二的高度范围内，绘制着仿制壁画。这里采用方式产生了幻想主义效果，基吉别墅的沙龙厅改称为科尔纳厅。这种装饰类似于露天沙龙或观景台，直观地展示了古典别墅和文艺复兴别墅的主要特点，与周围风景连在一起，与别墅自由、轻松的氛围相呼应。

别墅北面面向花园，这种设计是 15 世纪别墅的一贯做法。同时，建筑师为了让别墅更加私密和舒适，别墅西面朝向通往别墅的道路，环绕别墅的地区属于农业区。从展望厅西墙门廊内，人们在这里可看到美丽的农村风景，对面大厅的墙上装饰着城市的风景图，我们很容易看到台伯河畔的房屋、带着八角穹顶的圣神医院以及非常明显的圣奥古斯丁教堂，这种设计符合别墅的朝向以及从室内能够望到外面风景的设计要求。最后，在壁炉对面的南墙上，我们从窗子内可以看到树林掩映下的罗马郊区，包括奥斯提恩斯之门和马塞勒剧院，墙的西南部分刻画了基吉别墅。南墙的壁画上，佩鲁齐营造出壁画与天然风景相辅相成的效果，大厅的墙上绘有别墅及周边的风景画，窗外风景如画，怎样将二者结合在一起的问题曾长期困扰过佩鲁齐，他的设计图证实了这一点。

我们在基吉别墅里能够经常见到带有幻想色彩的壁画，别墅主人非常钟爱这种效果，这也是佩鲁齐长期追求的目标之一。在展望厅，我们见到了他更加成熟的作品，瓦萨里的描写证实了这一点（287，Ⅲ，312）。这类壁画所体现出的重要意义不在于它在文艺复兴绘画中的普遍性，而是在于带有幻想主义色彩的景观构图成为别墅壁画的本质，这一特点在维罗纳和蒂耶波洛的别墅壁画中一直存在。

从古典时期起，纪念像的主要原则是采用风景类壁画，但同时壁画不能破坏空间和平面，不能产生看到壁画外面的感觉，要有身处其中的效果。这一原则贯穿在许多文艺复兴时期的纪念像中，莱昂纳多对此说过："一面墙壁，一处空间，一个场景。"（212，109）但也许正是这种截然相反的设计让参观者忘记了自己置身室内，而是被带到一个虚幻空间中去，这一点在展望厅的壁画中得到了明确体现。我们看到，艺术家在努力追求达到一种完美的艺术境界，用开放式的敞廊达到真正的幻觉效果，从室内壁画演绎到现实的外部空间中去。壁炉对面的最佳位置，靠近对面墙的地方特地为别墅主人设置了一把扶手椅，我们从这里观看，壁画的幻觉效果最为完美。另外，大厅壁画产生的总体印象也十分重要，这一总体印象既包括郊外别墅的特点，还有画家通过壁画有意营造的虚幻效果，即壁画总是伴随着别墅生活所特有的滑稽、欢乐的元素。展望厅中壁画情节的戏剧性使这种特点更加明显，我们先前在介绍基吉别墅壁画中提到过这一特点。因而，大厅壁画属于文艺复兴时期的艺术作品，尤其体现了 16 世纪前 20 年罗马的艺术特点，郊外别墅主要用于享乐和节日庆祝。

无疑，佩鲁齐的作品有赖于先前的文艺复兴传统，这些传统对他很重要。我们尤其需要指出，艺术大师详细研究了庞贝第二样式的古典雕像，这影响了基吉别墅的早期壁画装饰（692，81；484，208～209；370，314；531，44～45；375，49～52）。这些早期壁画与展望厅的壁画有关联，共同之处在于群雕与具体题材统一，突出了总体的幻想主义效果。古典纪念像和文艺复兴纪念像的社会条件与装饰用途一致促进了两者间的统一。就连在展望厅中确定别墅壁画效果的最佳点都有着深刻的古典根源。在庞贝遗址的许多房屋中，这个点在地板上专门做了标记，从这个点看整体壁画非常有趣。通常，这个点不是这个厅的几何空间点，而是别墅主人或嘉宾从这里观察壁画和风景的地方。艺术家主要借鉴维特鲁威的古典作品，增强了壁画的古典化特征，把带有多神教典型特点的风景构图引入到壁画中来，为别墅增添了古典色彩。

别墅主人的卧室位于二楼，邻近展望厅，靠近别墅的西墙，在瓦萨里的描述中专门强调过，为了装饰卧室，别墅主人特地邀请了另一位锡耶纳艺术大师，他的名字叫乔瓦尼·安东尼奥·巴齐，绰号叫索多马（216，Ⅳ，430）。他的壁画工作几乎与展望厅和普赛克敞廊的装饰同时开始，他的工作主题是亚历山大大帝的故事，题材选取暗指阿戈斯蒂诺·基吉的一生。在东墙上门的对面，壁炉上方绘有《亚历山大和大流士家族》的壁画。下边壁炉两侧绘有我们先前见过的故事情节《伏尔甘熔炉》，壁炉左侧是正在锻造武器的伏尔甘，右侧是三位阿穆尔神，正在收集刚刚锻造出来的箭头，而熔炉本身象着多神教的山间熔炉，并且众所周知，阿穆尔神是各类火的主人（阿普列尤斯，变形记，Ⅴ，23）。卧室主要壁画装饰了北墙正面，绘有《亚历山大大帝与希腊公主罗克珊娜的婚礼》。

索多马壁画的古典来源与其他房间有所不同，卧室内的壁画来源于一些知名度较高的古典著作，所节选故事与别墅主人生活中的重大变故非常类似。《亚历山大大帝与希腊公主罗克珊娜的婚礼》可追溯到卢西恩对希腊画家埃提乌的作品描写（希罗多德或埃提乌，4~6）。文中重点强调了瓦萨里对索多马壁画的描写，索多马不仅采用了画家的原作，在很大程度上他还参照了卢西恩的描写（216，430~431），他倾向于模仿卢西恩用嘲讽的态度对待罗马万神殿。索多马在威尼斯尤其受欢迎，因此他被邀请为基吉别墅创作，卢西恩作品是索多马壁画的主要文学来源，壁画的古典痕迹非常明显。

如果说索多马的壁画来源很明显，从未引起争议，那么《亚历山大和大流士家族》这幅壁画的来源则并非如此。亚历山大大帝享有很高的知名度，大量古典文献、中世纪文献以及文艺复兴时期的文献讲述了亚历山大大帝的生活经历和他的丰功伟绩，他成为人们争相效仿的榜样，还有大量文献记载了他的个人轶事，在这种情况下，我们很难确定壁画的文学原型。如果没有文学原型则带来壁画创作质量不高。画家所选题材《亚历山大和大流士家族》明显具有道德教化意味，卧室整个壁画的核心思想与阿戈斯蒂诺·基吉的个人生活直接相关，范围小到能让我们想到这样几部古典文献（昆图斯·库尔蒂乌斯·鲁弗斯，亚历山大大帝历史，Ⅲ，Ⅺ，24~26；Ⅲ，Ⅻ，15~25；阿里安，亚历山大大帝的远征，Ⅱ，Ⅺ，9；狄奥，历史图书馆，ⅩⅦ，37；普鲁塔克，亚历山大，ⅩⅪ）。选自普鲁塔克《传记》的部分内容与亚历山大大帝在形象上非常相近，这一文献与库尔蒂乌斯的描绘更加相像。

亚历山大的宽宏大量体现在他对大流士家族的态度上，欧洲中世纪文化与文艺复兴文化对这一题材颇为关注，并且有各种诠释版本。卡斯特利翁在自己的著作《朝臣》中评价亚历山大是一位罕见的富有智慧而又仁慈的君主，卡斯特利翁对他的个性和行为给予了中肯的评价（朝臣，Ⅲ，29）。卡斯特利翁对亚历山大大帝的态度受普鲁塔克和库尔蒂乌斯作品的影响。也许，这些作品在文艺复兴时期是权威而又普遍的证明。马基雅维利研究了库尔蒂乌斯的作品后，他的印象是亚历山大大帝是一位慷慨而又仁慈的君主（237，347）。然而，拉布雷却以滑稽的形式指出了亚历山大的慷慨（234，192）。维婕尔翻译的阿里安的作品《亚历山大大帝远征》对于塑造文艺复兴时期亚历山大大帝的形象更加重要（510，266～272，375～377）。

在欧洲文化传统中，人们喜欢把富有智慧而又成功的军事统帅与古代英雄相对比，这种比较大多体现在周期较长的纪念像装饰中。阿戈斯蒂诺·基吉希望在郊外别墅墙壁上看到亚历山大大帝的壁画，这丝毫不令人惊讶。

在阿戈斯蒂诺·基吉卧室的壁画中，无论是从位置、幻想主义设计、壁画题材，还是从对别墅主人的知名度来看，壁画《亚历山大大帝与希腊公主罗克珊娜的婚礼》均占主要地位，索多马作品的来源没被保留下来，迄今这一题材被保留下来的只有拉斐尔的壁画副本，所处年代为 1515～1516 年（689，316；752，216，216，注 17）。16 世纪拉斐尔的画作非常普遍，罗德维科（1557）和乔瓦尼·保罗·洛马佐（1585）在著作中都评论过拉斐尔的壁画。按瓦萨里的推断，索多马以这幅画为原型创作了浮雕（749，139；752，216，注 19）。索多马以拉斐尔的壁画为原型完全解释得通。我们需要考虑画家与拉斐尔的壁画间的相似之处，这幅壁画甚至存在明显依赖拉斐尔画作的痕迹，并且拉斐尔在基吉别墅内活动频繁，壁画本身受拉斐尔影响。正因为如此，流传着几个拉斐尔壁画副本，这些副本有可能详细比较了卢西恩、拉斐尔和索多马编的这个故事（353，140）。索多马按自己的方式、壁画位置和用途做了改变，在一定程度上，他的作品摆脱了拉斐尔作品的原型。展现在观者眼前的作品是索多马对拉斐尔版本的自由解读，别墅主人卧室中描绘的主要题材确定了幻想主义主基调，尤其是壁画《亚历山大大帝与希腊公主罗克珊娜的婚礼》。索多马在自己整个创作生涯中尤其钟爱这种效果。大概在 1525 年，他受基吉别墅作品的影响，完成了锡耶纳（376，33 ~ 34）附近贝尔卡罗城堡中的壁画，画作的幻想主义色彩更加明显，但遗憾的是这部作品没有保存下来（《法厄同的沮丧》）。基吉卧室中的壁画使用了简单而又常用的方式。尽管这里保留了幻想主义色彩，墙的底部画了栏杆（除了带壁炉的墙），栏杆似乎把观众从索多马为别墅主人创造的古典世界隔开。但同时壁画《亚历山大大帝与希腊公主罗克珊娜的婚礼》上的栏杆过道又邀请观众进入一个充满古典景观的世界中去，里面住满了著名的古典人物。构图分散，人物集中在近景上，莱昂纳多擅长绘制各种美丽远景，他强调了构思的虚幻性。画家非常关注壁画的婚礼现场，背景选在了一个小教堂，构图鲜明，色彩搭配上画家偏爱金黄色，像维纳斯卧室那样的金黄色（阿普列尤斯，变形记，Ⅴ，29），还有很多古典装饰（怪诞兽像、画有怪兽的饰带、海马、仙女），这不仅突出了房间用途，还给人一种幻想主义效果。从阿戈斯蒂诺·基吉死后的财产清单以及他的同代人描述中，我们知道，基吉有一张异常豪华的象牙床，装饰着金、银、象牙和宝石，别墅主人为购买这张床花了 1595 个古金币（684，105）。这张床起到装饰卧室的作用，它被放在入口墙边，即邻近壁画中罗克珊娜的座位，靠背上的镜子强化了这一对比。卧室另一面墙也带有幻想主义色彩，墙上燃烧的壁炉代表了伏尔甘的山间熔炉，他正在为阿穆尔神锻造武器。索多马对展望厅壁炉的构思，在卧室里给予了更全面的体现。总体上，索多马壁画完全体现了 15 世纪的壁画绘制手法，不同于邻近大厅内佩鲁齐复杂而又精心构思的壁画体系。

卧室壁画展示了亚历山大的生活，这些故事与阿戈斯蒂诺·基吉有直接关系。别墅主人掌控当时罗马的贸易体系、船队以及金融领域，他就像奥古斯都、亚历山大大帝那样的世界霸主，因而那些幻想对基吉来说并不陌生。别墅主人像亚历山大那样，在结束了与冈萨加的婚约后，在去威尼斯遥远而又漫长的旅途中，邂逅了弗朗西丝，把她带到罗马，在那里弗朗西丝成了基吉的女友，他们一起生活了很多年，养育了多个子女。卧室壁画恰好完成于利奥十世将基吉和弗朗西斯二人关系合法化的前夕，并且婚礼题材非常适合这里，卢西恩对这一题材的描写对阿戈斯蒂诺·基吉有非常重要的意义。作为刚刚崭露头角的掌权者，为了爱情放下自己的武器和铠甲，武器和铠甲就像壁画中阿穆尔把玩的箭头，或者说，别墅主人为了应异地公主之约，放下自己的事务，来到别墅，我们知道弗朗西丝来自威尼斯。伏尔甘为阿穆尔神锻造武器，阿穆尔神在收集锻造出的箭头，他们这些古典人物打动了文艺复兴时期古典文化的钟情者们。而且我们知道，箭头象征着阿戈斯蒂诺·基吉。这里重现了我们熟悉的题材——壁画整体的交叉性，突出了爱的力量和爱的伟大这一永恒主题。而这类主题用在这一背景下的别墅主人身上，再恰当不过了。当人们看到壁画《亚历山大大帝与希腊公主罗克珊娜的婚礼》时，马上会联想到仁慈宽容、德行高尚的君主。这种色彩对阿戈斯蒂诺·基吉后来的生活也很重要，他想合法化自己与弗朗西丝的关系，他与伊姆别利亚在别墅里的享乐已成为过去。

因此，壁画《亚历山大大帝与希腊公主罗克珊娜的婚礼》是索多马突出的主题。不论城市还是农村房屋，室内壁画主要为了庆祝生活中的重大事件（出生、婚礼），这一传统非常广泛。索多马的另一壁画《春宫图》，用于新婚夫妇装饰房间，其文学来源保留了这一装饰传统。我们在文艺复兴时期另一处别墅内见到与壁画《亚历山大大帝与希腊公主罗克珊娜的婚礼》类似的场景，这种壁画位于贝维拉夸赌场。在卧室壁画中，阿戈斯蒂诺·基吉代表着古典世界的英雄，壁画采用古典方式叙述婚礼题材及战无不胜的爱，故事情节取决于古典文献。卢西恩描绘埃提乌斯的图画时，寓指现实婚姻，把现实婚姻与绘画作品中的婚礼做了对比。我们应该发现，文艺复兴时期罗马知名人物的婚礼是城市的重大典礼。当教皇保罗三世的侄子奥塔维奥·法尔内塞迎娶查尔斯五世大帝的女儿，奥地利的玛格丽特，即亚历山德拉·美第奇的寡妇时，在1539年2月13日婚礼那天，罗马举行盛大表演，全民同庆，场面蔚为壮观。婚礼现场带有节日庆祝的特点，盛装队伍由13辆凯旋战车构成，车上的人物都带有寓意，代表着奥地利执政者、罗马城、教皇、圣彼得和圣保罗、农神克洛诺斯、大力神和司法神等。观众大多是罗马贵族，他们身穿古典服装观看这一盛况（660，67；247，Ⅱ，146～147），婚礼就像文艺复兴时期的其他庆祝仪式那样具有古典特点。但人们对阿戈斯蒂诺·基吉别墅卧室壁画的这种解释不只有普遍性，还有基于古典理想影响下文艺复兴别墅的形象。就像那幅壁画《亚历山大大帝与希腊公主罗克珊娜的婚礼》那样，透过古典棱镜人们思考并刻画了身着节日盛装的欢乐场面。

索多马在自己早期创作阶段，尤其偏爱古典故事。画家在自己的创作中引入各种古典情节，正因为别墅主人与画家具有共同点，因而基吉订购了艺术家的作品。索多马对待古典文化喜欢诉诸考古实证，再用于自己的创作，这一特点体现在他的早期作品中。据说，索多马因为求实的特点而没被选去参与创作拉斐尔壁画。尽管索多马受到拉斐尔的艺术影响，但他总是远离拉斐尔那种鲜明、饱含古典精神的独特画风。索多马考虑了卢西恩对亚历山大婚礼的描写，接受拉斐尔的构图。在这种情况下，我们见到的壁画受到了古典文献的间接影响，尽管我们并未完全理解拉斐尔，但古典壁画的真正用意不同于别墅的整体壁画。壁画中展示的故事场景以希腊文献为依据，充满了早期古典现实，带有明显的暗示。这一特点不仅体现在早期壁画《亚历山大大帝与希腊公主罗克珊娜的婚礼》中（1516），还体现在《亚历山大和大流士家族》中（1517～1518），16世纪初罗马雕像艺术令画家更加全面地看待古典艺术。我们知道，索多马在装饰别墅这段时间完成了自身创作的跨越，从早期的乡土气息作品跨越到后期的古典主义作品。在这两幅壁画中，体现了索多马热衷于用一条独特的线索接受古典世界的特点，这可以用他独特的艺术视角和收藏爱好来解释。索多马热衷收藏的特点在艺术创作中找到了出口，这一特点在这两幅作品中得到了很好地体现，作品体现了画家爱好收藏的个人兴趣以及喜欢异域动物的特点，难怪他的房子被称作"诺亚方舟"（216，Ⅳ，428，430～431）。收藏文物的爱好伴随了画家一生，1529年索多马在佛罗伦萨病重，其收藏清单中共有十几尊古典纪念像。

索多马认真钻研古代雕像和现代雕像作品，他持续而又积极地在作品中使用学到的技巧，他在创作中借鉴了一些古代经典之作的经验，他对大流士妻子的描绘脱离了古典维纳斯雕像的原型。在壁画《亚历山大大帝与希腊公主罗克珊娜的婚礼》中，三位半裸女性人物均出自古典雕像原型（749，74，141～142，144；752，217）。我们应特别注意到，他多次描绘一个大理石头像，这个头像来自意大利城市卡普里的藏品，当时这个头像被当作亚历山大·马其顿的肖像。恰好画家在装饰基吉卧室时注意到了这座雕像。尽管在卧室壁画中没有体现，但他在装饰圣罗萨里奥教堂、锡耶纳圣多梅尼科教堂以及圣塞巴斯蒂安教堂时，将这一人物头像当作圣塞巴斯蒂安雕像的原型（佛罗伦萨，乌菲齐），我们应指出索多马对古典人物的兴趣。基吉别墅卧室里的壁画体现出古典纪念像对索多马的影响，尤其体现在一些装饰方式上，比如栏杆的幻想主义效果。

在基吉别墅的装饰中，堪与拉斐尔的壁画《嘉拉提亚的凯旋》相提并论的壁画当属敞廊上的普赛克壁画装饰，尽管普赛克壁画并不总是能引发观者的赞叹（723，65）。在瓦萨里的描写中，人们对普赛克壁画的负面评价很集中，这种评价提到过两次。第一次是详细描绘并否定，第二次是这项工作不完全令人满意，没有拉斐尔作品所特有的精致（216，Ⅲ，180～181，186；Ⅳ，64）。按画家构思来看，壁画大约完成于1517～1518年，在拉斐尔的领导下完工。完工的敞廊是这样的：敞廊的空间像一座花园凉亭，棚顶被常春藤覆盖，凉亭被分成一个长方形构造，这里绘有多位奥林匹斯神，如同铺在"凉棚"或"凉亭"上的壁毯。这种设计一方面强化了敞廊的幻想主义色彩，凉棚上绘有各类神像作为装饰；另一方面，这个长方形构造就像一块绘有壁画的独特天幕，似乎在保护荫蔽着凉棚下的人们免受阳光蒸烤，略微弱化了壁画的幻想主义色彩。在这些大型浮雕群中，浮雕《神和带到奥林匹斯的普赛克会议》和《朱庇特和普赛克的婚礼》展示了主要场景，揭示了敞廊壁画的意义，描绘了阿普列乌斯描写的著名古典故事——朱庇特和普赛克的故事（变形记，Ⅳ，28～Ⅵ）。在拱形翼上，我们又看到了各位独立人物，画面描绘了神话的主要情节。从敞廊的东翼开始叙述，描绘了维纳斯向朱庇特展示自己的竞争对手（Ⅳ，29～31）。接着，在南墙的拱形翼上展示了朱庇特与三位女神谈话，她们建议朱庇特关注地球上发生的一切，这一题材不仅与神话有关，还与阿戈斯蒂诺·基吉波澜起伏的人生道路有关。维纳斯向谷神和朱诺抱怨普赛克的美貌和她与朱庇特的关系（Ⅴ，31）。维纳斯骑在伏尔甘制造的战车上快速上升，一群鸽子伴随在她左右，帮她找到奥林匹斯山（Ⅳ，6）。维纳斯请求宙斯派赫尔墨斯到地球去，以找到犯错的普赛克（Ⅵ，7）。在敞廊西面侧翼上绘有飞翔的神的使者（Ⅵ，8）。在敞廊北面侧翼上绘有普赛克：按照维纳斯命令手里拿着死亡之水容器的普赛克，因为惊讶用手紧紧抓着容器，把容器递给维纳斯（Ⅵ，21）。宙斯亲吻并祝福朱庇特，像描写中的那样，轻拂他的面颊，亲吻他的手，这些描绘给这个故事以情欲色彩（Ⅵ，22）。赫尔墨斯带领普赛克去奥林匹斯山（Ⅵ，23）。在象征穹庐的拱顶之上描绘着小阿穆尔的形象，它们自由地飘在天上，手里拿着象征自己神性的装饰物，周围有对它们到来的预示：伴有闪电的宙斯和拿着三叉戟的波塞冬，带着地狱叉和两叉戟的哈德斯，还有全副武装的阿瑞斯等。他们的故事再次表明，爱的力量无所不在，爱战胜一切，对神灵来说也不例外。敞廊的隔墙装饰着挂毯，上面叙述着朱庇特和普赛克在地球上的故事。

　　在基吉别墅中，建筑师们精心打造的壁画继续凸显整体的幻想主义色彩。当然我们不应排除古典时期和文艺复兴时期幻想主义壁画的传统。这强化了农村别墅敞廊的印象，敞廊成了中间地带，介于别墅花园和整体建筑之间，基吉别墅以花园设计独特而知名。敞廊体现了别墅壁画的独特构思，并且敞廊最初包含通向花园的过道，通常是通向一个花园凉亭或是通向一个带顶的凉棚，上面装饰着壁画，这种开阔的形式使人能够看到天空以及传统上居住在古典别墅或文艺复兴别墅中的各种神。这些神就像在展望厅中那样，看管着主人的别墅，以幸福结尾的朱庇特与普赛克故事预示着阿戈斯蒂诺·基吉和弗朗西丝之间的爱情佳话。同时，普赛克敞廊壁画再次强调了敞廊的作用，突出了别墅壁画的整体构思以及别墅正面建筑壁画的故事情节，对壁画主题起到了提纲挈领的作用。

　　从创作时间来看，普赛克敞廊设计确定了别墅外墙和室内装饰主题，按所在位置，准确理解壁画主题后，普赛克壁画与外墙壁画一起，在建造前开始动工。阿普列乌斯所讲述的故事对文艺复兴时期的人们非常有吸引力，这不仅在于故事自身情节引人入胜，故事内容能打动人，可能还在于其中隐藏的深远意义。我们知道，在传统观念中，普赛克在希腊神话中意味着人的灵魂。《变形记》中关于普赛克的故事有另外一番描述，记叙了人的灵魂为了找到和获得爱情所进行的艰险之旅。阿普列乌斯的小说《变形记》在罗马于1469年首次出版，而后多次再版，大约在1500年，阿戈斯蒂诺·基吉的一位朋友——长老菲利波拉·贝拉尔多对其进行了翻译和评论，他是利奥十世教皇的秘书，同时他还和拉斐尔非常熟悉。1517年在普赛克敞廊壁画完工前夕，他翻译的小说在威尼斯再版。在文艺复兴艺术中，壁画雕刻家不是第一位探索这个故事的人。小说故事流传广泛，具有很高的知名度。

新柏拉图主义思想对普赛克敞廊壁画也多次做了诠释，主要有马蒂内斯卡佩拉和尔根提乌的解读。考虑到基吉别墅壁画的总体倾向以及别墅主人重大生活变故，这种更加形象的诠释十分合理。可能形成敞廊壁画的理由就是那个重要的日子，别墅主人期待已久的那一天，教皇利奥十世把基吉和弗朗西丝的婚姻合法化，他们的孩子被合法化。我们知道，壁画的主要宗旨就是爱情，爱能够战胜所有阻碍，就像普赛克为了爱战胜一切困难来到朱庇特身边一样，甚至为此而反抗神意（维纳斯），他们举行了婚礼加冕，获得永生。朱庇特和普赛克结合生了一个女儿，名叫享受或快乐（阿普列乌斯，变形记，VI，24），象征着位于台伯河右岸满足基吉建造的别墅标准。显然，别墅主人认为自己是崭露头角的朱庇特，而别墅本身就像他的郊外宫殿一样，屹立在树林环抱的清澈的水晶泉旁，就像阿普列乌斯描写的那样（V，1~3）。就像赫尔墨斯用婚姻的纽带把朱庇特和普赛克连接到一起，教皇利奥十世合法化了阿戈斯蒂诺·基吉和弗朗西丝的婚姻，普赛克经历的这些艰难显然暗指弗朗西丝的漫长期待。凯旋的主题包含在普赛克敞廊壁画的艺术设计和表现形式上，体现了别墅壁画的总主题——歌颂了爱的力量，并且明显歌颂了阿戈斯蒂诺·基吉的夫人和女友。拉斐尔和他的弟子们在普赛克敞廊壁画设计上渗透着一种戏谑感，就像婚礼这一题材一样，以植物为象征掺杂了一些毫无顾忌的色情笑话，如花环以及某些人物形象（赫尔墨斯和朱庇特），诙谐的基调渗透了整个壁画，这无疑非常符合文艺复兴别墅的古典主义形象。

在佛罗伦萨壁画展示柜里收藏了大概在 1439 年朱庇特宫的一幅壁画（柏林，国家博物馆），描绘了朱庇特和普赛克的故事。有趣的是朱庇特宫居然具有农村别墅的所有特点，敞廊中装饰着风景画。敞廊顶端檐楣石料上绘有小阿穆尔神像，这些浮雕的主要文献来源于阿普列乌斯的著作，而不是薄伽丘及其他描写朱庇特和普赛克故事的作家作品（Ⅴ，Ⅻ）。这些壁画以及同一系列的其他壁画都源自阿普列乌斯的著作。薄伽丘的作品并未像阿普列乌斯那样详细刻画宫殿壁画。我们将这一壁画与其他类似壁画作对比时，就会发现相似点。在比较普赛克敞廊和佛罗伦萨朱庇特宫的壁画时可以发现，它们对古典来源的解释和使用方法具有共性。很显然，柜子里的壁画是用于举办柳克丽兹和皮埃洛·美第奇的婚礼，据此，我们认为，古代爱神宫殿都要有相应壁画装饰，后来这变成新婚夫妇的别墅壁画装饰。并且这是我们看到的郊外别墅形象，非常传统，与基于古典例证的文艺复兴别墅兼容，在爱情、婚姻和别墅之间有着必然联系。

普赛克的敞廊壁画设计完美，令人想起著名的温科尔曼形式，这种形式常使用于古典艺术中，"高贵朴素，自然宏伟"是拉斐尔传授给自己弟子的对古典遗产的理性态度，他在致力于创作这幅著名壁画时，很自然地使用了古典纪念像。瓦萨里已经指出了敞廊壁画借鉴古典艺术的鲜明例子（216，Ⅲ，180；730，Ⅰ，186；484，199，201，203，207；743）。敞廊壁画中有很多古典壁画的原型，皮罗·利戈里奥注意到，壁画总体系出自在埃斯奎利诺小丘上的古代壁画，这处遗址在16世纪被毁（344，184）。这种装饰体系的重要部分被用在尼禄的黄金屋中（484，199）。还有一部分内容在罗马纪念像中见到过（拉提纳 Anicii 坟墓壁画），其中还有类似天幕的重要元素，用来装饰普赛克敞廊拱形的中心部分（370，321；531，47，注1）。敞廊壁画总思路除了来源于古典文献，还源自一些著名古代纪念像，如罗马圣康斯坦丁拱门壁画（534，109）。伯格斯特龙指出,《带普赛克到奥林匹斯山的赫尔墨斯》是来自赫库兰尼姆古典壁画的开端。庞贝遗址的房屋壁画设计与此类似,这类壁画影响着梵蒂冈比比安那红衣主教的浴室设计(531,46~47)。拱顶模板上的小阿穆尔神对于营造轻松、快乐、享乐的气氛及体现爱的凯旋有着重要作用,这些小天使的作用就像在古典壁画中所起的作用一样,古典壁画是它们的来源(531,46)。佩鲁齐和拉斐尔非常看重对这些纪念像的使用(746,128)。

普赛克敞廊壁画装饰有机、均衡地体现了古典遗产的特点,基吉别墅壁画在文学和绘画领域树立了杰出典范。在嘉拉提亚敞廊壁画中,我们仅看到了部分建筑群对古典壁画采用了这种方式(拉斐尔的壁画《嘉拉提亚的凯旋》)。在普赛克敞廊壁画中,壁画整体都采用统一而富于创造性的有趣方式,以细致入微的考证方式对待卧室内的古典壁画,或以专家态度审慎而又富于创造力地对待多神教人物和古典纪念像,在佩鲁齐壁画中我们也看到了画家对这一古典原则的坚持。

文艺复兴别墅的壁画装饰用于休息、娱乐、休闲,很少用于学术研究和文学创作。集各种古典形象而形成享乐型别墅装饰在别墅中更为普遍,还有别墅主人以及主人亲友所指出的尚待完成的方向,都集中在享乐方面,享乐用意体现于各个方面,体现在拱形天幕、占星壁画以及多神教的风景组合上(符合优选原则,还有主人和客人的品位),体现在画家们所使用和模仿的古典形象上,以及体现在画家的艺术形式和画作特点上。

即使脱离别墅壁画的细节,爱的凯旋也是基吉别墅的装饰主题,这一主题植根于古代罗马人以及文艺复兴时期继承者们心中。题材本身出自古典格言,同时,爱的主题完全符合16世纪初罗马的文化和时代品位以及订购者的要求。如果说，佛罗伦萨附近拉加利纳别墅完全契合郊外别墅的理想形象，狄俄尼索斯与同伴居住在别墅里，那么台伯河右岸的别墅里则居住着维纳斯。

阿戈斯蒂诺·基吉别墅壁画中那种戏谑、幽默的基调非常重要，这种壁画装饰恰好符合文艺复兴别墅的享乐主义思想与别墅自由、放松的生活方式。别墅的日常生活、戏剧表演、别墅的壁画装饰都体现着这种幽默特点，并且文艺复兴时期的幽默通常与爱、婚礼和人的内在形象有关，而这些形象穿上古典外衣后变得更加容易和理解。古典文学传统中保留着郊外别墅的娱乐特性，这一切都成为文艺复兴时代人们争相模仿的对象。幽默感对壁画起到很好的作用，而绘画则产生出非常好的幻想效果，即文献来源与表现方式都具有古典化特点，古典化是别墅的整体特点，奠定了别墅壁画装饰的总体设计基础，古典化在别墅壁画装饰中得到了完美体现。

16世纪上半叶至16世纪中叶，罗马别墅中存在大量古典建筑纪念碑，基吉别墅壁画装饰也保留了大量古典传统，但这些古典纪念碑更清晰地体现了按古典观念创造出来的古典建筑及装饰特点。现代学者把它们确定为穿着古典外衣的文艺复兴别墅，这一观点是正确的（684，241～280）。

红衣主教朱利奥·美第奇还建造了利奥十世父亲居住的马达马别墅，而后教皇克莱门特七世的秘书巴尔达萨雷·图里尼开始建造贾尼科洛山上的郊外的兰特别墅。别墅主人献身于教廷工作，主要与美第奇家族利奥十世和克莱门特七世教皇打交道。别墅主人拥有大量财产，他甚至资助了利奥十世，教皇去世后，别墅主人遭遇经济危机，别墅修建一度叫停。在克莱门特七世和保罗三世在位期间，别墅主人是教师团董事会成员，他在罗马拥有几块土地，一处大约位于现在的圣保罗伊格纳齐奥广场，另一处大约在圣欧斯塔基奥附近，最后一处在贾尼科洛山上，他在这里建了别墅。我们尤其需要指出的是巴尔达萨雷·图里尼与拉斐尔关系较好，他们有着共同考古兴趣。别墅开始动工大约在 1518 年，此时，巴尔达萨雷·图里尼开始就任教皇使徒书记。在 1521～1523 年阿德里安六世加冕期间，他作了短暂休息，而后延续到 1531 年，他完成了这所别墅中小赌场的室内壁画装饰，这所带有小赌场的别墅位于充满历史传说的贾尼科洛山上，一景一物都会令人产生大量文学联想。

兰特别墅的建筑特点属于罗马文艺复兴艺术高级阶段的典型标志，如果说布拉曼特、佩鲁齐的探索接近这一目标，而拉斐尔则尤其体现了对这种境界的追求，没有比拉斐尔设计的马达马别墅更能明确说明这一特点的了。马达马别墅明确模仿了古典建筑范例，别墅设计源自典型的古代文献。我们从中见到了这种明显的古典痕迹。从地理位置上看，贾尼科洛山上的别墅能勾起人们这些模糊的古典回忆，并且这里有对古典别墅的明确的描写，古罗马诗人马夏尔的别墅曾位于这里。在诗人对别墅的描写中（格言，Ⅳ，64），提到了别墅的美丽外观和开阔景色。巴尔达萨雷·图里尼的小赌场可完全归为这种类型，这里有宽敞、开阔的敞廊，从这里望出去，就像从古典别墅中望出去一样，可以看到永恒之城图斯库伦，图斯库伦以别墅而闻名，尤其以西塞罗和小普林尼别墅以及阿尔巴尼亚山脉、罗马名胜古迹而为人们所熟知。我们应该指出兰特别墅不过是古典别墅中的一个类型，也是现代人进行对比的一个参照物，兰特别墅可以反映出古典建筑的另一个标志性特点。大卫·科芬考证后指出，在 16 世纪文艺复兴时代考古学家复原后的古代罗马地图上，诗人马夏尔描写的别墅花园几乎位于兰特别墅所在的地方，这个对比非常详细，并且得出了一个合理结论。1552 年皮罗·利戈里奥地图上绘制了位于山坡上的马夏尔别墅，上面还有加以确认的题词，标记为马夏尔花园（684，515）。古典别墅和文艺复兴别墅间的交叉错合明显体现在巴尔达萨雷·图里尼的赌场壁画装饰上。在拱顶装饰图上绘有庞培努玛墓。敞廊正门上方有拉丁文题词，节选自马夏尔的格言"从这个位置开始，你将看到罗马城般的宏大景象"。主人希望在古典别墅坐落过的地方建造自己的别墅，这是文艺复兴别墅的特点（蒂沃利），别墅壁画装饰明显具有规划性。巴尔达萨雷·图里尼别墅就像它的古典原型那样，有详细描述的古典文献，这一点可以强化别墅与其地点相关的古典联想。文艺复兴别墅周围的地形特点能够加强人们对别墅壁画的理解，促使人们回忆起曾经属于这里的古典故事。总的来看，巴尔达萨雷·图里尼别墅具有古典庄园中的文艺复兴别墅的形象。别墅主人喜欢用古典纪念像来装饰别墅，以突出别墅的古典特色。1523 年 5 月 8 日，巴尔达萨雷·卡斯特里翁在信中确认了别墅建造中断的事（因为卡斯特里翁让自己在罗马的代理人从朱利奥·罗马诺处了解什么时候图里尼打算继续建别墅）。写信人因此很担心别墅内的一尊古典雕像遗失，这尊讽刺性雕像上绘有萨蹄尔（希腊神话中长有山羊腿、胡子和脚的酒神的淫荡伴侣）的形象，萨蹄尔正从肩膀上的酒囊里倒酒。这幅壁画属于图里尼，保存在别墅里，卡斯特里翁在自己去世前将这一消息告诉了拉斐尔（引自 684，257；见 758，Ⅰ，62，67~68）。

我们想指出兰特别墅建筑外观中有一些很重要的特点。首先，别墅东部（后面）一楼敞廊用平面过梁连成了三个拱形结构，朝向罗马，每个过梁用两个柱子支撑，柱子间是开阔空间。敞廊建筑预示着后来这种建筑结构的出现，即帕拉第奥母题的前身，显然这与前不久拉斐尔在梵蒂冈壁画装饰的别墅敞廊设计如出一辙。敞廊在别墅构造中起重要作用，朝向外部空间（首先，它是三面开放式结构，主要朝向城市）。别墅南部没有窗子，代之以假窗子，即敞廊在别墅格局中有主要风景区的作用。马夏尔的描述暗指别墅敞廊，通过马夏尔的描写，文艺复兴别墅主人的目光穿过台伯河看向古典和现代罗马中心，并且当时的别墅与古典别墅相比，处于同一位置，都具有独特的建筑特点。我们想起阿尔贝蒂曾指出过，从房间敞廊望出去，能看到开阔景色。在另一处他直接引用了马夏尔的诗（208，Ⅰ，165，166；Ⅷ，14，3～4）。马夏尔的评论多半指城市房屋，而不是指农村庄园，他描写的别墅屋顶高而精致，巴尔达萨雷·图里尼的别墅建造精美，与马夏尔的描述十分相似。

别墅建筑工期长，中间有停顿，有时别墅购买者要求在别墅设计中进行大的变动。最初，别墅北面大厅（沙龙）占的面积较小，后来加了一个过道，将厅进一步扩大，而后，明确分出两个主要部分——沙龙和敞廊，二者相邻。这与古典传说有关，在别墅建筑中，沙龙所占的突出地位也体现在其壁画装饰中。

作者描述的别墅建筑外观有些杂乱，至今这一问题尚未完全解决，因为对这一问题存在各种观点。传统上瓦萨里在建造别墅时见过朱利奥·罗马诺的壁画，而后人们推翻了这一观点，因为别墅建造分两个阶段，按照两个相互不同的设计进行。因而产生另一种观点，认为负责别墅建造的还有一位建筑师。阿普兰迪认为，朱利奥·罗马诺最先开始建筑工作，而后他离开，于1524年去了曼图亚，这一工程由乔凡尼·达·乌迪内接手（754，99，117）。哈特和弗罗梅尔考虑了各种不同情况，倾向于传统归因。更可靠的方案是第三种观点。拉斐尔和他的弟子们给出了别墅规划图，别墅设计多半是大师本人的观点（1987 年谢尔曼否定了自己先前的看法，不再认为拉斐尔个人提出别墅设计，而是出自拉斐尔团队）（776，179）。拉斐尔死后，别墅未竟工程由朱利奥·罗马诺（谢尔曼）继续完成。这种观点有自己的依据，因为巴尔达萨雷·图里尼是拉斐尔的好友，有拉斐尔的图纸，并且他还是别墅购买者。洛伦佐·美第奇参与了画家死后的图纸转让，图纸被转给乌尔比诺公爵，因为后者被指定为画家意愿的完成人。因而别墅建筑中受托斯卡纳传统影响较深，从庄园建造中我们能够了解到拉斐尔十分熟悉这些传统，并且出生于佛罗伦萨周边小城市的巴尔达萨雷·图里尼也非常认同这种观点（758，137 ~ 138；684，262）。瓦萨里非常熟悉朱利奥·罗马诺，他对画家的作品有深刻了解，这种理解可能基于画家的口头表述，画家高度评价了自己对别墅建造做出的贡献。

由于自身建筑形式以及别墅主人所看重的精神意义，兰特别墅敞廊具有更加古典化的面貌。尽管题词没有被保留下来，但马夏尔的描写确认了敞廊正门上方曾确实存在过古典题词。在 16 世纪中期的图纸上展示了别墅剖面图，我们可以据此得出结论，别墅南面装饰着古典化的石质浮雕及题词，这些壁画装饰赞美了巴尔达萨雷·图里尼（758，134；fig.16）。乔凡尼·达·乌迪内是敞廊石质壁画的作者。

别墅南面一楼大厅和中央房间两侧的壁画没被保存下来，别墅复原基于世纪初的一处建筑（754，10，9，fig. 3；11，fig. 4；758，63；681，262）。这些房间拱门上都装饰着怪诞兽像，西面两个房间装饰着 4 个徽章，上面带有女性人物半身像。南面房间上装饰有男性人物像，男性半身像被认定为是但丁、彼特拉克、薄伽丘和拉斐尔。从编年史来看，似乎确定为上述人物的理由不够充分，男性人物像更可能是但丁、彼特拉克、阿里奥斯托和塔索，而女性半身像是上述文学家的伴侣，这些房间壁画多半由朱利奥·罗马诺的团队创作。

像先前卡尔杜齐别墅的壁画装饰那样，名人像题材是郊外别墅的装饰典范。兰特别墅的名人像装饰也以这种方式存在，传统上男性人物和他们的伴侣同时存在。在这种情况下，女性人物数量让人想起薄伽丘的寓言长诗《爱情的幻觉》中关于别墅的描写。城堡里装饰着 8 位女性人物和古代哲学家与诗人的肖像，但丁为诗人之首。也许，兰特别墅的雕像来源并非薄伽丘著作中的插图，但这些雕像也受薄伽丘的一定影响。兰特别墅被人们视作艺术城堡，我们不应忽略名人像装饰所带来的古典回忆，拱券的主要装饰部分——怪诞兽像强化了这一效果。巴尔达萨雷·图里尼爱好研究古典文物和古典文学，他与画家们关系较好，他承担的教廷职务等因素都需要他建设一所有着相应壁画装饰的工作室。

古典化同样贯穿在没被保存下来的地下浴室的装饰中。据瓦萨里的描写，浴室装饰是朱利奥·罗马诺和他的助手们的作品，其中的壁画装饰始于梵蒂冈红衣主教毕比的浴室装饰，在拉斐尔领导下完成。作品备受人们称颂，装饰中使用了兽像，区别于多神教爱情的神话故事。浴室是古典别墅不可或缺的部分，受古典范本的影响，这一特征自然成为古典化的外观标志。

我们在意大利纪念碑中经常见到带有上述古典特征的壁画，这不是兰特别墅本身的特性，而是一种普遍的特点。沙龙壁画遵循另外一条原则，其壁画题材主要集中在风景画题材上，部分装饰与别墅主人有直接关系。壁画思想深邃、设计形式不同，这一点令人想起人文主义者整体人群，因为巴尔达萨雷·图里尼经常出入这一圈子，他本人就属于人文主义者之列。

不久前的别墅复原图证实，沙龙墙壁上所装饰的壁画最初由彩色大理石装饰，这种设计是古罗马室内装饰的主要形式（754，116，fig.67）。沙龙拱顶壁画描绘了主要故事情节，在19世纪别墅被出售时这些装饰被拆除，而后被转给罗马赫西亚图书馆。图书馆拱券的彩色复制品给我们留下了波多罗卡·拉瓦乔设计的最早的拱形结构壁画（332，Ⅰ；756，282）。

拱券结构的四个横臂中，每个结构都带有大型壁画：《亚努斯和萨图纳的会面》、《寻找贤人努玛·庞皮留石棺和被发现的西比尔书》、《克莱利亚逃跑》、《克莱利亚解放》。周围装饰着一些小型群雕：《阉割萨图纳的朱庇特》、《建造亚努斯神庙的努玛》、《保护桥的贺拉斯》、《波森面前的穆齐奥斯卡瓦拉》等。在拱券上绘有教皇克莱门特七世和巴尔达萨雷·图里尼的格言和徽章，展示了后者对美第奇家族的忠诚。

拱券装饰的主要题材围绕着罗马历史的古典记忆，故事情节与别墅坐落的地点有关，即与贾尼科洛山和山脚下台伯河有关的神话传说一致，事实上，这些神话故事也证实了贾尼科洛山的有利位置。故事情节取自提图斯·李维的《历史》，讲述了贾尼科洛山上发生的重大事件和离此不远的台伯河岸边的故事。古典文学中人们对郊外别墅持传统态度，对别墅地点的选择要考虑别墅所在地点的神话传说。兰特别墅中的沙龙借用了这一传统，在壁画设计中直观地体现了这一特点，包括按马夏尔描述建造的文艺复兴别墅，在别墅屹立的地方流传着了罗马建国的历史传说。在壁画《寻找贤人努玛·庞皮留石棺和被发现的西比尔书》上（提图斯·李维，ⅩⅡ，29）从左侧石棺中取出的西比尔书被交给这块地的主人——一位戴着帽子的长者手上。壁画古典来源出自1527年法比奥卡尔沃在罗马出版的《罗马城的古迹》一书，努玛石棺位于贾尼科洛山坡上，沿台伯河向西，这一发现与提图斯·李维的描写并不矛盾。壁画中间，远景构图铺开大规模的戏剧化背景，画家将兰特别墅设计在这里。另外，波利多罗·达·卡拉瓦乔非常细致地进行了地形勘测，无疑他对古典遗迹非常感兴趣。我们经常在罗马建筑外墙上见到罗马早期历史故事，在壁画上我们看到别墅东墙上的敞廊，就像图纸上的西墙壁画那样，即画家有意违反别墅的真实性，以便更容易按有着显著差异的外墙壁画来分辨。最后，文艺复兴别墅壁画的精粹之处就像古典农村别墅壁画那样，对别墅主人含有寓意。古罗马人找到了西比尔书，卢修斯拥有那块土地，并发现了努玛石棺，他担任公共抄写员职务，即相当于巴尔达萨雷·图里尼担任的教廷秘书的职务。

除了沙龙拱券装饰对巴尔达萨雷·图里尼含有暗示外，壁画赞美了他的保护人——美第奇家族、利奥十世教皇和克莱门特七世，这一点在壁画《亚努斯和萨图纳的约会》上体现得尤为明显。众所周知，萨图纳被描写成朱庇特的儿子，逃往拉齐奥，他是黄金时代的神灵，也是罗马的早期皇帝。萨图纳给了罗马人律法，在律法管理下给了人们自由，开辟了黄金时代，人们懂得了种葡萄的方法、耕作技术以及文明生活的习惯（维吉尔，埃涅阿斯纪，Ⅷ，314～327；塞尔维乌，Ⅷ，319，322；马克罗比乌斯，农神节，Ⅰ，7，27～36；8，4～5）。壁画描绘了萨图纳的黄金时代，歌颂了沙皇努玛和卡珀尼亚的和平统治（牧歌集，Ⅰ，33～88）。维吉尔在自己的著名诗作《牧歌集》中指出，奥古斯都时代是萨图纳黄金时代的复兴，奠定了黄金时代的开端（维吉尔，田园诗，

Ⅳ）。众所周知，教皇利奥十世加冕被视作黄金时代复兴，这成为美第奇家族的惯例，因为这类概念与洛伦佐及他的父亲有关。因此，利奥十世当选教皇，被部族首领埃吉迪奥·达维泰博当作快乐和平生活的开端，继好战的尤里乌斯二世后这一时期生活幸福，人们安享平静，就像努玛继好战的罗马尔人后开辟了罗马这一繁荣与和平时代那样（684，264）。而佛罗伦萨为了庆祝利奥十世当选教皇在狂欢节期间以黄金时代做庆祝主题，用战车做节日装饰。兰特别墅沙龙拱券装饰让美第奇家族的教皇（利奥十世和克莱门特七世）永志不忘古典历史中所开辟的拉齐奥黄金时代，确定了渴望已久的和平时代，促进了罗马的繁荣和辉煌，就像贤人努玛那样支持宗教，建立亚努斯神庙，这解释了巴尔达萨雷·图里尼别墅坐落的有利位置以及利奥十世和克莱门特七世的佛罗伦萨起源。我们提到过历史学家和文学家阿尼奥·达维泰伯，他是早期伊特鲁里亚收藏品专家，也是托斯卡纳伊特鲁里亚历史的忠实信徒，与萨图纳在拉齐奥的统治同时，亚努斯是伊特鲁里亚最近的统治者，为了隆重庆祝教皇利奥十世的亲属朱利亚诺和洛伦佐·美第奇被授予罗马公民称号，在1513年，罗马国会大厦重新装饰了临时剧院，剧院壁画中展示了拉齐奥和伊特鲁里亚间的友好历史。壁画中，我们见到的群雕和兰特别墅中沙龙拱券壁画相似：《亚努斯和萨图纳的约会》、《保护桥梁的贺拉斯》、《克莱利亚逃跑》、《穆齐奥斯卡瓦拉》。在神话传说中，台伯河就是罗马和伊特鲁里亚之间的分界，而贾尼科洛的命名是为了纪念亚努斯，建在贾尼科洛山坡上的巴尔达萨雷·图里尼别墅位于台伯河西岸，屹立在古老的伊特鲁里亚土地上。波利多罗壁画《亚努斯和萨图纳的约会》描绘了在台伯河岸边的两个神话统治者，赞美了拉齐奥和伊特鲁里亚黄金时代的祥和安宁，间接肯定了利奥十世和克莱门特七世的当选会以类似方式给罗马和托斯卡纳带来黄金时代，将伊特鲁里亚的奠基者亚努斯和圣徒彼得相对比，圣彼得是罗马教堂的创建者，象征着执掌王位的彼得继任者——利奥十世（684；264；762）。

在沙龙拱券装饰中，作者强调了壁画对别墅主人及其保护人的寓意，沙龙拱顶装饰中的一个重要特征是对黄金时代的广义理解，这一主题被人们长期用作别墅壁画的主题，这一具有政治寓意的轻松命题吸引了文艺复兴时期的人文主义者，为后来的欧洲统治者所用，这一主题吟诵了一个和谐、美好的别墅形象。因而，在壁画设计中波利多罗以风景画为主。这种古典风格的理想风景伴随古典废墟再现了贾尼科洛山顶的开阔风景，充满了浪漫的多神教历史气息，这是波利多罗壁画的特点。

根据别墅主人的愿望，巴尔达萨雷·图里尼别墅的所在位置、建筑形式和大厅壁画模仿了古典别墅。描绘了别墅所在地的历史传说，旨在赞美黄金时代，展示了与别墅主人承担类似职责的古典人物。波利多罗依靠先前罗马原型（观景台别墅装饰和法尔内西纳别墅），把农村别墅形象展示在自己的壁画中，再现了古罗马传统，就像拱券的装饰取自尼禄的黄金屋顶那样。

结　论

　　文艺复兴别墅壁画装饰具有古典性，别墅装饰不只使用了古典题材，从人物形象上我们也能够很直观地看出古典纪念像的痕迹。我们面前展示的只是这一特点的外部体现，尽管这些特征的意义也很重大。古典装饰风格在于与罗马庄园有关的广泛思想和人物形象上，这些概念与文艺复兴时期的别墅形象有关。基于此，壁画描绘了古典题材，在艺术构图上使用了古典艺术手法。文艺复兴时期的别墅主人、建筑师、壁画设计师、雕刻家在建造和装饰别墅时长期关注古典范例，他们徜徉在古典世界的概念、人物形象和思想中，不由自主地形成了带有罗马别墅艺术特点的壁画装饰类型。众所周知，无论是别墅的古典文学、绘画形象，还是个性特点，文艺复兴别墅都具有明显的古典化色彩。

　　尽管文艺复兴时代和古典世界有着根本差异，这是两个不同的历史文化时期，但二者的共同点带来了郊外别墅的出现，决定了文艺复兴别墅的室内壁画特点，古典传统中的轻佻故事有规律性地出现在文艺复兴壁画装饰中。我们知道，文艺复兴别墅和古典别墅的本质相同，但类似条件下市民意识的具体表现不同。古典郊外别墅和文艺复兴别墅之间隐藏着继承关系，尽管这一过程被大大简化，并不能被人们意识到。在古典纪念像的基础上，人们有意识地回归古典传统是形成文艺复兴别墅形象的前提，这带来了文艺复兴别墅壁画的古典化特点。我们并不想把形形色色的文艺复兴别墅简单归结为受古典传统影响，就像其他所有现象一样，别墅具有多面性，但古典性是其比较突出的特点。

参考文献

Ⅰ．**Справочные издания**

1. Daremberg Ch. , Saglio E. Dictionnaire des antiquites gresques et romaines. 1877 – 1909. Paris. Vol. Ⅰ – Ⅴ.

2. Enciclopedia dell'arte antica classica e orientale. Roma, 1958 – 1973. Vol. Ⅰ – Ⅸ.

3. Enciclopedia of World Art. N. Y. , 1959 – 1968. Vol. Ⅰ – ⅩⅤ.

4. Henkel A. , Schöne A. Emblemata. Handbuch zur Sinnbildkunst des XVI und XVII Jahrhunderts. Stuttgart, 1967.

5. Lexicon der christlichen Ikonogaphie. Rome；Freiburg；Basel；Wien；1968 – 1976. Bd. 1 – 8.

Ⅱ．**Культура и искусство античного мира. Источники**

6. Reinach A. J. Recueil milliet. Textes grecs et latins relatifs a l'histoire de la peinture anciene. Paris, 1921.

7. Архитектура античного мира／Сост . В. П. Зубов и Ф. А. Петровский. М. , 1940.

8. Памятники позднего античного ораторского и эпистолярного искусства II – V вв. М. , 1964.

9. Oratorum romanorum fragmenta liberae rei publicae. Tertiis curus ed. Henrica Malcovati Torino, 1967.

10. Поздняя латинская поэзия. М. , 1982.

Ⅲ. **История и культура античного мира. Общие проблемы**

11. Гиббоин Э. История упадка и разрушения Римской империи. М. , 1883 – 1886. Т. 1 – 7.

12. Моммзен Т. История Рима. М. , 1936 – 1949. Т. I – Ⅲ, V.

13. Фридлендер Л. Картины из истории римских нравов от Августа до последнего из Антонинов. Спб. , 1873. Т. 1 – 2.

14. Новосадский Н. И. Елевсинские мистерии. Спб. , 1887.

15. Фрэзер Д. Д. Золотая ветвь. Исследование магии и религии (1890) . М. , 1980.

16. Hirzel R. Der Dialog. Ein literarhistorischer Versuch. Leipzig, 1895 – 1896. Bd. Ⅰ – Ⅱ.

17. Тома Э. Рим и Империя в первые два века новой эры. Спб. , 1899.

18. Гримм Э. В. Исследования по истории развития римской императорской власти. Спб. , 1900 – 1901. Т. Ⅰ – Ⅱ.

19. Мейер Э. Экономическое развитие древнего мира. М. , 1996.

20. Виппер Р. Ю. Очерки истории Римской империи. М. , 1908.

21. Карсавин Л. П. Магнаты конца Римской империи （Быт и религия）//К двадцатипятилетию учебно — педагогической деятельност и Ивана Михайловича Гревса. Сб. статей его учеников. Спб., 1911. С. 8 – 13.

22. Буассье Г. Картины римской жизни времен Цезарей. М., 1913.

23. Кагаров Е. Культ фетишей, растений и животных в Древней Греции. Спб. 1913; Буассье Г. Римская религия от времени Августа до Антонинов. М., 1914.

24. Borinski K. Die antike Potic und Kunstprosa von Ausgang des klassischen Altertums bis auf Goethe und Wilhelm von Humbold Leipzig, 1914 – Bd. I – II.

25. Rostovtzeff M., The social and Economic History of the Roman Empire （1926）. Oxford, 1957. Vol. 1 – 2.

26. Ashby Th. The Roman Campagna in Classical Time. London, 1927.

27. Bagnani G. The Roman Campagna and its Treasures. London, 1929.

28. Syme R. The Roman Revolution. Oxford, 1939.

29. Villoresi M. Lucullo. Firenze, 1939.

30. Машкин Н. А. Принципиат Августа. Происхождение и социальная сущност ь. М., Л., 1949.

31. Deubner L., Attische Feste. Berlin, 1956.

32. Carcopino J. Daily Life in Ancient Rome. The People and the City at the Height of the Empire. Harmondsworth, 1956.

33. Walbank F. T. A Historical Commentary on Polibius. Oxford, 1957. Vol. I .

34. Лосев А. Ф. Античная мифология в её историческом развитии. М. , 1958.

35. Schefold K. Vergessenes pompeji. Berlin, 1962.

36. Grimal P. La civilisation romaine. Paris, 1962.

37. Преображенский П. Ф. В мире античных идей и образов. М. , 1965.

38. Strong D. E. Roman Museums//Archaeological Theory and Practice/Ed. D. E. Strong. London, 1973. pp. 248 – 264.

39. Cristofani M. L'Arte degli etruschi. Produsione e consume. Torino, 1978.

40. Brilliant R. Pompei. A. D. 79. The Treasure of Rediscory. N. Y. , 1979.

41. Kempter G. Ganymed. Studien zur Typologie Iconographie und Ikonologie Kölln, 1980.

IV. Категория 《досуга》 в античной культуре

42. Grilli A. II problema della Vita Contemplativa nel mondo greco-romano Milano, 1953.

43. Andre J. M. L'otium dans la vie morale et intellestuelle romaine des origines all'epoque – auqusteenne. Paris, 1966.

44. Saxonhouse A. V. Classical Greek Conceptions of Public and Private//Public and Private Social Life. London, 1983. pp. 363 – 384.

V. Отношение к миру природы у древних римлян

45. Бизе А. Историческое развитие чувства природы. Спб. , 1891.

46. Geikie A. The Love of Nature Among the Romans. London , 1912.

47. Fairclough H. R. Agriculture and the Love of Nature, London , 1930.

VI. Миф о Дионисе. Дионисийские мистерии

48. Бодянский П. Римские вакханалия и преследование их в IV в. от основания города. Киев, 1882.

49. Иванов Вяч. Эллинская религия страдающего бога. // Новый путь. 1904. №1. С. 110 – 134; №2. С. 48 – 78; №3. С. 38 – 61; №5. С. 28 – 40; №7. С. 17 – 26; №9. С. 47 – 70.

50. Иванов Вяч. Религия Диониса. Её происхождение и влияние//Вопросы жизни. 1905. №6. С. 185 – 220; №7. С. 122 – 148.

51. Ницше Ф. Рождение трагедии из духа музыки// Полн. собр. соч. М. , 1912. Т. I. С. 35 – 163.

52. Иванов Вяч. Дионис и прадионисийство. Баку, 1923.

53. Вересаев В. В. Аполлон и Дионис (о Ницше). М. , 1924.

54. Otto W. T. Dionysos. Mythos und Kultus. Frankfurt am Main , 1933.

55. Herter H. Vom Dionysischen Tanz zum komischen Spiel.

Iserlohn, 1947.

56. Winnington I. , Reginald P. Euripides and Dionysos. An Interpretation of the *Bacchae*. Cambridge, 1948.

57. Jeanmaire H. Dionysos. Histoire du culte de Bacchus. Paris, 1951.

58. Nilsson M. P. The Dionysiac Mysteries of the Hellenistic and Roman Age. Lund, 1957.

59. Segal C. Dionysiac Poetic and Euripides *Bacchae*. Pricnceton, 1982.

Ⅶ. Миф о Психее в изложении Апулея. Его влияние на культуру Возрождения

60. Reitzenstein R. Das Märchen von Amor und Psyche bei Apuleius. Leipzig; Berlin, 1912.

61. Swahn J. O. The Tale of Cupid and Psyche. Lund. 1955.

62. Neumann E. Amor and Psyche: A Commentary on the Tale of Apuleus. N. Y. , 1956.

63. Robertson D. S. The MSS of the *Metamorphoses* of Apuleus// The Classical Quaterly. 1924. N XVIII. pp. 27 – 42.

64. Vertova L. Cupid and Psyche in Rennaissance Painting before Raphael//JWCL. 1979. N XLII. pp. 104 – 121.

Ⅷ. Образ Геркулеса в античности и в эпоху Возрождения

65. Mommsen T. E. Petrarch and the Story of Choice of Hercules//JWCI. 1953. N XVI. pp. 178 – 192.

66. Brommer F. Herakles. Die Zwölf Taten des Helden in antiken Kunst und Literatur. Münster; Köln, 1953.

67. Ettlinger L. D. Hercules Florentinus//MKIF. 1972. N XVI. S. 128 ff.

IX. История античной литературы. Общие проблемы.

68. Latin Biography/Ed. T. A. Dorey. London, 1967.

69. Segal C. P. Landscape in Ovid's *Metamorphosen*. A Study in the Transformation of a Literary Symbol. Wiesbaden, 1969.

70. Frecant J. M. L'esprit et l'humour chez Ovide. Grenoble, 1972.

71. Galinsky G. K. Ovid's *Metamorphosen*. An Introduction to the Basic Aspects. Oxford, 1975.

X. Архитектура Древнего Рима

72. Boethius A. Etruscan and Early Roman Architecture. Harmondsworth, 1978.

73. Ward – Perkins J. B. Roman Imperial Architecture. Harmodeworth, 1981.

XI. Искусство античного мира. Общие проблемы

74. Schönfeld P. Ovids *Metamorphoseu* in ihren Verhältnis zur antiken Kunst. Leipzig, 1877.

75. Robert C. Die antiken Sarkophag—Reliefs. Berlin, 1890 – 1904. Bd. I – III.

76. Bartholome H. Ovid und die antike Kunst. Münster, 1935.

77. Franciscis A. de. II ritratto romano a Pompei. Napoli, 1951.

78. Bieber M. Alexander the Great in Greek and Roman Art. Chicago, 1954.

79. Herter H. Ovids Verhältnis zur bildenden Kunst//Ovidiana. Recherches Sur Ovid. Paris, 1958. pp. 49 – 74.

80. Weitzmann K. Ancient Book Illumination. Cambridge (Mass.), 1959.

81. Bianchi-Bandinelli R. Rome. The Centre of Power. Roman Art to A. D. 200. London, 1970.

82. Robertson M. A. History of Greek Art. Cambridge, 1975. Vol. Ⅰ – Ⅱ.

83. Pape M. Griechische Kunstwerke aus Kriegsbeute und ihre offentliche Aufstellung in Rom. Hamburg. 1975.

84. Strong D. Roman Art. Harmondsworth, 1979.

XII. **Дионисийские саркофаги. Их известность в эпоху Возрождения**

85. Lehman Hartletben R. , Olsen E. C. Dyonesiac Sarcophagi in Baltimore. Baltimore, 1942.

86. Turcan R. Les sarcophages romaines apre sentations dionysiaques. Essai de chronnologie et d'histoire religieuse. Paris, 1996.

87. Rubinstein R. O. A Bacchic Sarcophagus in the Renaissanse// Classical Tradition. The British Museum Jearbook I. Oxford, 1976, pp. 103 – 156.

XIII. Античная живопись

88. Penier L. , Perrot G. Les peintures du Palatin, Paris, 1870.

89. Mau A. Geschichte des decorativen Wandmalerei in Pompeji, Berlin, 1882, Bd. I – II.

90. Rizzo G. E. La pittura ellensctico-romana. Milano, 1929.

91. Swindler. M. Ancient Painting. New Haven, London; Oxford; Paris, 1929.

92. Curtius L. Die Wandmaterei Pompejis. leipzig, 1929.

93. Wirth F. Römische Wandmalerei von Unfergang Pompejis bis aus Ende des Dritten Jahrhunderts. Berlin, 1934.

94. Beyen H. G. Die pompejanische Wanddekoration vom Zweiten bis zum Vierten Stil. Haag, 1938. Bd. I .

95. Ducati P. Pittura etrusca-italo-greca e romana. Novara, 1942.

96. Maiuri A. Roman Painting. Geneva, 1957.

97. Чубова А. П. Иванова А. П. Античная живопись. М. , 1966.

98. Engemann J. Architekturdarstellungen des frühen Zweiten Stils: Illusionistische römische Wandmalerei der Ersten Phase und ihre Vorbilder in der realen Architecture. Kerle, 1967.

99. Little A. M. G. Roman Perspective Paintting and the Ancient Stage. Wheaton (Minnesota), 1971.

100. Tran Tam Tinh V. Catalogue du peintures romaines du Musee du Louvre. Paris, 1974.

101. Strocke V. M. Die Wandmalerei der Hanghäuser in Ephese. Wien, 1977.

XIV. Тема《знаменитые мужи》в античной культуре, пластике, живописи

102. Studniczka F. Imagines illustrium//Jahrbuch des deutschen archäologischen Instituts. 1923 – 1924. N XXXVIII – XXXIX. S. 57 – 128.

103. Zadoks-jitta A. N. Ancestral Portraiture in Rome and the Art of the Last Century of the Republic. Amsterdam, 1932.

104. Andersson M. L. The Portrait Medallions of the imperial Villa at Boscotrecase//AJA. 1987. N XCI. pp. 127 – 136.

XV. Пейзаж в античной живописи

105. Rosfowtzew M. Pompejinische Landschaften und romische Villen// Jahrbuch des deutschen archäologischen Instituts, 1904, N XIX. S. 103 – 126.

106. Ростовцев М. Эллинистическо – римский архитектурный пейзаж. Спб. , 1908.

107. Rosfowtzew M. Die Hellenistich – röminsche Architekturland-schaft//Mitteilungen des deutschen archäologischen Institus. 1911. N XXVI, S. 1 – 186.

108. Dawson C. M. Romano—Campanian Mythological Landscape Painting. New Haven, 1944.

109. Bradford J. Ancient Landscape. London, 1957.

110. Peters W. J. T. Landscape in Romano—Campanien Mural Painting. Assen, 1963.

XVI. Искусство сада в античности и в эпоху Возрождения

111. Курбатов В. Я. Сады и парки. Историяни теория садового искусства. Пг. , 1916.

112. Gothein M. L. Geschichte der Gartenkunst. Jena, 1926. Bd. I – II.

113. Grimal P. Les jardins romains. A la fin de la Republique et aux deux premiers siecles de l'Empire. Essai sur le naturalisme romaine. Paris, 1943.

114. Fagiolo dell'Arco M. II giardino come teatro dell mondo e della memoria//Citta effemera e l'universo artificiale der giardino; La Firenze dei Medici I'Italia dell'500. Roma, 1980. pp. 125 – 141.

115. Вулих Н. В. Эстетика и поэзия римского сада (век Августа) // Античная культура и современная наука. М. , 1985. С. 62 – 67.

XVII. Античная вилла. Общие проблемы

116. Winnefeld H. Römische Villen der Kaiserzeit//Preusische jahrbücher. 1898. N XCIII. S. 457.

117. Baddeley W. S. Villa of the Vibii Vari. Giaucester. 1996.

118. Swoboda K. M. Römische und romanische Paläste. Eine Archetektur – geschichtliche Untersuchung (1909) . Wien, 1924.

119. Mansuelli G. Le ville del mondo romano. Milano, 1906.

120. Swoboda K. M. The Problem of the Iconography of Late Antique and Early Medieval Palaces//journal of the Society of Architectural Historians. 1961. N XX. pp. 78 – 89.

121. D'Arms H. H. Romans on the Bay of Naples: a Sociel and

Cultural Study of the Villas and their Owners from 150 B. C. to A. D. 400. Cambridge (Mass), 1970.

122. McKay A. G. Houses, Villas and Palaces in the Roman World. Southampton; London, 1975.

123. Percival J. The Roman villa. An Historical Introduction. Berkeley; Los Angeles, 1976.

XVIII. Декорация античной виллы

124. Barnabei F. La villa pompeiana di P. Fannio Sinistore scoperta presso Boscoreale. Roma, 1901.

125. Maiuri A. La villa dei Mysteri. Roma, 1930.

126. Lehman PW. roman Wall Painting from Boscoreale in the Metropolitan Museum of Art, Cambridge [Mass], 1953.

127. Gabriel M. M. Livia's Garden Room at Prima Porta. N. Y., 1955.

128. Blacnckenhagen P. H. von Alexander C. The Painting from Boscotrecase. Heidelberg, 1962.

XIX. 《Золотой дом》 Нерона

129. Essen C. C. van. La topographie de la Domus Aurea Neronis. Amsterdam, 1954.

130. Ward-Perkins J. B. Nero's Golden House//Antiquity, 1956. N XXX pp. 209 – 219.

131. Boethius A. The Goblen House of Nero. Ann Arbor, 1960.

XX. Вилла Адриана в Тибуре

132. Winnefeld H. Die Villa hadrian bei Tivoli. Berlin, 1895.

133. Kähler H. Hadrian und seine Villa bei Tivoli. Berlin, 1950.

134. Coffin D. R. John Evelyn at Tivoly//JWCI. 1956. N XIX. pp. 157 – 158.

135. Conti G. Decorazione architettonica della Piazza d'Oro a villa Adriana. Roma, 1970.

XXI. Императорская вилла в Пьяцца Армерина

136. Gentili G. V. La villa erculia di Piazza Armerina. I mosaici figurati. Roma, 1959.

137. Kähler H. Die Villa des Maxentius bei Piazza Armerina. Berlin, 1973.

138. Bolser J. The Villa at Piazza Armerina and the Numismatic Evidendence//AJA. 1973. N. LXXVII. pp. 142 – 143.

XXII. Римская сельская усадьба (villa rustica) и её влияние на виллу эпохи Возрождения

139. Lundström V. Ein Columella—Exeptor aus dem 15. jahrhundert. Uppsala, 1894.

140. Гревс И. М. Очерки по истории римского землевладения. Преимущественно во времена Империи. Спб. , 1899. T. Ⅰ.

141. Heitland W. E. Agricola. A study of agriculture and rustic life in the grecoroman world from the point of view of labour. Cambridge, 1921.

142. Heitland W. E. Agriculture//The Legacy of Rome/Ed. C. Bailey. Oxford. 1947. pp. 475 – 512.

143. Carrington R. C. Studies in the Campanian *Villae Rusticae*// JRS. 1931. N XXI. pp. 110 – 130.

144. Wedeck H. E. Agriculture and Country—Life in Latin Literature//The Classical Jourrnal. 1925 – 1926. N. XXI. pp. 518 – 523.

145. Day J. Agriculture in the Life of Pompei // Jale Classicale studies. 1932. Vol. III. pp. 167 – 208.

146. Brunner O. Adeliges Landleben und Europäischer Geist. Leben und Werk Wolf Helmhards von Honberg (1612 – 1688). Salzburg, 1949.

147. Steiner G. The Fortunate Farmer: Life on the Small Farm in Ancient Italy // The Classical Jounal. 1955. N LI. pp. 57 – 67.

148. Weinold H. Die Dichterschen Quellen des L. Jumus Moderatus Columellain seinen Werken *De re rustica*. München, 1959.

149. Précheur-Canonge T. La vie rurale en afrique romaine d'apres les mosaiques. Paris, 1966.

150. Hedberg S. Contamination and Interpolation. A Study of the 15th Century Columella Manuscripts. Uppsala, 1968.

151. White K. D. Roman Farming. Ithaca (N. Y.), 1970.

152. Oestreich G. Die antike Literatur als Vorbild der praktischen Wissenschaften in 16. und 17. Jahrhundert // Classical Influences on European Culture A. D. 1500 – 1700 / Ed. R. R. Bolgar. Cambridge, 1971. pp. 315 – 324à.

153. Кузищин В. И. Римское рабовладельческое поместье. II в. до н. э. — I в. н. э. М. , 1973.

154. Sarnowski T. Les representations de villas sur les mosaiques africaines tardives. Wroclaw , 1978.

XXIII. Образ виллы по трактату Катона «De re rustica»

155. Curcio G. La primitive civilta latina agricola e il libro Dell'agricoltura di M. Catone. Milano. 1929.

156. Grant W. L. Cato the Farmer // Queen's Quarterly. 1949. N 56. pp. 241 – 245.

XXIV. Образ виллы по трактату Варрона «De re rustica» и его влияние на эпоху Воэрождения

157. Kennedy R. M. , Buren A. W. van. Varro's Aviary at Casinum // JRS. 1919. Vol. IX. pp. 59 – 66.

158. Chambers Ch. D. Romano—British Dovecots // JRS. 1920. N X. pp. 189 – 193.

159. Anges Ch. , Seure G. La Voliere de Varron // Révues de Philologie. 1932. N VI. pp. 217 – 290.

160. Della Corte F. Varrone , il terzo grant lume romano. Geneva. 1954.

161. Fuchs G. Varro's Vogelhaus bei Casium // Mitteilungen des deutschen archäologischen Instituts. Römische Abteilung. 1962. N LXIX. S. 96 – 105.

162. Martin R. La vie sexuelle der esclaves , d'aprés les Dialogues

Rustiques de Varron // Varron grammaire antique et stilistique latine / Ed. by J. Collart. Paris, 1978. pp. 113 – 126.

163. Stefanini J. Remarques sur l'influence de Varron grammaircen an Moyen Age et á la Renaissance // Varron grammaire antique et stilistique latine. Paris, 1978. pp. 185 – 192.

XXV. Цицерон. Образ виллы по сочинениям Цицерона. Виллы Цицерона

164. Schmidt O. E. Ciceros Villen // Neue Jahrbücher für das klassische Altertum. 1899. N II. S. 328 – 355, 466 – 497.

165. Буассье Г. Цицерон и его друзья. Очерк римского общества во времена Цезаря. М. , 1914.

166. Carcopino J. Les secrets de la correspondance de Ciceron. Paris. 1947. Vol I – II.

167. Annecchino R. Il Puteolanum di Cicerone // Campania Romana. Studi e materiali editi a cura della sezione campana degli Studi Romani. Roma, 1938, vol. I. pp. 19 – 43.

168. D'Arms J. H. Roman Campania: Two Passages from Cicero's Correspondence // American Journal of Philology. 1967. N LXXXVIII. pp. 195 – 202.

XXVI. Катулл. Образ виллы по сочинениям Катулла и его влияние на эпоху Возрождения

169. Карамзин Н. М. Катуллов сельский дом на полуострове Сермионе. Письмо французского офицера Эннеия // ВестИ. Европы.

1802. Ч. Б. С. 222 – 224.

170. Frank T. Catullus and Horace. Two Poets and their Environment, N. Y. , 1928.

171. Catullo Veronese. V. I. Verona, 1961, pp. 124 – 128.

172 Lejnieks V. Otium Catullianum Reconsidered // The Classical Journal. 1968. N LXIII. pp. 262 – 264.

173. Шталь И. В. Поэзия Гая Валерия Катулла. Типология художественного мышления и образ человека. М. , 1977.

XXVII. Гораций. Образ виллы по сочинениям Горация. Вилла Горация

174. Благовещениский Н. М. Сабинское поместье Горация // Русский вестник. 1863. №7. С. 739 – 766.

175. Hallam A. Horace at Tibur and the Sabine Farm. Harrow, 1927.

176. Lugli G. La villa di Orazio nella valle del Licenza. Roma. 1930.

177. Price T. D. A restoration of Horace's Sabine Villa // Monthly of the American Academy in Rome. 1932. N X. P. 135 – 142.

178. La Penna A. Orazio e l'ideologia del principato. Torino, 1963.

179. Troxler-Keller I. Die Dichterlandschaft des Horaz. Heidelberg, 1964.

180. Grassman V. Die erotischen Epoden des Horaz. München.

1966；Nisbet R. G. M. , Hubbard M. A Commentary on Horace： Odes. Oxford, 1975.

181. Гаспаров М. Поэзия Горация // Квинт Гораций Флакк. Оды. Эподы. Сатиры. Послания. М. , 1970.

182. Corbo A. M. Dalla Villa di Orazio al parco naturale dei monti Lucretili // Ville e parchi nel Lazio. A cura di R. Lefevre. Roma, 1984. pp. 203 – 213.

XXVIII. Вергилий. Образ виллы по сочинениям Вергилия

183. Dilliard R. L'agriculture dans l'antiquité d'aprés les georgiques de Virgile. Paris, 1928.

184. Tilly B. Virgil's Latium. Oxford, 1947.

185. Wilkinson L. P. The Georgics of Virgil. A Critical Survey. Cambridge, 1969.

XXIX. Плиний Младший. Образ виллы по сочинениям Плиния Младшего. Виллы Плиния Младшего и их влияние на виллы эпохи Возрождения

186. Опацкий С. Ф. Плиний Младший. Литературный деятель времени Нервы и Траяна. Варшава, 1878.

187. Winnefeld H. Tusci und Laurentinum des Jüngeren Plinius // Jahrbücher des deutschen archeologischen Instituts. 1891. N VI. S. 201 – 207.

188. Мережковский Д. Вечные спутники. Марк Аврелий. Плиний Младший. Спб. , 1907.

189. Tanzer H. The Villas of Pliny the Jounger. N. Y. , 1924.

190. Соколов В. С. Плиний Младший. Очерк римской культуры времени Империи. М. , 1956.

191. Fischer M. Die Frühen Reconstruktionsversuche der landhauser Plinius d. J. Berlin, 1961; Sherwin – White A. - N. The Letters of Pliny. A Historical and Social Commentary. Oxford, 1966.

192. Bec J. Ut ars natura—ut natura ars. La villa di Plinio e il concetto des giardino dei Rinascimento // Analecta romana institute danici. 1974. N VII. pp. 109 – 156.

XXX. Культура и искусство Возрождения. Источники

193. Taegio B. La Villa: un dialogo. Milano, 1559.

194. Gaye G. Carteggio inedito d'artisti dei secoli XIV, XV, XVI. Firenze, 1839. Vol. I.

195. Творения святых отцев. М. , 1844. Т. III. Творения Григория Богослова. Ч. III.

196. Milanesi G. Documenti per la storia dell'arte senese. Siena, 1854 – 1856. Vol. I – III.

197. Vespasiano da Bisticci. Vite di uomini illustri del secolo XV / Ed. A. Bartoli. Firenze, 1859.

198. Vasari G. Le vite de'piu eccellenti pittori scultori ed architettori. Con nuove annotazione e commenti di Gaetano Milanesi. Firenze, 1878 – 1881. Vol. 1 – 7.

199. Albertini F. Opusculum de mirabilibus novae Urbis Romae // Herausgegeben von A. Schmarsow. Herlbronn, 1886.

200. Il libro di Antonio Billi / Ed. C. Frey. Berlin, 1892.

201. Reinach S. L'Album de Pierre Jacques sculpteur de Reims. Dessiné à Roma de 1572 à 1577 reproduit integralement et commenté avec une introduction et un traduction des *Statue* d'Aldrovandi. Paris, 1902.

202. Schlosser J. von. Lorenzo Ghibertis Denkwürdigkeiten (I Commentarii). Berlin, 1912. Bd. Ⅰ – Ⅱ.

203. Петрарка. Автобиография, Исповедь. Сонеты. М., 1915.

204. Machiavelli. Lettere. Firenze, 1929.

205. Макиавелли Н. Сочинения. М.; Л., 1933. Т. 1.

206. Полициано А. Сказание об Орфее. М.; Л., 1934.

207. Гвиччардини Ф. Сочинения. М., 1934.

208. Альберти Л. Б. Десять книг о зодчестве. М., 1935 – 1937. Т. Ⅰ – Ⅱ.

209. Агрикультура в памятниках западного средневековья. М.; Л., 1936.

210. Палладио А. Четыре книги об архитектуре. М., 1936.

211. Гиберти Л. Комментарии. М., 1938.

212. Леонардо да Винчи. Книга о живописи. М., 1938.

213. Vespasiano da Bisticci. Vita d'uomini illustri del secolo XV / Ed. P. d'Ancona, E. Aeschlimann. Milano, 1951.

214. Боккаччо Д. Декамерон. Т. Ⅰ – Ⅱ. Минск, 1953.

215. Giovanni di Pagolo Morelli. Ricordi. A cura di V. Branca. Firenze, 1956.

216. Вазари Д. Жизнеописания наиболее знаменитых живописцев,

ваятелей и зодчих. М. , 1956 – 1971. Т. I – V.

217. Итальянская новелла Возрождения. М. , 1957.

218. Piccolomini Aeneas Sylvius. Memoirs of Renaissance Pope: The Commentaries of Pius II. N. Y. , 1959.

219. Ficino M. Opera omnia. Torino, 1959.

220. Giovanni Rucellai ed il sue Zibaldone I. London, 1960; Trattati d'Artedel cinquecento, manierismo e controriforma A cura de P. Barochi. Bari, 1960 – 1962. Vol. I – II.

221. Саккетти Ф. Новеллы. М. ; Л. , 1962.

222. Poggius Bracciolini. Opera omnia. Torino, 1964. Vol. I – II.

223. Filarete's Treatise on Architecture. Being the Treatise by Antonio di Piero Averlino, Known as Filarete. New Haven; London, 1965. Vol. I – II.

224. Boccaccio G. De Mulierbus Claris. Verona, 1967.

225. Bentmann K. , Müller M. Materialen zur italienischen Villa der Renaissance // Architectura. 1972. N II. S. 167 – 191.

226. Питти Б. Хроника. Л. , 1972.

227. Европейская новелла Возрождения. М. , 1974.

228. Петрарка Ф. Избранное. М. , 1974.

229. Боккаччо Д. Малые произведения. Л. , 1975.

230. Бэкон Ф. Сочинения. М. , 1977 – 1978. Т. 1 – 2.

231. Средневековые латинские новеллы XIII века. Л. , 1980.

232. Петрарка Ф. Лирика. М. , 1980.

233. Giovanni Rucellai ed il suo Zibaldone II. London, 1981.

234. Рабле Ф. Гаргантюа и Пант агрюэль. М. , 1981.

235. Эстетика Ренессанса. М. , 1981. Т. 1 – 2.

236. Петрарка Ф. Эст ет ические фрагменты. М. , 1982.

237. Макиавелли Н. Избранные сочинения. М. , 1982.

238. Новеллино. М. , 1984.

239. Сочинения итальянских гуманистов эпохи Возрождения (XV век). М. , 1985.

240. Lettere sull'arte di Pietro Aretino. Milano , n. d. Vol. I – II.

XXXI. История Италии в эпоху Возрождения

241. Toynbee A. J. A Study of History. London , 1954. Vol. . IX

242. История Италии. М. , 1970. Т. I.

243. Romano R. Agricoltura e contadini nell'Italia del XV e del XVI secolo // Tradue crisi: L'Italia del rinascimento. Torino , 1971. pp. 51 – 68.

244. Hale J. R. Renaissance Europe. 1480 – 1520. London , 1971.

245. Гусарова Т. П. Город и деревня Италии на рубеже позднего средневековья. М. , 1983.

XXXII. Культура Италии в эпоху Возрождения

246. Фойгт Г. Возрождение классической древности или первый век гуманизма (1859). М. , 1884 – 1885. Т. 1 – 2.

247. Буркхардт Я. Культура Италии в эпоху Возрождения (1860). Спб. , 1905 – 1906. Т. I – II.

248. Корелин М. С. Очерки итальянского Возрождения (1896). М., 1910.

249. Luzio A. Il museo Gioviano descritto di Anton Francesco Doni // Archivio storico Lombardo. 1901. N XXXVIII. pp. 143 – 150.

250. Молье Ф. Кватрочент о. Опыт литературной истории Италии XV в. Спб., 1904.

251. Патер В. Ренессанс. Очерки искусст ва и поэзии. М., 1912.

252. Вебер М. Город. Пг., 1923.

253. Зомбарт В. Буржуа. Этюды по истории духовного развит ия современного человека. М., 1929.

254. Sander M. Le livre a figures italien de puis 1467 jusque à 1530. Milano, 1942. Vol. I – II.

255. Gilbert F. Bernardo Rucellai and the Orti Oricellai // JWCI. 1949. N XII. pp. 101 – 131.

256. Three Early Renaissance Treatises on Women // Italian Studies. 1956. N XI. pp. 30 – 55.

257. Murray P. Art Historians and Art Critics: IV – XIV Uomini Singhularii in Firenze // BM. 1957/ N XCIX. pp. 330 – 336.

258. Grayson C. The Composition of L. B. Alberti's *Decem libri de re Aedificatoria* // Münchner Jahrbuch der bidenden Kunst. 1960. Vol. XI. S. 152 – 161.

259. Bowra M. Songs of Dance and Carnival // Italian Renaissance Studies / Ed. E. F. Jacob. London, 1960. D. 328 – 353.

260. Klibansky R., Panofsky E., Saxl F. Saturn and Melancholy. Studies in the History of Natural Philosophy, Religion and Art.

Cambridge (Mass.), 1964.

261. Chastel A. Cortile et théâtre // Le lieu théâtral à la Renaissance / Ed. J. Jacquot. Paris, 1964. P. 41 – 47.

262. Huizinga J. *Homo Ludens*. Boston, 1964.

263. Shalk F. Aspetti della vita contemplative nel Rinascimento Italiano // Classical Influences on European Culture. A. D. 500 – 1500 / Ed. R. R Bolgar. Cambridge, 1971. P. 225 – 238.

264. Голенищев – Кутузов И. Н. Средневековая латинская литература Италии. М., 1972.

265. Logan O. Culture and Society in Venice. 1470 – 1490. The Renaissance and its Heritage. London, 1972.

266. Masson G. Courtesans of the Italian Renaissance. London, 1975; Виппер Ю. Б. Поэзия Плеяды. Становление литературной школы. М., 1976.

267. Price Zimmermann T. S. Paolo Giovio and the Evolution of Renaissance Art Criticism // Cultural Aspects of the Italian Renaissance. Essays in Honour of P. O. Kristeller. N. Y., 1976. p. 418. ff.

268. Albrecht – Bott M. Die bildende Kunst in der italienischen Lyrik der Renaissance und des Barock. Wiesbaden, 1976.

269. Zaccaria V. La fortuna del *De Mulieribus claris* del Boccaccio nel secolo XV. Giovanni Sabbadini degli Arienti, Jacopo Filippo Foresti e le loro biografie femminili (1490 – 1497) // Il Boccaccio nelle culture e letterature nazionale / A cura di F. Mazzoni. Firenze, 1978. P. 519 – 545.

270. Гуревич А. Я. Проблемы средневековой народной

культуры. М. , 1981.

271. Городская культура. Средневековье и начало нового времени / Под. ред. В. Н. Рутенбурга. Л. , 1986.

272. Рутенбург В. Н. Итальянский город от раннего средневековья до Возрождения. Очерки. Л. , 1987.

XXXIII. Путешествия в Италию. Итальянские впечатления

273. Вернон Ли. Италия. Genius Loci (1906) . М. , 1914.

274. Тэн И. Путешест вие по Италии. М. , 1913 – 1916. Т. I – II.

275. Муратов П. П. Образы Италии. Т. I – II. Лейпциг, 1924.

276. Эккерман И. П. Разговоры о Гете в последние годы жизни. М. ; Л. , 1934.

277. Гете И. В. Путешествие в Италию // Собраиие сочинений: В 30 т . М. , 1935. Т. XI.

278. Evelyn J. The Diary of John Evelyn / Ed. E. S. de Beer. Oxford, 1955. Vol. II .

279. Гет е И. В. Римские элегии. Эпиграммы. М. , 1982.

XXXIV. Социологические аспекты культуры и искусства эпохи Возрождения

280. Martin A. von. Sociology of the Renaissance. London, 1945.

281. Wackernagel M. The World of the Florentine Renaissance Artist Projects and Patrons, Workshop and Art Market (1938).

Princeton, 1981.

282. Алпатов М. В. Художник и заказчик // Этюды по истории западноевропейского искусства. М. , 1939. С. 218 – 224.

283. Hauser A. the Social History of Art. London, 1951. Vol. Ⅰ – Ⅱ.

284. Gombrich E. H. The Early medici as Patrons of Art // Italian Renaissance Studies / Ed. E. F. Jacob. London, 1960. P. 279 – 311.

285. Heydenreich L. H. Federigo da Montefeltre as a Building Patron // Studies in Renaissance and Baroque Art Presented to Antony Blunt. London, 1967. p. 5.

286. Patrons and Artists in the Italian Renaissance / Ed. D. S. Chambers. London, 1970.

287. Burke P. Culture and Society in Renaissance Italy. 1420 – 1540. London, 1972.

288. Gundersheimer W. L. Patronage in the Renaissance // Patronage in the Renaissance / Ed. G. F. Lytle, S. Orgel. Princeton, 1981. P. 3 – 23.

289. Hope Ch. Artists, Patrons and Advisers in the Italian Renaissance // Patronage in Renaissance // Ed. G. F. Lytle, S. Orgel. Princeton, 1981. pp. 293 – 343.

XXXV. Гуманизм

290. Корелин М. С. Этический трактат Лоренцо Валлы « Об удовольствии и об истином благе » // Вопросы философии и психологии. 1895. Вып. 29, №4. С. 391 – 444; Вып. 30, №5. С. 519 – 557.

291. Корелин М. С. Casa giojosa（Этюд из истории новой школы）// очерки итальянского Возрождения. М., 1896. С. 262 – 317.

292. Корелин М. С. Первая гуманистка // Очерки итальянского Возрождения. М., 1896. С. 162 – 163.

293. Корелин М. С. Папский секретарь и гуманист Поджо Браччолини // Русская мысль. 1899. Кн. ll. С. 133 – 135; Кн. 12. С. 105 – 132.

294. Della Torre A. Storia Del'Academia Platonica di Firenze. Firenze, 1902.

295. Корелин М. С. Ранний итальянский гуманизм и его историография. Спб., 1914. Т. I – IV.

296. Baron H. Leonardo Bruni Humanistische Schriften. Wiesbaden, 1928.

297. Garin E. L'Umanesimo italiano. Filosefia e vita civile nel Rinascimente. Bari, 1958.

298. Kristeller P. O. Renaissance Thouqut. N. Y., 1961 – 1965. Vol. I – II.

299. Martines L. The Social Vorld of the Florentine Humanists. London, 1963.

300. Хомент овская А. И. Лоренцо Валла—великий итальянский гуманист. М.; Л., 1964.

301. Ревякина Н. В. Гуманист Пьер - Паоло Верджерио об умственном труде и ученых // Европа в Средние века: экономика, политика, культура. М., 1972. С. 341 – 354.

302. Branca V. Ermolao Barbaro and Late Quattrocento Venetian Humanism // Renaissance Venice / Ed. be J. R. Hale. London, 1974.

303. Ревякина Н. В. Проблема челвоека в итальнском гуманизме второй половины XIV — первой половины XV в. М., 1977.

304. Брагина Л. М. Итальянский гуманизм. Этические учения XIV – XV веков. М., 1977.

305. Баткин Л. М. Итальянские гуманисты: стиль жизни и ст иль мышления. М., 1978.

306. Vittorino da Feltre e la sua scuola: Umanesimo, pedagogica, arti / A cura di N. Giannetto. Firanze, 1981.

307. Брагина Л. М. Социально – этические взгляды итальянских гуманистов вторая половина XV века). М., 1983.

308. Garin E. Prosatori latini del quattrocento. Milano. N. d.

XXXVI. Представления о примитивном обществе в античности и Возрождении

309. Deonna W. L'ésprit classique et l'ésprit primitive dans L'art antique // Journal de psychologie normale et pathologique. 1937. N XXXIII. p. 49 ff.

310. Lovejoy A. O., Boas G. Privitivism and Related Ideas in Antiquity. N. Y., 1965.

311. Gombrich E. H. The Debate on Primitivism in Ancient Rhetoric // JWCI. 1966. N XXIX. pp. 24 – 38.

XXXVII. Представления о «Золотом веке» в античности и Возрождении

312. Lipsker E. Der Mythos vom goldenen Zeitalter in den Schäferdichtungen Italiens, Spaniens und Frankreichs zur Zeit der Renaissance. Berlin, 1933.

313. Mattingly H. Virgil's Golden Age: Six Aeneid and Fourth Eclogue // The Classical Review. 1934. V. II. pp. 161 – 164.

314. Jeanmaire H. La sibylle et le retour de l'age d'or. Paris, 1939.

315. Renucci P. Deux étapes de l'utopisme humaniste: La Shâteau de Décameron et l'Abbaye de Théléme. Manchester, 1947.

316. Gombrich E. H. Renaissance and Golden Age // JWCI. 1961. N XXIV. pp. 306 – 309.

317. Levin H. The Myth of the Golden Age in the Renaissance. Bloomington; London, 1969.

318. Чиколини Л. С. Социальная утопия в Италии XVI— начала XVII в. М., 1980.

319. Кудрявцев О. Ф. Письмо Марсилио Фичино о «Золотом веке» // Средние века. М., 1980. Вып. 43. С. 320 – 327.

XXXVIII. Архитектура Возрождения. Общие проблемы

320. Wittkower R. Architectural Principles in the Age of Humanism. London, 1949.

321. Morisani O. Michelozzo architetto. Torino, 1951.

322. Heydenreich L. H., Lotz W. Architecture in Italy. 1400 –

1600. Harmondsworth, 1974.

323. Зубов В. П. Архитект урная теория Альберт и // Леон Баттиста Альберти. М. , 1977. С. 50 – 149.

324. Гращенков В. Н. Альберти как архитектор // Леон Баттиста Альберт и. М. , 1977. С. 150 – 191.

325. Ackerman J. S. The Tuscan Rustic Order. A Study in the Metaphorical Language of Architecture // Journal of the Society of Architectural Historians. 1983.

XXXIX. Искусство эпохи Возрождения. Общие проблемы

326. Crowe J. A. , Cavalcaselle G. B. A. History of painting in Italy. From the Second to the Fourteenth Century. London, 1964. Vol. Ⅰ – Ⅱ.

327. Schlosser J. Von. Ein veronesisches Bilderbuch und die hofische Kunst des XIV. Jahrhunderts // Jahrbuch der kunsthistorischen Sammlungen des Allerhöchsten Kaiserhauses. 1985. Bd. XVI.

328. Male E. L'art religieux de la fin du Moyen Age. Paris, 1908.

329. Бенуа А. Н. История живописи всех времен и народов. Спб. , 1912. Т. Ⅰ – Ⅳ.

330. Goloubew V. Les dessins de Jacopo Bellini au Louvre et au British Museum. Bruhelles, 1912 – 1913. Vol. Ⅰ – Ⅱ.

331. Supino I. B. Giotto. Firenze, 1920. Vol. 1 – 2.

332. Voss H. Die Malerei der Spätrenaissance. Berlin, 1920. Bd. Ⅰ – Ⅱ.

333. Van Marle R. The Development of the Italian Schools of

Painting. The Hague, 1923 – 1938. Vol. I – XIX.

334. Schlosser J. von. Die Kunsliteratur. Ein Handbuch zur Quellenkunde der neueren Kunstgeschichte. Vienna, 1924.

335. Antal F. Studien zur Gotik im Quattrocento // Jahrbuch der preussische Kunstsammlungen. 1925. N 46. 1. S. 3 – 32.

336. Cottafavi C. Palazzo Ducali di Mantova—Camerini Isbelliani di Castello // Ba. 1930 – 1932. N. X. pp. 279 – 286.

337. Meinhof W. Leonardos Hieronymus / RK. 1931. N LII. S. 101 – 124.

338. Panofsky E. Studies in Iconology. Humanistie Themes in the Art of the Renaissance (1932) . N. Y. , 1972.

339. Hind A. M. Early Italian Engraving. A Critical Cataloque with Complete Reproduction of All Prints Described. N. Y. ; London, 1938 – 1948. V. I – III.

340. Hetzer T. Giotto. Frankfurt am Main, 1941.

341. Weller A. S. Francesco di Giorgio. 1439 – 1501. Chicago, 1943.

342. Popham A. E. , Wilde J. The Italian Drawings of the XV and XVI Centuries at Windsor Castle. London, 1949.

343. Pope-Hennessy J. The Complete Work of Paolo Uccello. Oxford. 1950.

344. Coffin D. R. Pirro Ligorio and Decoration of the Late Sixtenth Century as Ferrara // AB. 1955. N XXVII. pp. 167 – 185.

345. Clark K. The Nude. A Study in Ideal Form. N. Y. 1956.

346. Лазарев В. Н. Происхождение итальянского Возрождения.

M. , 1956 – 1959. T. Ⅰ – Ⅱ.

347. Saxl F. Appartamento Borgia // Lectures. V. I. London, 1957. pp. 174 – 188.

348. Saxl F. A Humanistic Dremland // Lectures. V. I. London, 1957. pp. 215 – 227.

349. Janson H. W. The Sculpture of Donatello. Princeton, 1957. Vol. Ⅰ – Ⅱ.

350. White J. The Birth and Rebirth of Pictorical Space. London, 1957.

351. Pope – Hennessy J. Italian Renaissance Sculpture. London, 1958.

352. Winternitz E. The Curse of Pallas Athena // Studies in the History of Art Dedicated to W. E. Suida. London, 1959. pp. 186 – 195.

353. Freedberg S. J. Painting of the Hiqh Renaissance in Rome and Florence V. I – II. Cambridge (Mass.) , 1961.

354. Davidson B. Some Early Works by Girolamo Siciolante da Sermoneta // AB. 1966. N XLVIII. pp. 55 – 64.

355. Heikamp D. In Margine alla *Vita di Baccio Bandinelli* del Vasari // Paragone. 1966. N 191. pp. 51 – 62 .

356. Becherucci L. Donatello e la pittura nazionale // Donatello e il suo tempo. Atti del VIII convegno internazionale di studi sul Rinascimento. Firenze, 1968. pp. 41 – 58.

357. Hatfield R. Some Unknown Descriptions of the Medici Palace in 1459 // AB. 1970. Vol. LII. pp. 232 – 249.

358. Freedberg S. J. Painting in Italy. 1500 – 1600. Harmondsworth,

1971.

359. Braham A. A Reappraisal of *The Introduction of the Cult of Cybele at Rome* by Mantegna // BM. 1973. Vol. LXV. pp. 457 – 463.

360. Levey M. High Renaissance. Harmondsworth, 1975.

361. Smith W. On the Original Location of the *Primavera* // AB. 1975. N LVII. pp. 34 – 60.

362. Shearmen J. The Collections of the Jounger Brahch of the Medici // BM. 1975. N CXVII. pp. 12 – 27.

363. Гращенков В. Н. Гуманизм и портретное искусство раннего итальянского Возрождения // Советское искусствознание '75. М., 1976. С. 132 – 157; Советское искусствознание'76. М., 1976. Вып. I. С. 111 – 136.

364. Barolsky P. Infinite Jest. Wit and Humor in Italian Renaissance Art. Colombia and London, 1978.

365. Watson P. The Garden of Love in Tuscan Art of the Early renaissance. N. Y., 1980.

366. Paal U. Studien zum Appartamento Borgia im Vatikan. Tubingen, 1981.

367. Козлова С. И. « Божественная комедия » в искусстве итальянского Ренессанса // Дантовские чтения'1982. М., 1982. С. 106 – 111.

368. Milman M. Les illusions de la réalitè. Le Trompel'oeil. Geneva, 1982.

369. Головин В. П. Скульптура и живопись итальянского Возрождения: влияние и взаимосвязь. М., 1985.

XL. Монументально – декоративная живопись эпохи Возрождения

370. Blunt A. Illusionistic Decoration in Central Italian Painting of the Renaissance // JASA. 1959. N CVII. pp. 309 – 326.

371. Borsook E. The Mural painting of Tuscany from Cimabue to Andrea del Sarlo. London, 1960.

372. Sandström S. Levels of Unreality. Studies in Structure and Construction in Inalian Mural Painting During the Renaissance—Uppsala, 1963.

373. Meiss M. The Great Age of Fresco. Discoveries, Recoveries and Survivals. N. Y. , 1970.

374. Данилова И. Е. Итальянская монументальная живопись. Раннее Возрождение. М. , 1970.

375. Gombrich E. Z. Means and Ends. Reflections on the History of Fresco Painting. London, 1976.

376. Sjöstrom J. Quadratira. Stidies in Italian Ceiling Paintings. Stockholm, 1978.

377. Смирнова И. А. Монументальная живопись итальянского Возрождения. М. , 1987.

XLI. Декорация фасадов

378. Maccari E. Graffiti e chiaroscuri esistenti nell'esterno delle case di Roma. Roma, 1876.

379. Hischfeld W. Quellenstudien zur Geschichte der Fassadenmalerei in Rom. Halle, 1911.

380. Baur Heinhold M. Süddeutsche Fassadenmalerei von Mittelatlter bis zur Gegenwart. Müchen, 1952.

381. Panofsky E. Two Fasade Designs by Domeniko Beccafuni and the Problem of Mannerism in Architechure // Panofsky K. Meanings in the Visual Arts. Papers in and on Art History. Garden City; N. Y., 1957. pp. 226 – 230.

382. Kultzen R. Bemerkungen zum Thema Fassadenmalerei in Rom // Festschrift Luitpold Dussler. Berlin, 1972. S. 263 – 274.

XLII. Тема «знаменитые мужи» в искусстве Возрождения

383. De Blasiis G. Immagini di uomini famosi in una sala di Gastelnuovo // Napoli nobilissimo. 1896. Vol. IX. pp. 66 – 67.

384. Schubring P. Uomini famosi // RK. 1900. Bd. XXIII. S. 424 – 425.

385. D'Ancona P. Gliaffreschi del Castello di Manta nel Saluzzese. 1905. N VIII. pp. 94 – 106, 183 – 198.

386. Salmi M. Gli affreschi del palazzo Trinci a Foligno // BA. 1919. N XIII. pp. 139 – 180.

387. Ragghianti C. Casa Vitaliani // CA. 1937. N II. pp. 236 – 242.

388. Messini A. Documenti per la storia del Palazzo Trinci di Foligno // RA. 1942. N. XXIV. pp. 74 – 98.

389. Rorimer J. J., Freeman M. B. The Nine Heroes Tapestries at Gloisters // The Bulletin of the Metropolitan Museum of Art. 1949. N VIII. pp. 244 – 260.

390. Mommsen T. E. Petrarch and the Decoration of the *Sala Virorum Illustrium* in Padua // AB. 1952. N XXXIV. pp. 95 – 116.

391. Mallé L. Elementi di cultura francese nella pittura gotica tar de in Piemonte // Scritti di storia dell'arte in onore di Lionello Venturi. Roma, 1956. Vol. I. p. 139 ff.

392. Rubinstein N. Political Ideas in Sienese Art: The Frescoes by Abrogio Lorenzetti and Taddeo di Bartolo in Palasse Publico // JWCI. 1958. N XXI. pp. 179 – 207.

393. Scheller R. W. Uomini Famosi // Bulletin van het Rijksmuseum. 1962. N X. pp. 56 – 67.

394. Baxandall M. Bartholomaeus Facius on Painting; A Fiftenth Century manuscripts of the *De Vicis Illustribus* // JWCI. 1964. N XXVII. pp. 90 – 107.

395. Vayar L. Analecta iconographica Masoliana // AHA. 1965. N XI. p. 228.

396. Simpson W. A. Cardinal Giordano Orsini (1438) as a Prince of the Church and a Patron of the Arts. A Contemporary panegyric and Two Descriplions of the Lost Frescoes in Monte Giordano // JWCI. 1966. N XXIX. pp. 135 – 159.

397. Schroeder H. Der Topos der Nine Worthies in Literatur and bildender Kunst. Gottingen, 1971.

398. Mode R. L. Masolino, Ucello and the Orsini *Uomini Famosi* // BM. 1972. Vol. LXIV. pp. 369 – 378.

399. Schmitt A. Zur Wiederbelebung der Antike im Trecento: Pertarcas Rom—Idee in ihrer Wirkung auf die Paduaner Malerei; Die

methodische Einbeziehung des römischen Münzbildnisses in die Ikonographie *Berühmter Männer* // MKIF. 1971. N XVIII. S. 167 – 218.

400. Joost-Gaugier C. L. A Rediscovered Series of *Uomini Famosi* from the Quattrocento Venice // AB. 1976. N LVIII. pp. 184 – 194.

401. Middeldorf U. Die Zwölf Caesaren von Desiderio da Settignano // MKIF. 1979. N XXIII. S. 297 – 312.

402. Josst-Gaugier C. L. Giotto's Hero Cyclen Naples: A. Prototype of *Donne Illustri* and a Possible Literature Connection // ZK. 1980. N 43. S. 311 – 318.

403. Jägerbäck C. *Uomini Famosi* in renaissance Art // Kunstgeschichtliche Studien zur florentiner Renaissance. Stockholm, 1980. Bd I. S. 307 – 323.

404. Borsook E. L' *Hakwood* d'Ucello et la vie de Fabius Maximus de Plutarque. Evolution d'un project de cenotaphe // RDA. 1982. N 55. pp. 44 – 51.

XLIII. Образ сивиллы в искусстве Возрождения

405. Rossi A. Le sybille nelle arti figurative italiane // 1915. N XVIII. pp. 209 – 221, 272 – 285, 427 – 458.

406. Hélin M. Un texte inédit sur l'iconographie des sibylles // Revue belge de phiologie et d'histoire. 1936. N 15. pp. 349 – 366.

407. Frend L. Student zur Bildgeschichte der Sybillen in der neueren Kunst. Hamburg, 1936.

XLIV. Тема «свободные искусства» в искусстве Возрождения

408. D'Ancona P. Le rappresentazioni della arti liberali // A. 1902. N V. pp. 377 – 380.

409. Heydenrech L. H. La ripresa *Critica* di reppresentazioni medievali delle *septem artes liberales* nel Rinascimento // Il mondo antico del Rinascimento. Atti del V convegno internazionale di studi sul Rinascimento. Firenze, 1958. pp. 265 – 273.

XLV. Пейзаж в искусстве Возрождения

410. Clark K. Landscape into Art（1947）. Harmondsworth, 1966.

411. Gombrich E. H. The Rneaissance Theory of Art and the Rise of Landscape // Norm and Form. Studies in the Art of Renaissance. London, 1966. pp. 107 – 121.

412. Turner R. The Vision of Landscape in Renaissance Italy. Princeton, 1966.

413. Johannes J. Antike Tradition in der Landschaftsdarstellung bis zum 15. Jahrhunderts. Berlin, 1975.

414. Pochat G. Figur und Landschaft. Eine historische Interpretation der Landschaftsmalerei von der Antike bis zum renaissance. Berlin; New York, 1973.

415. Данилова И. Е. Тема природы в итальянской живописи кватроченто // Совет ское искусст вознание'80. М. , 1981. Вып. 2. С. 21 – 35.

XLVI. Культура и искусство этрусков и их влияние накультуру и искусство эпохи Возрождения

416. Chastel A. L'Etruscan revival du XV – e siècle // Revue archeologique. I. 1959. N X. pp. 165 – 180.

417. krautheimer R. Alberti's *Templum etruscum* // Münchner Jahrbuch der bildenden Kunst. 1961. N XII. S. 65 – 72.

418. Spencer J. R. Volterra, 1466 // AB. 1966. N XLVIII. pp. 95 – 96.

419. Oleson J. P. A Reproduction of an Etruscan Tomb in the Parco dei Mostri at Bomarzo // AB. 1975. N LVII. pp. 410 – 417.

420. Pallotino M. Vassariela chimera // Prospettiva. 1977. N VIII. pp. 4 – 6.

421. Martelli M. Undisegno a Leonardo e una scoperta archeologica degli inizi del Cinquecento // Prospettiva. 1977. N X. p. 58.

XLVII. Античная литература и культура эпохи Возрождения

422. Sabbadini R. Le scoperte dei codici latini e greci nel secolo XIV e XV. Firenze, 1905.

423. Patch H. B. The Tradition of Boethius. A Study of his Impertance in Medieval Culture. N. Y. , 1935.

424. Curtins E. R. Europäische Literatur und lateinisches Mittelater (1948) . Bearn, 1958.

425. Highet G. The Classical Tradition. Greek and Roman Influences on Western Literature. Oxford, 1949.

426. Irigoin J. Histoire du texte de Pindare. Paris, 1952.

427. Bolgar R. R. The Classical heritage and its Beneficiaries (1954). Cambridge, 1958.

428. Townend G. B. Suetonius and his Influence // Latin Biography // Ed. T. A. Dorey. London, 1967. pp. 79 – 111.

429. Tuilier A. Recherches critiques sur la tradition du texte d'Euripide. Paris, 1968.

430. Weiss R. Ausonius in the Fourteenth Century // Classical Influences on European Culture. A. D. 500 – 1500 / Ed. R. R. Bolgar. Cambridge, 1971. pp. 67 – 72.

431. Smalley B. Sallust in the Middle Ages // Classical Influences on European Culture. A. D. 500 – 1500 / Ed. R. R. Bolgar. Cambridge, 1971. pp. 165 – 175.

432. Syme R. Roman historians and Renaissance Politics // Roman Papers / Ed. E. Badian. Oxford, 1979. Vol. I. pp. 470 – 476.

XLVIII. Феокрит. Античная пастораль и ее влияние на культуру эпохи Возрождения

433. Grant W. L. Neo Latin Literature and the Pastoral. Chapell Hill, 1965.

434. Thomason D. R. Rusticus: Reflection of the Pastoral on Renaissance Art and Literature. London, 1968.

435. Rosenmeyer T. G. The Green Cabinet; Theocritus and the European pastoral Lyric. Los Angeles, 1969.

436. Cooper H. Pastoral. Medieval into Renaissance. London, 1977.

XLIX. Цицерон и культура эпохи Возрождения

437. Зелинский Ф. Ф. Цицерон в истории европейской культуры (1896) // Из жизни идей. Пг., 1922. Т. IV, вып. 1. С. 20 – 57.

438. Zielinski Th. Cicero im Wandel der Jahrhunderte (1897). Leipzig und Berlin, 1908.

439. Sabbadini R. Storia del Ciceronianismo e di alter questioni letterarie nell'eta della Rinascenza. Torino, 1886.

440. Baron H. Cicero and the Roman Civic Spirit in the Middle Ages and Early Renaissance // Bulletin of the John Rylands Library Manchester. 1938. N 22. pp. 72 – 97.

441. Rüegg W. Cicero und der Humanismus. Zurich, 1946.

L. Лукреций и культура эпохи Возрождения

442. Winspear A. W. Lucretius and Scientific Thought. Montreal, 1963.

443. Nichols J. H. Epicurean Political Philosophy: the *De rerum natura* of Lucretius. N. Y., 1972.

LI. Витрувий и культура эпохи Возрождения

444. Pellati F. Vitruvio nel medio evo e nel Rinascimento // Bollettino del reale instituto di archeologia e stroria dell'arte. 1932. N IV – VI. pp. 114 – 132.

445. Hamberg P. G. Ur Renässansens illustrerade Vitruvius upplagor. Uppsala, 1955.

446. Krautheimer R. Alberti and Vitruvius // Studies in Western

Art. Acts of the Twentieth International Congress of the History of Art. Princeton, 1963. Vol. II. pp. 42 – 52.

447. Bierman H. Das Haus Eines vornehmen Römers, Giulano da Sangallos Model für Ferdinand I. König von Naples // Sitzungsberichte der Kunsthistorischen Gesellschaft. 1966 / 1967. N 15. S. 10 – 21.

448. Scaglia G. A. Translation of Vitruvius and Copies of Late Antique Drawings in Buanaccorso Ghibert's Zibaldone. Philadelphia, 1979.

449. Germann G. Einführung in die Geschichte der Architekturtheorie. Darmstadt, 1980.

450. Rovetta A. Coltura e cocidi Vitruviani nel primo umanesimo milanese // Arte Lombarda. 1981. N 60. pp. 9 – 14.

451. Ciapponi L. A. Fra Giocondo da Verona and his Edition of Vitruvius // JWCI. 1984. N XLVII. pp. 72 – 90.

452. Showerman G. Horace and His Influence. London, 1922.

453. Голенищев – Кутузов Н. Н. Гораций в эпоху Возрождения // Романские литературы. Статьи и исследования. М. , 1975. С. 121 – 134.

LII. Вергилий и культура эпохи Возрождения

454. Zabughin V. Vergilio ne Rinascimento. Roma, 1923. Vol. 1 – 2.

455. Mackail J. W. Virgil and his Meaning to the World of Today. N. Y. , 1963.

456. Trapp J. B. The Grove of Virgil // JWCI. 1984. N XLVII. pp. 1 – 31.

LIII. Овидий и культура эпохи Возрождения

457. Rand E. K. Ovid and His Influence. N. Y. , 1928.

458. Brawer W. OVid's Metamorphoses in European Culture. Boston, 1933 – 1957. Vol. 1 – 3.

459. Wilkinson L. P. Ovid Surveyed. An Abridgement for the General Reader of *Ovid Recalled*. Cambridge, 1962.

460. Doran M. Some Renaissance *Ovid* // Literature and Society / Ed. B. Slote. Lincoln, 1964. pp. 44 – 62.

461. Jameson C. Ovid in the Sixteenth Century // Ovid / Ed. J. W. Bunns. London and Boston, 1973. pp. 210 – 242.

462. Francini C. Appunti su antichi disegni fioreutini per le *Metamorfosi* di Ividio // Scritti di storia dell'arte im onore di Ugo Procacci. Milano, 1977. pp. 177 – 183.

LIV. Плиний Старший и культура эпохи Возрождения

463. Gombrich E. H. The Renaissance Conception of Artistic Progress and its Consequences (1952) // Norm and Form. Studies in the Art of the renaissance. London, 1966. pp. 1 – 10.

464. Chibnall M. Pliny's *Natural History* and the Middle Ages // Empire and aftermath. Silver Latin III. London, 1975. pp. 57 – 78.

465. Nanert C. G. The Author of a Renaissance Commentary on Pliny: Rivius, Trithemius or Aquaeus // JWCI. 1979. N XLII. pp. 282 – 285.

LV. Плутарх и культура эпохи Возрождения

466. Resta G. Le epitomi di Plutarco nel Quattrocento. Padova, 1962.

467. Аверинцев С. С. Плутарх и античная биология. К Вопросу о месте класcика жанра в истории жанра. М. , 1973.

LVI. Тацит и культура эпохи Возрождения

468. Toffanin G. Machiavelli e il *Tacitismo* (La *Politica storica* al tempo della contrariforma) . Padova, 1921.

469. Гревс И. М. Тацит . М. ; Л. , 1946.

470. Coulter C. C. Boccacio and the Cassinese Manuscripts of Laurentian Library // Classical Philology. 1948. N XLIII. pp. 217 – 230.

471. Stackelberg J. von. Tacitus in der Romania. Studien zur literarischen Rezeption des Tacitus in Italien und Frankreich. Tübingen, 1960.

472. Burke P. Tacitism // Tacitus. Studies in Latin Literature and its Infulences. London, 1969. pp. 149 – 171.

473. Whitfield J. H. Livy Tacitus // Classical Influences on European Culture. A. D. 1500 – 1700 / Ed. R. R. Bolgar. Cambridge, 1976. pp. 281 – 293.

LVII. Лукиан и культура эпохи Возрождения

474. Förster R. Lucian in der Renaissance. Kiel, 1886.

475. Förster R. Die Verläumdung des Appeles in der Renaissance

// Jahrbuch der königlich preussischen Kunstsammlungen. 1894. N XV. S. 27 – 40.

476. Ruysschaert J. A Note on the *First* Edition of the Latin Translation of Some of Lucian of Samosata's Dialoques // JWCI. 1953. N XVI. pp. 161 – 162.

477. Cast D. The Calumny of Appeles. A Studies in the Humanist Tradition. New Haven; London, 1981.

LVIII. Филострат и культура эпохц Возрождения

478. Förster R. Philostrats Gemalde in der Renaissance // Jahrbuch der könilicpreusischen Kunstsamungen1. N XXV S. 15 – 48.

479. Lehmann-Hartlehen K. The *Imagines* of the Elder Philostratus // AB. 1941. N XXIII. pp. 16 – 44.

480. Брагинская Н. В. поэтика описания. Генезис « Картин » Филострата Старшего // Поэтика древнегреческой литературы. М. , 1981. C. 224 – 289.

LIX. Классическое наследие и его влиняние на культуру и искусство эпохи Возрождения

481. Saxl F. Rinascimento dell'anticita // RK. 1922. N XLIII. S. 222 – 225.

482. Meyer – Weinschel A. Renaissance und Antike. Beobachtungen über das Aufkommen der Antikisierenden Gewandgebung in der Kunst der itallienischen Renaissance. Reutlingen, 1933.

483. Saxl F. Classical Antiquity in Renaissance Painting. London,

1938.

484. Salis A. von Antike und Renaissance: über nachleben und Weiterwirken der alten in der neweren Kunst. Erlenbach; Zurich, 1947.

485. Ladendorf H. Antikenstudium und Antikenkopie. Vorarbeiten zu einer Darstellung ihrer Bedeutung in der mittelalterlichen und neueren Zeit. Berlin, 1953.

486. Saxl F. Jacopo Bellini and Mantegna as Antiquarians // Lectures. London, 1957. Vol. I. pp. 157 – 160.

487. Wind E. Pagan Mysteries in the Renaissance. New Haven, 1958.

488. Panofsky E. Renaissance and Renascences in Western Art (1960). London, 1970.

489. Seznec. J. The Survival of the Pagan Gods: The Mythological tradition and its Place in renaissance Humanism and Art. N. Y., 1961.

490. Rowland B. J. The Classical Tradition in Western Art. Cambridge (Mass.), 1963.

491. Bialostocki J. The Renaissance Concept of Nature and Antiquity // Studies in Western Art. Acts of the Twentieth Internationale Congress of the History of Art. Princeton, 1963. Vol. II. pp. 19 – 30.

492. Gombrich E. H. The Style all'antica; Imitation and Assimilation // Studies in Western Art··· Vol. II. pp. 19 – 30.

493. Bober R. The Census of Antique Works of Art Known to

Renaissance. Artists // Studies in Western Art···

494. Vermeule C. European Art and the Classical Past. Cambridge (Mass.) . 1964.

495. Trachtenberg M. An Antique Model for Donatello Mardle «David» // AB. 1969. N L. pp. 286 – 289.

496. Weiss R. The Renaissance Discovery of Classical Antiquity (1969) . Oxford, 1973.

497. Kruff H. W. Giotto e l'antico // Giotto e il suo tempo. Roma, 1971. pp. 169 – 176.

498. Gesche I. Neuaufstellungen antiker Statuen und ihr Einfluss auf die römische Renaissancearchitektur (Formen und Typen antikisieren der Statuenaufstellung in römischer Renaissancearchitektur) . Mannheim, 1971.

499. Degenhart B. , Schmitt A. Ein Musterbratt des Jacopo Bellini mit Zeichnungen nach Antike // Festschrift Luitpold Dussler; Berlin, 1972. S. 152 – 164.

500. Horster M. Brunelleschi und Alberti in ihrer Stellung zur römischen Antike // Florentiner Mitteilungen. 1973. N L1. S. 29 – 64.

501. Clough C. H. The Cult of Antiquity: Letters and Letter Collections // Cultural Aspects of the Italian Renaissance / Essays in Honour of P. O. Kristeller. N. Y. , 1976. pp. 33 – 67.

502. Greenhalgh M. The Classical Tradition in Art. London, 1978.

503. Jones R. Masolino at the Colosseum // BM. 1980. N

CXXII. pp. 121 – 122.

504. Black R. Ancient and Moderns in the Renaissance: Rhetoric and History in Accolti's *Dialogue on the Preeminence of Men of His Own Time* // JHI. 1982. N XLIII. pp. 3 – 32.

LXI. Тема «Renovatio Romae» в культуре эпохи Возрождения

505. Salmi M. La *Renovatio Romae* e Firenze // Rinascimento. 1950. N 1. pp. 5 – 24.

506. Saxl F. The Capital during the Renaissance—Sumbol of the Imperial leda // Lectures. London, 1957. Vol. I. pp. 200 – 214.

507. Gaeta F. Sull'idea di Roma nell'Umanesimo e nel Rinascimento (Appunti e spunti per una ricerca) // SR. 1917. N XXV. pp. 169 – 186.

LXII. Александр Великий и культура эпохи Возрождения

508. Caryg. The Legasy of Alexander. N. Y. , 1932.

509. Storost J. Studien zur Alexandersagein der älteren italienischen Literatur. Halle, 1935.

510. Cary G. The Medieval Alexander / Ed. by D. J. A. Ross. Cambridge, 1967.

511. Orland B. Die Alexander—Anekdoten der Schachbricher, Gesta Romanorum und Meister Ingolds Goldenem Spiel. Berlin, 1974.

512. Sohmelter H. U. Alexander der Grosse in der Dichtung und bildenden Kunst des Mittelaters. Bonn, 1977.

513. Harprath R. Papst Paul III als Alexander der Grosse: Das

Freskenprogramm der Sala Paolina in der Englsbury. Berlin; N. Y. , 1978.

LXIII. Античность и культура эпохи Возрождения. Археологические изыскания

514. Lanciani R. Storia degli scavi di Roma e notizie intorno de collzione romane di antichita. Roma. 1902 – 1912. Vol. 1 – 4.

515. Mandowsky E. , Mitchell C. Pirro Ligorio's Roman Antiquities. London, 1963.

LXIV. Зарисовка античных памятников

516. Egger H. Kritisches Verzeichnis der Sammlung Architektonischer Handzelchnugen der K. K. Hoff – Bibliothek. Wien, 1903. Bd. I.

517. Egger H. Codex Escurialensis. Ein Skizzenbuch aus der Werkstatt Domenico Ghirlandaies. Bd. 1 – 2. Wien, 1905 – 1906.

518. Hülsen Ch. , Egger H. Die romischen Skizzenbücher von Martin van Heenskerck. Berlin, 1913 – 1916.

519. Ashby Th. The Bodleian Ms. Of Pirro Ligorio // JRS. 1919. Vol. IX. pp. 170 – 201.

520. Bober P. P. Drawings after Antique by Amico Aspertini Sketchbooks in the British Museum. London, 1957.

521. Vermeule C. C. The Dal Pozzo—Albani Drawings of Classical Antiquities in the British Museum // Transactions of the Ammerican Philosophical Society. 1960. N 50.

522. Vermeule C. C. The Dal Pozzo—Albani Drawings of

Classical Antiquities in the Poval Librarv at Windsor Castle // Transactions of the American Philosophical Society. 1966. N 56.

523. Canedy N. The Roman Skatchbooks of Gerolamo da Carpi. London, 1976.

524. Ericsson Ch. H. Roman Architecture Expressed in Sketches by Francesco di Giorgio Martini. Heisinki. 1980.

LXV. Художественные собрания эпохи Возрождения. Коллекции антиков

525. Ashby Th. The Villa d'Este at Tiveli and the Collection of Classical Sculptures which it Contained // Archeologia. 1908. N LXI. pp. 219 – 256.

526. Hülsen Ch. Römische Antikengärten des XVI. Jahrhunderts. Heidelberg. 1917.

527. Gesche I. Neuaufstellungen antiker Statuen und ihr Einfluss auf die römische Renaissancearchitektur. Mannheim, 1971.

528. Olmi G. Science-Honour-Metaphor: Italian Cabinets of the Sixteenth and Seventeeth Century // The origins of Museums. The Cabinet of Curiosities in Sixteenth and Seventeenth Century Europe / Ed. by O. Impey, A. MacGreger Oxford, 1985. pp. 2 – 15.

529. Eiches S. Cardinal Giulio della Rovere and the Vigna Carpi // Journal of the Society of Architectural Historians. 1986. N XLV. pp. 15 – 133.

LXVI. Живопись эпохи Возрождения и античная живопись

530. Beyen H. G. Andrea Mantegna en de Verovering der Ruinite in de Schilderkunst. S'Gravenhage, 1931.

531. Bergström I. Revival of Antique Illusionistic Wall Painting in Renaissance Art. Göteborg. 1957.

532. Schulz J. Pinturicchio and the revival of Antiquity // JWCI. 1962. Vol. XXV. pp. 35 – 55.

533. Schulz J. The Revival of Antique Vault Decoration // Studies in Western Art. Acts of the Twentieth International Congress of the History of Art. Princeton, 1963. Vol. II.

534. Dacos N. Ledécouverte de la Domus Aurea et la formation des grotesques á la Renaissance. London, 1969.

535. Edwards M. D. Ambrogio Lorezetti and Classical Painting // Florilegium. 1980. N II. 146 – 160.

536. Benton J. R. Some Ancient Mural Motifs in italian Painting Around 1300 // ZK. 1985. N XLVIII. S. 151 – 176.

LXVII. Виллы эпохи Возрождния. Общеие проблемы

537. Masson G. Palladian Villas as Rural Centres // Architectural Review. 1955. Vol. CXVIII. pp. 17 – 20.

538. Masson G. Italian Villas and Palaces (1959). London, 1966.

539. Einstein L. Conversation at Villa Riposo // GBA. 1961. №7 – 8. pp. 6 – 20.

540. Muraro M. Civiltá delle ville Venete. Venezia. 1964.

541. Heydenreich L. H. Der Palazzo Baronale der Colonna in

Palestrina // Walter Eriedländer zum 90. Geburtstag. Berlin, 1965. S. 85 – 92.

542. Gloton J. -J. La villa itatienne á la fin de la renaissance: Conceptions Palladiennes; conceptions Vignolesques // BCISAAP, 1966. N VIII. pp. 101 – 113.

543. Rupprecht B. Villa. Zur Geschichte Eines Ideals // Probleme der Kunstwissenschaft. Berlin, 1966. Bd. II. S. 210 – 250.

544. Heydenreich L. H. La villa: genesi a sviluppi fino al Palladio // BCISAAP. 1969. N XI. pp. 11 – 22.

545. Bentmann R. , Müller M. Die Villa als heppschaftsarchitektur. Versuch einer Kunstund sozialgeschichtlichen Analyse. Frankfurt am Main, 1970.

546. Forster K. W. Back to the Farm. Vernacular Architecture and ihe Development of the Renaissance Villa // Architectura. 1974. N IV. pp. 1 – 12.

547. Lazzaro-Bruno C. The Villa Lante at Bagnaia: An Allegery of Art and Nature // AB. 1977. N LIX. pp. 553 – 560.

LXVIII. Типология ренессансной выллы

548. Heydenreich L. H. Entstehung der Villa und ländlichen rezidenz im 15. Jahrhundert // AHA. 1967. N XIII. pp. 9 – 12.

549. Carunchio T. Origini della villa rinascimentale. La ricerca di una tipologia. Roma, 1974.

LXIX. Вилла эпохи Возрождения и античная вилла. Известность. Влияние. Взаимосвязь

550. Ackerman J. Sources of the Renaissance Villa // Studies in Western Art. Acts of the Twetieth International Congress of the History of Art. Princeton, 1963 Vol. II. pp. 6 – 18.

551. Ruschi P. La villa romana di Settefinestre in un disegno del XV secolo // Prospettiva 22. 1980. July. pp. 73 – 75.

LXX. Декорация ренессансной виллы

552. Crosato L. Gli affresch nelle ville Venete del Cinquecento. Treviso, 1962.

553. Gere J. A. The Decoration of the Ville Giulia // BM. 1965. N CVIII. pp. 199 – 206.

554. Partridge L. W. The Sala d'Ercole in the Villa Farnese at Caprarola // AB. 1971. N LIII. pp. 467 – 486; 1972. N LIV. pp. 50 – 62.

555. Smith G. The Stucco Decoration of the Casino of Pius IV // ZK. 1974. N XXXI. S. 116 – 156.

LXXI. Петрарка. Образ виллы по сочинениям Петрарки. Вилла Петрарки

556. Wilkins E. H. Studies in the Life and Works of Pertarch. Cambridge (Mass). 1955.

557. Weiss R. Petrarch the Antiquarian // Classical, Medieval and Renaissence Studies in Honour of Berthold Lowis Ullman. Roma,

1964. Vol. II. pp. 199 – 209.

558. Mann C. N. J. Petrarch and the Transmission of Classical Elements // Classical Influences on European Culture. A. D. 500 – 1500 / Ed. R. R. Bolgar. Cambridge, 1971. pp. 217 – 224.

559. Хлодовский Р. И. Франческо Петрарка. Поэзия гуманизма. M. , 1974.

560. Luttrell A. Capranica before 1337 : Petrach as Topographer // The Italian Renaissance Essays in Honour of P. O. Kristeller / Ed. C. H. Clough. N. Y. , 1976. pp. 9 – 21.

561. Trinkaus Ch. E. The Poet as Philosopher. New Haven ; London, 1979.

LXXII. Боккаччо. Образ виллы по сочинениям Боккаччо

562. Веселовский А. Н. Боккаччо, его среда и сверстники. Спб. , 1893 – 1894. Т. I – II.

563. Coulter C. Boccaccio's Archaelogical Knowledge // AJA. 1937. N XLI. pp. 397 – 405.

564. Бранка В. Боккаччо средневековый. M. , 1983.

LXXIII. Вилла Альвизе Корнаро

565. Ficco G. Alvise Cornaro, il suo tempo e le sue opera. Vicenza, 1965.

LXXIV. Вилла Джанджорджо Триссино

566. Piovene G. Trissino e Palladio nel umanesimo vicentino //

BCISAAP. 1963. N V. pp. 13 – 23.

567. Puppi L. Un letterato in villa Giangiorgo Trissino a Cricoli // Arte Veneta. 1971. Vol. XXV. pp. 72 – 91.

LXXV. Андреа Палладио

568. Burger F. Die Villen des Andrea Palladio. Leizig, 1909.

569. Mazzotti G. Palladian and Other Venetian Villas. London, 1958.

570. Ackerman J. S. Palladio. Harmondsworth, 1966.

571. Spielmann H. Andrea pallidio und Antike, München; Berlin, 1966.

572. Bruschi A. Roma antica e Pambiente romano nella formazione del Palladio // BCISAAP. 1978. N XX. pp. 9 – 25.

LXXVI. Культура и искусство Флоренции. Общие проблемы

573. Müntz E. Les collections des Médicis au XV – e siècle. Le muse. La bibliothéqui. Le mobillier. Paris, 1888.

574. Ross J. Lives of the Early Medici as Told in Their Correspondance. Boston, 1911.

575. Antal F. Florentine Painting and its Social Background. The Bourgeois Republic before Cosimo de Medici Advent to Power: XIV and Early XV Century. London, 1947.

576. Chastel A. Art et humanism a Florence au temps de Laurent le Magnifique // Etudes sur la renaissance et l'Humanisme platonicienn. Paris, 1959.

577. Brown A. M. The Humanist Portrait of Cosime de'Medici Pater Patriae // JWCI. 1961. N XXIV. pp. 186 – 221.

578. Баткин Л. М. Этюд о Джовании Морелли（К вопросу осоциальных корнях Итальянского Возрожения）// Воросы истории. 1962. №12. С. 88 – 106.

579. Rebinstein N. The Government of Florence under the Medici, 1434 – 1494. Oxford, 1966.

580. Bec C. Les marchands écrivans á Florence. 1375 – 1434. Paris, 1967.

581. Molho A. Politics and Ruling Class in Early Renaissance Florence // Nuova revista storia. 1968. N LII. 401 – 420.

582. Brown A. Pierfrancesco de'Medici, 1430 – 1476: A Radical Alternative to Elder Medicean Supremacy // JWCI. 1979. N XLII. pp. 84 – 89.

583. Monti A. Les chroniques Florentines de la premiére revolte populaire a la fin de la commune（1345 – 1434）. Firenze, 1983. Vol. 1 – 2.

LXXVII. Виллы Флоренции. Общие проблемы

584. Веселовский А. Н. Вилла Альберти. Новые материалы для характеристики литературного и общественного перелома XIV – XV столетий // Собр. Соч. Спб. , 1908. Т. III.

585. Poss J. Florentine Villas. London, 1901.

586. Carocci G. Dintorni di Firenze, 1907. Vol. I – II.

587. Hutton E. Country Walks about Florence. N. Y. , 1908.

588. Patzak B. Die Renaissance und Barockvilla in Italien. Palast und Villa in Toscana. Versuch Einer Entwicklungsgeschichte. Leipzig, 1912 – 1913. Bd. I – II.

589. Eberlein H. D. Villas of Florence and Tuscani. Philadelphia, 1922.

590. Orlandi Cardini G. L. Le ville di Firenze. Firenze, 1955.

591. Bierman H. Lo scluppo. della villa Toscana setto l'influenza umanistica della corte di Lorenze il Magnifico // BCISAAP. 1969. N XI. pp. 36 – 49.

592. Acton H. Tuscan Villas. London, 1973.

LXXVIII. Виллы семьи Медичи

593. Carocci G. La villa Medicea di Careggi. Firenze, 1888.

594. Pieraccini G. La stirpe de'Medici di Cafaggiolo. Frienze, 1924. Vol. I – III.

595. Jahn-Rusconi A. Le ville Medicee. Boboli-Castello-Petraia e Poggio a Caiano. Roma, 1938.

596. Bargellini C. De la Ruffiniere du Prey P. Sources for a Reconstruction of the Villa Medici, Fiesole // BM. 1969. N CXI. p. 598.

597. Kent F. W. Lorenzo de'Medici Acquisition of Poggio-a-Caiano in 1474 and an Early Reference to His Archiectural Expertise // JWCI. 1979. N XLII. pp. 250 – 257.

LXXIX. Андреа дель Кастаньо. Декорация виллы Кардуччи – Пандольфиии в Леньяйя

598. Waldschmidt W. Andrea del Castagno. Berlin, 1900.

599. Schaeffer E. Ueber Andrea del Castagno's « uomini famosi » // RK. 1902. N XXV. S. 170 – 177.

600. Jacobsen E. Fresken von Castagno und seiner Schule in Florenz // RK. 1906. N XXIX. S. 101 – 103.

601. Salmi M. Paolo Uccello, Andrea del Castagno, Domenico Veneziano (1936). Paris, 1937.

602. Richter G. M. Andrea del Castagno. Chicago, 1943.

603. Salmi M. Gli affreschi di Andrea del Castagno ritrovati (La villa della Legnaia) // BA. 1950. N XXXV. pp. 295 – 306.

604. Salmi M. Nuove rivelazione su Andrea del Castagno // BA. 1954. Vol. XXXIX. pp. 25 – 42.

605. Horster M. Castagnos florentiner Fresken 1450 – 1457 // Wallraf – Richartz Jahrbuch. 1955. N XVII. S. 79 – 131.

606. Fortuna A. Andrea del Castagno. Firenze, 1957.

607. Russoli F. Andrea del Castagno. Milano, 1957.

608. Salmi M. Ancora di Andrea del Castagno dopo il restauro degli affreschi di San Zaccaria a Venezia // BA. 1958. N LXIII. pp. 117 – 140.

609. Fortuna A. M. Alcuni note su Andrea del Castagno // A. 1958. Vol. LVII. pp. 345 – 355.

610. Hartt F. The Earliest Works of Andrea del Castagno // AB. 1959. Vol. XLI. pp. 159 – 181, 227 – 236.

611. Salmi M. Andrea del Castagno. Novara, 1961.

612. Berti L. Andrea del Castagno, Mostra di quattro maestri del primo Rinascimento. Firenze, 1966.

613. Yuen T. The *Bibleotheca Graeca*: Castagno, Alberti and Ancient Sources // BM. 1970. N CXII. 725 – 736.

614. Pogany Balas E. Remarques sur la sources antique du David d'Andrea del Castagno a propes de la gravura d'Antonio Lafreri d'afrés les Dioscures de Monte – Cavallo // Bulletin du Musé hongrois des beaux – art. 1979. N 52. pp. 25 – 34.

615. Horster M. Andrea del Castagno. Complete Elition with a Critical Catalogue. Oxford, 1980.

616. Joost-Gaugier C. L. Castagno's Humanistic Program at Legnaia and its Possible inventor // ZK. Bd. 45. S. 275 – 282.

LXXX. Антонио Полайоло. Декорация виллы Ла Галлина в Арчетри

617. Mary Logan. Decouverte d'une fresque de Pollaiuolo // La chronique des art et de la curiosite. 1897. N. I. pp. 343 – 344.

618. Guasti C. Gli affreschi del secolo XV scoperti in una villa ad Arcetri. Firenze, 1910.

619. Cruttwell M. Antonio Pollaiullo (1907). London, 1911.

620. Shapley F. R. A. Studen of Ancient Ceramics, Antonio Pollaiuolo // AB. 1919. N. II. pp. 78 – 86.

621. Barr A. H. A Drawing by Antonio Pollaiuolo // Art Studies. 1926. N IV. pp. 73 – 78.

622. Colacicchi G. Antonio del Pollaiuolo. Firenze, 1943.

623. Sabatini A. Antonio e Riero del Pollaiuolo. Frienze, 1944.

624. Ortolani S. II Pollaiuolo. Milano, 1948.

625. Ettlinger L. D. Pollaiuolo's Tomb of Sixtus IV // JWCI. 1953. N XVI. pp. 239 – 274.

626. Anderson L. A. Copies of Pollaiuolo's *Battling Nudes* // AQ. 1968. N XXXI. pp. 155 – 167.

627. Richards L. S. Antonio Pollaiuolo's *Battle of Naked Men* // The Bulletin of Cleveland Museum of Art. 1968. Vol. LX. pp. 63 – 70.

628. Borsook E. Two Letters Concerning Antonio Pollaiuolo // BM. 1973. N LXV. pp. 464 – 468.

629. Vickers M. A. Greek Sources for Antonio Pollaiuolo's *Battle of the Nudes* and *Hercules and the Twelve Giants* // AB. 1977. N LIX. pp. 182 – 187.

630. Ettlinger L. D. Antonio and Pierro del Pollaiuolo, ComPlete Edition with Critical Catalogue. Oxford, 1978.

631. Fusko L. Antonio Pollaiuolo's Use of of the Antique // JWCI. 1979. N XLII. pp. 257 – 263.

LXXX. Боттичелли. Декорация виллы Лемми в Кьяссо Мачерелли

632. Conti C. Decouverte de deux fresues de Sandro Botticelli // L'Art. 1881. N XXVII. pp. 86 – 87; 1882. N XXVIII. pp. 59 – 60.

633. Ephrussi Ch. Les deux fresques du muse du Louvre attribuées a Sandro Botticelli // GBA. 1882. Vol. XXV. pp. 475 – 783.

634. Vervon Lee. Botticelli at the Villa Lemmi // The Cornhill Magazine. 1882. N XLVI. pp. 159 – 173.

635. Warburg A. Sandro Botticellis *Geburt der Venus* und *Frühling.* Strassburg, 1892.

636. Supino I. – B. Sandro Bottcelli. Firenze. 1900.

637. Cust R. H. H. Botticelli. London, 1908à.

638. Horne H. P. Alessandro Filipepi Commonly Called Sandro Botticelli, Painter of Florence. London, 1908.

639. Bode W. von. Sandro Botticelli. Berlin, 1921.

640. Tietze-Conrat E. Botticelli and the Antique // BM. 1925. N XLVII. pp. 124 – 128.

641. Mesnil J. Botticelli. Paris, 1938.

642. Mesnil J. On the Artistic Education of Botticelli // BM. 1941. N LXXIX. pp. 118 – 123.

643. Bettini S. Botticelli. Bergamo, 1947.

644. Gombrich E. H. Botticelli's Mythologies. A Study in the Neo-Platonic Symbolism of his Circle (1945) // Sumbolic Images. Studies in the Art of the Renaissance. London, 1972. Vol. II. pp. 31 – 81.

645. Ferruolo A. Botticelli's Mythologies: Ficino's *De Amroe,* Poliziano's *Stanze per la Giostra*: Their Circle of Love // AB. 1955. N XXXVII. pp. 17 – 25.

646. Argan G. C. Botticelli. Geneve, 1957.

647. Боттичелли. Сборник материалов о творчестве / Составитель В. Н. Гращенков. М., 1962.

648. Dempsey Ch. ' Mercurius Ver. The Sources of Botticelli Primavera // JWCI. Ff1968. N XXXI. pp. 251 – 273.

649. Yuen T. E. S. The *Tazza Farnese* as a Source for Botticelli's *Birth of Venus* and Piero di Cosimo *Myth of Prometheus* // GBA. 1969. Vol. LXXIV. pp. 174 – 178.

650. Кустодиева Т. К. Мифологические и аллегорические произведения Сандро Боттичелли (1478 – 1495) : Автореф. дис. . . . канд. искусствоведения. Л. , 1970.

651. Dempsey Ch. Botticelli's *Three Graces* // JWCI. 1971. N XXXIV. pp. 326 – 330.

652. Кустодиева Т. К. Сандро Боттичелли. Л. , 1971.

653. Ettlinger H. S. The Portraits in Botticelli's Villa Lemmi Frescoes // MKIF. 1976. N XX. S. 404 – 407.

654. Lightbown R. Sandro Botticelli. London, 1978. Vol. I – II.

655. Olson R. J. M. Botticelli's Horsetamer: A Quotation from Antiquity which Reaffirms a Roman Date for the Washington *Adoration* // Studies in the History of Art. Washington Gallery of Art. 1978. N V. pp. 7 – 21.

656. Dobrick J. A. Botticelli's Sources: a Florentine Quattrecento Tradition and Ancient Sculpture // Apollo. 1979. N LX. pp. 114 – 127.

657. Levi d'Ancona M. Botticelli's Primavera: a Botanical Interpretation including Astrology, Alchemy and the Mecidi. Firenze, 1983.

LXXXI. Культура и искусство Рима в эпоху Возрождения

658. Roscoe W. The Life and Pontificate of Leo the Tenth (1805). London, 1846. Vol. 1 – 2.

659. Luzio A. Federico Gonzaga ostaggio alla di Giulio II // Archivio della R. Societa Romana di Storia patria. 1886. N IX. pp. 509 – 582.

660. Steinmann E. Rom in der Renaissance von Nicolaus V bis auf Leo X. Leipzig, 1908.

661. Tomassotti G. La Campagna Romana. Antica, Medioevale e Moderna. Roma, 1910 – 1926. Vol. 1 – 4.

662. Rodocanachi E. La Premiere Renaissance: Rome au temps de Jules II et de Leon X. Paris, 1912.

663. Chledowski C. V. Rom. Die Menschen der Renaissance. München, 1912.

664. Babelon J. L'Art au siècle de Leon X. Paris, 1947.

665. Pecchiai P. Roma nel Cinquecento. Bologna, 1948.

666. Bonomelli E. I papi in Campagna. Roma, 1953.

667. Delumeau J. Vie economique et sociale de Roma dans la seconde meitié du XVIe siècle. V. 1 – 2. Paris, 1957 – 1959.

668. Dickinson G. Du Bellay in Rome. Leiden, 1960.

669. Mencallero G. L. Imperia de Paris nella Roma del Cinquecento e suoi cantori fautori. Roma, 1962.

670. Mitchell B. Rome in the High Renaissance. Norman, 1973.

671. Partner P. Renaissance Rome, 1500 – 1559. A Protrait of a Society. Berkeley; Los Angeles; London, 1976.

672. Krautheimer R. Rome: Profile of a City 312 – 1308. Princeton, 1980.

673. Gilbert F. The Pope, His Banker and Venice. Cambridge (Mass.); London, 1980.

674. D'Amico J. F. Renaissance Humanism in Papal Rome: Humanists and Churchmen on the Eve of the Reformation; London, 1983.

LXXXIII. Виллы Рима эпохи Возрождения. Общие проблемы

675. Paschini P. Villeggiatura di un cardinal del Quartrecento // Roma. 1926. N IV. pp. 560 – 561.

676. Callari L. Le ville di Roma. Roma, 1943.

677. Ackerman J. S. The Belveder as Classical Villa // JWCI. 1951. N XIV. pp. 70 – 91.

678. Ackerman J. S. The Cortile del Belvedere. Vatican City, 1954.

679. Coffin D. R. The Villa d'Este at Tivoli. Princeton, 1960.

680. Lamb C. Die Villa D'Este in Tivoli. München, 1966.

681. Belli Barsali I. Ville di Roma (Ville italiane: Lazio I) (1970). Milano, 1983.

682. Belli Barsali I., Branchetti M. G. Ville della Campagna romana (Lazio 2) (1975). Milano, 1981.

683. Bentiveglio E. La Grescenza. Una dimora Borghese del XV secolo // SR. 1977. N XXV. pp. 64 – 70.

684. Coffin D. R. The Villa in the Life of Renaissance Rome. Princeton, 1979.

685. Ville e parchi nel Lazio. A Cura di R. Lefevre. Roma, 1984.

LXXXIV. Коллекция антиков на вилле Бельведер

686. Gombrich E. H. The Belvedere Garden as a Grove of Venus // Symbolic Images. Studies in the Art of the Renaissance. London, 1972. Vol. II. pp. 104 – 108.

687. Brummer H. H. The Statue Court in the Vatican Belvedere. Stockhlom, 1970.

688. Grisebach L. Baugeschichtliche Notiz zum Statuenhof julius'II im Vatikanischen Belvedere // ZK. 1976. N XXXIX. S. 209 – 220.

LXXXV. Вилла Фарнезина. Общие проблемы

689. Förster R. Farnesina – Studien. Ein Beitrag zur Frage nach dem Verhältnis der renaissance zur Antike, Rostock, 1880.

690. Venturi A. La Farnesina. Roma, 1980.

691. Maass E. Aus der Farnesina. Hellenismus und Renaissance. Marburg, 1902.

692. Hermanin F. La Farnesina. Bergamo, 1927.

693. Terenzio A. La Farnesina // BA. 1930 – 1931. N X. pp. 76 – 85.

694. Gaudar H. Larestoration de la Farnesina // RDA. 1933. N LXIV. pp. 37 – 42.

695. Saxl F. The Villa Farnesina（1935）// Lectures. London, 1957. Vol. I. pp. 189 – 199.

696. Gerlini E. Ilgiardino della Farnesina // Roma. 1942. N XX. pp. 229 – 240.

697. D'Ancona P. La Villa Farnesina in Roma. Roma, 1949.

LXXXVI. Архитектура виллы Фарнезина

698. Giovanni G. Baldassare Peruzzi, architetto della Farnesina. Discorso per il quarto centenario della sua merte. Roma, 1937.

699. Schiavo A. Le architetture della Farnesina // Capitolium. 1960. N XXXV. pp. 3 – 14.

700. Frommel C. L. Die Farnesina and Peruzzis architektonisches Frühwerk. Berlin, 1961.

LXXXVII. Описания виллы Фарнезина

701. Gallo Eqidio. De viridario Augustini Chigii, Patortii Seven. Roma, 1511.

702. Palladio B. Suburbanum Augustini Chigiii. Roma, 1512.

LXXXVIII. Агостино Киджи

703. Cugnoni G. Agostino Chigi il Magnifico（1878）. Roma, 1881.

704. Il Magnifico Agostino Chigi. A cura di W. Tosi. Roma, 1970.

705. Rowland I. D. The Birth Date of Agostino Chigi:

Documentary proof // JWCI. 1984. N XLVII. pp. 192 – 193.

706. Rowland I. D. Some Panegyrics to Agostine Chigi // JWCI. 1984. N XLVII. pp. 194 – 199.

LXXIX. Декорация виллы Фарнезина

707. D'Ancona P. The Farnesina Frescoes at Rome. Milan, 1955.

XC. Перуции

708. Weese A. Baldassare Perruzzis Anteil an dem malerischen Schmucke der Villa Farnesina. 1894.

709. Mariani V. La Romanita 'nell 'arte di Baldassare Peruzzi // Roma. 1923. Vol. I. pp. 276 – 281.

710. Pignotti G. Il *Taccuino* di Baldassare Peruzzi nella biblioteca communal di Siena // Rassgeua d 'Arte Senese. 1923. N XX. pp. 38 – 52.

711. Mariani V. Il *Taccuino* di Baldassare Peruzzi // 1929. XXXII. pp. 256 – 265.

712. Saxl F. La fede astrologica di Agostino Chigi. Interpretazione dei dipinti di Baldassare Peruzzi nella Sala di Galatea della Farnesina. Roma, 1934.

713. Pope – Hennessy H. A. Painting by Peruzzi // BM. 1946. N LXXXVIII. pp. 237 – 241.

714. Gertini E. To Whom Should the Monochrome Lunette in the Galatea Hall of the Farnesina in Rome, be Attributed // GBA. 1952. N XXXIX. pp. 173 – 184.

715. Frommel C. Baldassare Peruzzi als Maler und Seichner // Römisches Jahrbuch für Kunstgeschichte. 1967/68. N 11. S. 51 – 73.

716. Zentai L. On Baldassare Peruzzi's Composltions Engraved by the Master of th Die // AHA. 1983. N XXIX. pp. 51 – 105.

717. Quinlau-Mc Grath M. The Astrological Vault of the Villa Farnesina Agostino Chigi's Rising Sing // JWCI. 1984. N XLVII. pp. 91 – 105.

XCI. Себастьяно дель Пьембо

718. Fischel O. A New Approach to Sebastiano del Piombo as a Draughtsman // Old Master Drawings. 1939 – 1940. N 14. pp. 21 – 33.

719. Dussler L. Sebastiano del Piombo. Basel, 1942.

720. Pallucchini R. Sebastiano Veneziano. Milano, 1944.

XCII. Рафаэль и его мастерская

721. Gruyer F. A. Raphael et l'antiquite. Paris, 1864. Vol. 1 – 2.

722. Förste R. Noch einmal Raffaels Galatea // RK. 1900. N XXIII. S. I – II.

723. Golzio V. Raffaello nei documenti e nelle testimonianze dei contemporanei e villa letteratura del suo secolo Citta del Vaticono, 1936.

724. Weizsächer H. Raphaels Galatea im Lichte der antiken Uberlieferung // Die Antike. 1938. N XIV. S. 231 – 242.

725. Cecchelli C. Di un ignorata fonte letteraria della *Galatea* di Raffaello // Roma. 1942. N XX. p. 246.

726. Hartt F. Raphael and Giulio Romano with Note on the Raphael Scholl // AB. 1944. N XXVI. pp. 67 – 94.

727. Hoogewerff G. Raffaello nella Villa Farnesina: affreschi e arazzi // Capitolium. 1945. N XX. pp. 9 – 15.

728. Redig de Campos D. Raffaelle e Michelangelo. Studi di storia e d'arte. Roma, 1946.

729. Hess J. On Raphael and Giulio Romano // GBA. 1947. N XXXII. pp. 73 – 106.

730. Fischel O. Raphael. London, 1948. Vol. I – II.

731. Sommer F. Poussin's *Triumph of Neptune and Amphitrite* A Redentification // JWCI. 1961. N XXXIV. pp. 323 – 327.

732. Shearman J. Die Loggia der Psyche in der Villa Farnesina und die Probleme der letzten Phase von Paffaels Graphischen Stil // Jahrbuch der Kunsthistorischen Sammlungen in Wien. 1964. Vol. LX. S. 59 – 100.

733. Dussler L. Raffael. Kritisches Verzeichnis der Gemalde, Wandbilder und Bildteppiche. München, 1966.

734. Dempsey C. *Et nos cedamus amori*: Observations on the Farnese Gallery // AB. 1968. N. L. p. 363.

735. Dempsey C. The Textual Sources of Poussin's *Marine Venus* in Philadelphia // JWCI. 1966. N XXIX. pp. 438 – 442.

736. Beccatti G. Raphael and Antiquity // The Complete Works of Raphael. N. Y. , 1969. pp. 491 – 568.

737. Kinkead D. T. An lconographic Note on Raphael's Galatea // JWCI. 1970. N XXXIII. pp. 313 – 315.

738. Гращенков В. Н. Рафаэль. М. , 1971.

739. Samaltanow-Tsiakma E. A. Renaissance Problem of Archaeology // GBA. 1971. N 10. pp. 225 – 232.

740. Fehl Ph. Raphael as Archeologist // Archeological News. 1975. N IV. pp. 29 – 48.

741. Meiss M. Raphael's Mechanized Seashell: Notes on a Myth, Technology and Iconographic Tradition // The Painter's Choice. Problems in the Interpretation of Renaissance Art. N. Y. , 1976. pp. 203 – 211.

742. Shearman J. Raphael, Rome and the Codel Escurialensis // Master Drawings. 1977. N XV. pp. 107 – 156.

743. Schwarzenberg E. Raphael und die Psyche—Statue Agostino Chigi // Jahrbuch des Kunsthistorishen Sammlungen in Wien. 1977. Vol. LXXIII. S. 107 – 136.

744. Thoenes S. Zu Raffaels Galatea / Festschrift für Otto von Simson. Berlin, 1977. S. 220 – 272.

745. Yuen T. Giulio Romano, Giovanni da Udine and Raphael: Some Influences from the Miner Arts of Antiquity // JWIC. 1979. N XLII. pp. 263 – 266.

746. Неверов С. Я. Античное искусство и декоративная живопись мастерской Рафаэля // Рафаэль и его время. М. , 1986. С. 121 – 131.

XCIII. Содома

747. Frizzoni G. Intorno alla dimona del Sodoma a Roma nel 1514

// Giornale di trudizione artistic. 1872. N I. pp. 208 – 213.

748. Hill G. F. Sodoma's Collection of Antiques // Journal of the Hellenic Studies. 1906. N XXVI. pp. 288 – 289.

749. Cust R. H. H. Giovanni Antonio Bazzi, Hithen to Usually Styled *Sodoma*. The Man and the Painter, London, 1906.

750. Gielly L. Giovan – Antonio Bazzi dit Le Sodoma. Paris, 1911.

751. Henniker-Heaton R. Three Pictures by il Sodoma // B 1925. N XLVIII. pp. 195 – 196.

752. Hayum A. M. New Dating for Sodoma's Frescoes in the Villa Farnesina AB. 1966. N XLVIII. pp. 215 – 217.

XCIV. Вилла Ланте в Риме и ее декорация

753. Richter I. P. Lacollezione hertz gli affreschi di Giutio Romano nel Pazzo Zuccari / A cura di I. P. Richter con una prefazione di Robert Mond. Dresden, 1928.

754. Prandi A. Villa Lante al Gianicolo. Roma. 1954.

755. Chatelet A. Two landscape Drawings by Polidoro da Caravaggio // 1954. N XLVI. pp. 181 – 182.

756. Turner A. R. Two Landscapes in Renaissance Rome // AB. 1961. N XL. pp. 275 – 287.

757. Shearman J. Giulio Romano: Tradizione, licenze, artifice // BCISA. 1967. N IX. 359 – 361.

758. Gorman O. J. F. The Villa Lante in rome: Some Drawings and Some Observations // BM. 1971. N LXIII. pp. 133 – 138.

759. Konečny L. A. Note on Polidoro da Caravaggio's *Way to Calvary paragone*. 1979. N XXX. pp. 89 – 91.

760. Lilius H. Villa Lante al Gianicolo：L'architettura e la decorazione pittorica (Acta Instituti Romani Finlandiae X) . Roma, 1981. Vol. 1 – 2.

761. Stenius G. Baldassare Turinie la sue case romane sulla base dei document // Opuscula institute romani finlandiae. 1981. N 1. pp. 71 – 82.

762. Fortuni P. Ville romane a monle romano *Ager targuiniensis //* Villa e parchi nel Läzio / A cura di R. Lefevre. Roma, 1984. pp. 13 – 168.

图书在版编目（CIP）数据

文艺复兴时期的古典传统和艺术／（俄罗斯）伊·伊·杜奇科夫著；于小琴译. －－北京：社会科学文献出版社，2018.10

（俄国史译丛）

ISBN 978 - 7 - 5201 - 3171 - 1

Ⅰ.①文… Ⅱ.①伊… ②于… Ⅲ.①别墅－建筑史－研究－俄罗斯－中世纪 Ⅳ.①TU241.1②TU－095.12

中国版本图书馆 CIP 数据核字（2018）第 166459 号

·俄国史译丛·

文艺复兴时期的古典传统和艺术

著　　者／〔俄〕伊·伊·杜奇科夫
译　　者／于小琴

出 版 人／谢寿光
项目统筹／恽　薇　高　雁
责任编辑／颜林柯

出　　版／社会科学文献出版社（010）59367226
　　　　　地址：北京市北三环中路甲29号院华龙大厦　邮编：100029
　　　　　网址：www.ssap.com.cn
发　　行／市场营销中心（010）59367081　59367018
印　　装／三河市东方印刷有限公司

规　　格／开　本：787mm×1092mm　1/16
　　　　　印　张：19.25　字　数：229千字
版　　次／2018年10月第1版　2018年10月第1次印刷
书　　号／ISBN 978 - 7 - 5201 - 3171 - 1
著作权合同
登 记 号／图字01 - 2018 - 4984号
定　　价／98.00元

本书如有印装质量问题，请与读者服务中心（010 - 59367028）联系